STRANGER IN THE MIRROR

The Scientific Search for the Self

ROBERT V. LEVINE

镜子里的陌生人：
对自我的科学探索

[美] 罗伯特·莱文 著　李芃芃 译

湖南科学技术出版社

目 录

1. 引言：忒修斯悖论

> 我曾经与大多数人观点一致。
>
> 后来我转而相信队友。
>
> 现在我只忠于自己。
>
> ——我的朋友兰尼

  我喜欢听人们谈论"真实"的自我。我还记得我的第一任女友娜塔莉·杜伯曼（Natalie Duberman）[1]吓唬过我说："小心点，你并不了解真正的我。"娜塔莉在我眼里近乎完美。难道她是一个狼人吗？难道她曾经参与过什么犯罪活动，如今已通过证人保护计划（witness protection program）[1]改头换面？"不，"娜塔莉解释道，"只是我其实没有看上去那样好相处。"接着，她详细讲述了在与前两任男友在一起时，她是如何没有安全感、充满嫉妒心甚至会使用冷暴力处理她与男友之间的关系。我不知道如今这个全新的娜塔莉，这个我认识的、近乎完美的娜塔莉，要戴着面具掩盖着那个"真实的娜塔莉"生活多久。如果我们一起生活了一年，而她从未变得没有安全感、充满嫉妒心，也从来没有使用过冷暴力呢？如果我们能够这样生活十年呢？什么时候她才会认为现在这个新

---

[1] 译者注：证人保护计划又称美国联邦证人保护项目（United States Federal Witness Protection Program），用于在审判之前、期间或者之后为受威胁的证人提供保护。在申请的证人保护被批准后，美国法警局会为证人提供新的身份、居住地以及经济补助，并对其融入新社区及就业提供帮助，而证人则需要出庭作证并遵守一些其他义务。

的娜塔莉是"真正的"她？ ²

我的另一个朋友兰尼（Lenny），则以另一种让人哭笑不得的方式表现了娜塔莉的话。每当兰尼做了什么错事，他都会这样为自己辩解："不好意思，我今天状态不佳，这不是真正的我。"——这样的事情几乎天天发生。真的吗？如果眼前这人不是真正的你，那你又是谁呢？我真的很想知道此时此刻狠狠打了我一拳的哥们儿的尊姓大名。还有，什么时候那个真正的你才能回来呢？我得跟你投诉一下这哥们儿。

类似的问题可能也会发生在我自己身上。比如当我去世之后，人们会如何回忆我呢？人们会记得一个符号化的莱文吗？人们的脑海中是那个21岁或者41岁时正意气风发的我吗？或者人们记得的是一个在某种意义上平均化了的我？就好像我曾经所有的形象都被一起扔进搅拌机相互混合后的样子？我不知道。我唯一敢打包票的事情是，即便我最亲密的亲朋好友们谈起鲍勃·莱文是个怎样的人时，任何两个人的说法都会不太一样。毕竟每一个人都在不同的时间和情境下与我相识、相处。没有人能够精确全面地描述我，因为这需要涵盖我的每一个侧面以及我整个生命的每一个时刻。没人能够做到，连我自己都不行。

我们总是对自己说"自我"是一个统一的实体。我们把"自我"想象成一个摆在橱窗里的雕塑，一个我们可以清楚地贴上标签再指给别人看的东西。但是其实"自我"只是我们自己书写的故事——或者更加精确地说，是被我们一遍遍重写的故事。关于"我是谁"的设想其实只是一个从未结尾的小说。在这部小说里，我们试图将多重意义上的自己——我们的身体、思想、人格——与每时每刻的感受联系在一起。而为了让整部小说成立，我们筛选、扭曲，甚至编造各种情形。当整个故事成为一个具有逻辑的整体时，我们就认为"自我"是一个鲜活的人了，也就因此感觉"自我"具有整体性和连续性。

但是故事情节与真实情形并不能混为一谈。"真实的自我"并非一个实体。归根到底，每个人都是无法描述的——从根本上无法描述。这适用于自我的各个水平、每个侧面，从组成肠道菌群的每一个微生物到构成思想的最高智能都无法用语言描述。组成我身体的细胞和器官此时运行正常，而紧张忙碌了一天后，我可能身心俱疲，如同耄耋老者。而25年后，我将会真的变成白发苍苍的老人。这种心理和身份的转变一刻不停地发生。此时此刻，我可能在以教授的身份谆谆教诲我的学生，下一个时刻则可能以父亲的身份严厉批评我的儿子，一转脸我又可能对我的老朋友笑脸相迎。我有时候觉得自己仿佛在看一部电影，忖度着哪一个我会在下一个时刻出现在屏幕上。

除此之外，还有另一件事情需要考虑：如果寿命够长，你身体里几乎每一个细胞都会至少更新一次。据估算，大多数人类细胞的平均寿命不到10年。当老的细胞死亡时，新的细胞将会诞生。[3]这就好像盒装的抽纸，抽出一张，又出现一张。平铺在胃部表面的细胞只能存活5天，而血红细胞能够存活120天。整个人类肝脏每300到500天就会被彻底更新一次，而骨骼则大概每10年更新一次。科学家们曾经认为神经元是唯一不能更新的细胞。但现在我们知道，甚至连一些神经元都能够再生。比如，位于海马体中负责空间记忆和人脸识别的神经元每20到30年更新一次。据此估算，每天我们都会产生1400个新的海马体神经元，甚至更多。将所有这些都考虑在内，每年我们的身体中98%的物质都会更新一遍，而只有遗传物质DNA会在细胞间代代相传。[4]

人体这一不断更新的过程让我想起了忒休斯之船的悖论（Paradox of Theseus's ship）。根据希腊神话的描述，忒休斯拥有一艘使用了很多年的船。随着时间流逝，船上的木板慢慢腐朽，腐朽的木板被取下来并被小心地替换成新的。终于，日积月累，旧的木板荡然无存，全部被新的替代。我的问题是：现在这艘船还是忒休斯最早拥有的那一艘吗？后世的哲学家，特别是托马斯·霍布斯(Thomas Hobbes)，又围绕这一问题进一步发问：如果我们将换下来的旧木板翻新，并用它们又建造了一艘新船，那么究竟哪一艘是忒休斯最早拥有的那艘船呢？是那艘使用新木板的老船，还是这艘使用旧木板的新船？[5]

我们的身体在很大程度上是希腊神话里那艘使用新木板的老船。让我们假设以下这一情境：科学家们找到了某种方式，能够将死去之人的细胞移植到活人体内。而为了防止排异反应，这一过程需要逐步进行：每一周，你身体里百分之一的细胞将会被替换，整个替换过程持续100周。在这一情境下，假如我有幸能够获得我的儿时偶像棒球天才杰克·罗宾逊（Jackie Robinson）的细胞，让我们想象一下整个移植过程，在移植的最初几周，我无疑仍然是鲍勃·莱文，然而100周之后，我身体里全部的细胞都将是杰克·罗宾逊的。那么中间的过程中呢？比如在第50周，你觉得我是一半鲍勃·莱文与一半杰克·罗宾逊的混合体吗？这又意味着什么呢？在棒球场上，我能够有这位前布鲁克林道奇队天才垒手一半好吗？

不过我转念一想，这不也正是我们每个人成长的过程吗？我们现在的身体里可能没有一个分子与在婴儿时期时一样。这难道说明我们在成长中时刻不停地从一种身份转换成另外一种身份吗？如果真的是这样的话，那就意味着我们身体里的每一个细胞都参与决定了"自我"与"非我"的区别——这听起来很荒谬，不是吗？[6]

我把这本书比作一本游记。在接下来的章节中，我们将收拾行囊，用脚步丈量那块开着生命最精巧之花的土地：那个古灵精怪、狡狯机智却又十足令人费解的实体——我们称之为"自我"的东西。我自己的研究领域是社会心理学，这是一个包罗万象的领域，不仅研究人类个体及其社会环境，更重要的是，也要研究这两者之间的关系和相互交流。后者被社会心理学的奠基人库尔特·勒温（Kurt Lewin）称作"生活空间"。我相信，社会心理学这种涵盖广泛而注重动态的研究方式将成为旅程中极好的镜头。透过这枚镜头，我们能够更好地探求并更加深刻地理解自我。正是这种对自我的好奇心引领我在科学的各个领域寻寻觅觅。而我随之发现，那些来自不同领域各个侧面的见解竟然出乎意料地相互关联，构成一个整体。

请做好准备，这本书将广泛地涉猎各个领域，因为我们要探讨最前沿的科研结论，辅以案例讨论以及来自多位专家的不同观点。这些观点和见地将横跨多个学科——从貌似拒人千里之外的神经生物学到仿佛就在你我身边的社会心理学。我们也会聆听到来自艺术家和作家的声音，他们同样对这些问题进行过深入的思考，这些思考也许缺乏系统性，但会更加生动、启人心智。我们将在一些我们熟悉的案例稍作停留，深入探讨它们的各个侧面，也会描述一些我们在日常生活中很难遇到的特殊案例。这些例子博人眼球，但我们讨论这些案例并非为了猎奇，而是因为相信所有人都会从这些极端的案例中有所裨益。临床病理为我们提供了多种多样的实证，而正是从对这些实证的分析中，我们发现了大脑的无限可能性。

请允许我首先声明，本书的旅程没有终点。这次旅程更像一次对未知的复杂地形的探索和考察。请允许我把它比作一场在巴黎的旅行。作为一位勤奋的旅行者，你可能漫步街头巷尾、搭乘公共交通、参观几个博物馆，再在街边的咖啡馆小憩片刻。如果幸运的话，你可能还能与几个巴黎当地人或者阿尔加尼亚移民聊上几句，甚至有机会在当地的朋友家小住几日，感受"真正的巴黎"。你最大限度地探索这座城市的各个侧面，尝试的越多，收获也就越多。但是如果一年之后你重访巴黎，会发现一切都变了，甚至连大街小巷的布局都改变了。真正的巴黎在哪里呢？难道是机场里用法语写的"欢迎来到巴黎"的大牌子？不过别忘了，机场远在巴黎市外25千米之遥呢。

我们探寻自我的旅途也是如此。我们将会自内而外、由小及大地探索自我的各个方面，从能够实实在在触摸到的、物理存在的器官，到难以捉摸、纷繁多样的人类行为，以及诸多介于两者之间的组成部分。但是不要期待在旅途的终点有一张"到此一游"照（这大概真是"自"拍吧）。我们的自我，由生命中全部经历组成的自我，更像一座城市或者一个国家，而非一张照片。毋庸置疑，"自我"是实实在在存在的——毕竟我们每个人都是不同的，就好像人们常说"每个人心中都有一个巴黎"。但是，若想将自我一网打尽，毫无遗漏地抓到则不是那么容易的事。这就好像捕捉光或者时间，你唯一能看到的只是光的反射或者时光流逝留下的痕迹。与之相似，我们只是在编造一个能够说服自己的故事，将"自我"留下的诸多痕迹串在一起，仿佛它是一个整体。"企图定义自我就如同试图咬自己的牙一样徒劳无功。"阿兰·沃兹（Alan Watts）这样描述。[7]但这并不能消减我对于这场旅行的热情，反而使这场旅行更加激动人心。事实上，我要做的正是通过我能想到的所有角度，向读者证明：自我是无法捕捉的。

我们接下来将会看到许多例子。有些例子第一眼看上去像是奇闻异事。但我希望通过所有这些科研和临床案例，向读者传达四点主旨。第一，自我的边界是模糊和随意的。自我的外延是模糊的，因为在自我与外界环境之间有着一个不断变动的灰色地带；自我的内涵也并不清晰，因为自我其实是部分自己与部分他人的总和。

第二，自我更像一个共和体而非个体，是许多彼此不同，甚至相互矛盾的元素的综合体。华特·惠特曼（Walt Whitman）的著名的诗中写道："我辽阔伟大，我包罗万象。"[8]而真正的自我可能比这位伟大诗人想象的具有更多层次。在接下来的章节中你将会看到，我们口中的"身体""大脑""思想"其实都是混合体。自下而上，我们在各个水平上都由许多基本元素构成：从组成我们身体的染色体和细胞，到构成我们思想、支配我们行为的结构基础。在这本书中你还将看到，一个人的多个自我还会有各自不同的性格和思想。他们有的自私、有的倔强、有的独断专行。有时候，这些自我之间还会相互斗争，一个角色打倒另一个角色。此刻的自我甚至会给未来的自我制造不必要的麻烦。

第三，自我具有可塑性。我们的一切，从身体到神经通路，再到人格特点，都处在不断的变化中。变化是生命的常态。我希望我能够向你们展示，人类具有多么了不起的可塑性：自内而外，每时每刻。我并非要单纯讨论人类有没有改变的能力——因为这是毫无疑问的，而是要强调：如果没有变化，我们什么也不是。你可能听过这句道家的名言："唯一不变的就是变化本身。"这就是我们。

但是，如果只是根据这些特点就认定我们缺乏真实的自我也过于武断，这本书中的故事也并不是为了否认自我的存在或者贬低其价值。相反，我恰恰希望通过这些故事证明自我具有无限可能性，这也是我想传达出的第四个主旨：自我的所有特征——边界模糊性、内涵多重性和可塑性——看起来问题重重、令人困惑，却为自我创造了无限变化的可能。

我们在接下来的章节中探寻的问题涉及人性的最基本层面：我是谁？什么

是"自我"？"自我"与"非我"的边界在哪里？我们能否控制"自我"的发展？这些清晰的问题却没有清晰的答案。

近年来我们迅速积累了大量科学知识。甚至有一些当代学者认为，科学解决一切问题的一天不远了。比如，天文学家现在能够回溯宇宙的过去，真切地观察在宇宙大爆炸时宇宙的样子；物理学家几乎已经可以操纵组成物质的最小粒子；生物学家已经绘制了完整的人类基因组图谱，并正在从无到有地装配基因组，从头合成生命体，创造生物近在咫尺；神经生物学家正在绘制大脑结构与功能的精细图谱。我们曾经连想都不敢想的事情，如今正迅速发展，甚至在你刚刚了解某一最新进展的同时，这一新闻已成旧闻。然而，对于本书中所讨论的主题——自我，"科学将会终结"还只是一句空话。事实上，正是自我的神秘与难以捉摸让它如此引人入胜，甚至由它引发的问题都充满机遇。

"在世间所有事物里，人是如何成为这样一个存在，能够体会'自我'是什么，问出'我在这里'？这真是太令人震惊了。"这是作家丽贝卡·金斯坦（Rebecca Goldstein）意味深长的问题⁹。但是，"这样一个存在"又是什么呢？"这里"又是哪里？

最后是有关本书各个章节的脉络关系的一点注释。在本书中，我试图从"硬科学"逐步过渡到"软科学"。换句话说，我将以神经科学和生物学的视角开篇，渐渐转向社会科学，从身体的"自我"过渡到个人经历和思想的"自我"。那么，就让我们开始吧。首先让我们一起来看看操纵身体运行的机器。

2. 大脑

我曾经以为大脑是人体里最美妙的器官。但随后我才意识到是什么让我这么想的——埃莫·菲利普斯(Emo Philips),喜剧演员。

此时此刻,我正盯着一个活生生的大脑看。在这场我受邀观摩的神经外科手术中,外科医生将要移除一个压迫病人右侧额叶的巨大肿瘤。在刚刚过去的两个多小时里,我看着外科医生将病人的头皮割开,小心掀开头骨外的一小片肌肉,再依次切开头骨、保护大脑的硬脑膜和层层叠叠的其他保护性脑膜。终于,一个大脑裸露出来,它是那样温润、鲜活,甚至还在微微颤动。

之所以会来观摩这台神经外科手术,源自我与同事汤姆·布林(Tom Breen)的一次谈话。他是生理心理学教授,从事这一行已经40多年了。汤姆知道我正准备写一本心理学方面的书,有关自我认知,于是建议道:"如果你打算研究成为一个人是什么感受,你得从根源着手。你得亲眼看看血肉之躯里那个让人生而为人,驱动着这整个过程的器官是什么样子的。"在这场手术观摩里,我显然做到了。我曾经额外修习过各种生物学课程,但这一次的经历与之前那些截然不同。这辈子我都从来没有离如此至关重要的人体器官这么近过——与其说接近,不如说这简直是在窥探隐私。一个人连精神世界都被我从里到外一览无余,还有什么隐私可言呢?

严格说来,我面前的这个玩意儿看起来与解剖学书上的图片并无二致,但却因为鲜活而变得生机勃勃、有趣，甚至美丽。卡尔曼·珀斯特（Kalmon Post）是这场手术的主刀医生，他是纽约西奈山医院神经外科系的荣誉退休教授兼前系主任。他不是个喜欢夸夸其谈的人，但如果只听到他这会儿在怎么描述一个活生生的大脑，你绝不会看出来这一点。"真的难以置信。"他说，"当你看着一个大脑，尤其是在显微镜下观察的时候，你会发现它真是太美了。当你站在手术台前，看着那些血管和神经束，看着那些复杂的结构，猜测它们正在做什么，那感觉好极了。你看没看过一些恐怖电影或者科幻电影，里面会演到大脑夸张地一下一下地跳动？真的是这么回事儿。它们就在你的手术台上一下一下地搏动，美极了。"[1]

在观摩一开始，想到自己正亲眼看着这么重要的一个器官，我兴奋极了。我想：这是全部人类意识的家园。然而只过了片刻我便心生疑惑：这块三磅多的"肉"真的能够操控整个人体吗？一个人的心智，归根到底，真的就靠它驱动？我眯着眼从各个方向细细察看大脑沟回的缝隙深处，想要找到一些东西——哪怕任何东西——能够让我将人的体验与眼前这个小玩意儿联系起来。与有力搏动的动脉不同，在我看来，大脑好像一个黏糊糊的手工艺品——比如一个刚刚捏好的泥胚，还没来得及放到窑里去烤。这么一团软东西居然是生命的核心？我也听说过人们把大脑的形状比作菜花。但是实在抱歉，虽然我去过那么多菜市场，还是无法想象这一类比。大脑是一坨"肉"，即便是在菜市场，那也应该是肉铺里的东西嘛。至于一坨"肉"是怎么产生人类思维的，就更无法想象了。

我想到那些我爱过、恨过、害怕过，或者敬畏过的人；我想到我的妻子、孩子、父母；我想到我的第一个女朋友，我曾经那么强烈地希望她爱我；我想到我的第一位导师，他说的每一句话我至今铭记。难道所有这些爱恨纠葛都只来源于此？这个皮肤和头骨包裹下的叫作"大脑"的东西？我们下意识地在交谈时看着对方的脸——确切地说，是脸部的表皮——然后竭尽全力地相信，在这层表皮下藏着一个真实的"人"。但是你去问任何一个神经科医生，他们都会告诉你，这些皮肤后面除了一些无定型组织外什么都没有。DNA结构的发现者之一弗朗西斯·克里克（Francis Crick）曾经用"惊人的假说"来形容这一复杂的情形，他是这样描述的："你，你的喜悦与哀伤，美好回忆与雄心壮志，人格认定与自由意志，事实上不过源于无数神经细胞和一些相关蛋白质的共同作用。"刘易斯·卡罗尔（Lewis Carroll）笔下的经典人物爱丽丝也说过与之类似的话："你不过是一撮神经细胞。"[2]

从那一天开始，我对人的看法发生了深刻的变化。每每与人长谈，我总会在某一个瞬间感到迷茫：我究竟在与什么交谈？我所疑惑的并非我在与"谁"交谈——我认识面前这个人，我的迷惑在于：我怎样才能与真正的他或者她对视？我应该看向哪里？我知道我大概应该看着对方的眼睛，但是我也清楚，透过角膜体察一个人的人格和透过皮肤上的汗水或者鼻尖上的粉底其实没什么区别，并且都不怎么靠谱。米兰·昆德拉（Milan Kundera）在他的小说《不朽》（Immortality）中对此做过精辟的总结："一个人的脸既不能体现他的性格，也不能体现他的灵魂，更不能体现那个我们称之为'自我'的东西。脸仅仅是这个人的'产品序列号'。"[3]

那么我到底应该看向哪里呢？"表情能够体现一个人的思想"也许并没有什么科学依据，但是如果连这一点都不再相信，作为一个社会动物，我又该如何与他人相处呢？我们常常将眼睛比喻为"心灵的窗户"或者"灵魂的反射镜"，但无论比作什么，我们想要传达的是，我们能够通过观察他人的眼睛将他的外在表现与我们想象中他的真实自我联系起来。我们究竟通过这些"心灵的窗户"或者"灵魂的反射镜"看到了什么，又想象到了什么？这其实很难讲。当你看到朋友脸上洋溢的笑容时，是觉得在他的脑袋里面也有一张真正的笑脸吗？你不太可能想到的是内啡肽和神经环路什么的吧。那么在你的想象中，那个内在自我究竟是什么样呢？其实，相信内在自我的存在，比搞清楚它的样子更重要。在这一点上，昆德拉的总结也很精妙："如果不相信'表情传达自我'这一基本假设——即便这可能只是个巨大的幻觉——我们就无法生活，至少无法认真对待生活。"

但至少我们清楚地知道，如果把一个人的脸撕下来或者把头骨打开看看，你能在里面找到的唯一有意义的东西就是大脑。这么说的话，我一直在与之交流的"自我"就是大脑吗？可每当我这样想的时候，总是忍不住想笑：天哪，一直在跟我交谈的就是这一坨滑不溜秋的组织？"当我们看到大脑时才会意识到，在某种意义上，我们仅仅是一坨生肉；而在另一种意义上，我们不过是一些虚构出来的幻象。"这是英国神经心理学家保罗·布洛克斯（Paul Broks）的论点。[4] 那么我们究竟是什么呢？生肉？还是幻象？

当铁路火车第一次出现在美国西部时，许多印第安原住民都迷惑了。这大家伙是怎么跑起来的？在考虑了所有可能性之后，他们得出结论：火车的引擎一定是由许多匹马拉动的。可当他们检查火车引擎后，却发现除了几块铁板和几箱油之外什么都没有。想象一下他们那时的惊诧吧。这正是我看到人类大脑时的感觉。于是我猜测，除了我能看到的大脑器官本身，一定还有其他什么我看不见的东西与之共同组成了"我是谁"。因此，与历史上的所有心身二元论者相同，为了消解疑惑，我选择相信一定有一个叫作"灵魂"的东西巧妙地隐藏在肉体机器里。但是与那些相信"马拉机器"的印第安原住民一样，我也没有丝毫证据来证实我的猜测。英国哲学家吉尔伯特·莱尔（Gilbert Ryle）将这种身心二元论叫作"机器中的幽灵理论"。[5] 幽灵也好，马也好，自我也罢，不管什么，反正都藏在机器里。

2008年12月，一位在事故中面目损毁严重的女患者在美国接受了世界上第一例接近完整换脸手术。让我们姑且称她为T。完全改变一个人的外貌对于人的自我认知无疑有着至关重要的影响。但是如果说T在换脸前后完全换了个人，恐怕不会有人相信。T知道自己仍是T，所有见过T的人，在经历了最初的震惊之后，也都毫无怀疑地继续认为她还是T，只是外表改变了而已。即便当初的那场变故不仅让T毁了容，同时也深深地改变了她——或许让她变得有点多愁善感或者宿命论了——人们可能会说："哦，T不再是当初那个人了。"可是人们说这句话的时候并不真的认为T不再是T，而只是在说T这个人有所改变而已。

但如果T接受的是大脑移植手术呢？你又会说什么？我知道这问题问

得有点怪，但我并不是第一个思考这个问题的人。凯泽永久医学院（Kaiser Permanente Medical Center）曾经进行过一次特殊的调研，要求被访者回答如下问题："如果（被访者）患有终期脑肿瘤而大脑移植手术可行，是否愿意移除（自己的）大脑并移植其他人的大脑？"40%的被访者给出了肯定的回答，表示愿意进行大脑移植。[6]在现阶段这当然只是一个假设的问题，但可能要不了太久这个问题就不再仅仅是假设了，因为类似的移植已经在猴子中部分实现。比如，凯斯西储大学医学院（Case Western Reserve University School of Medicine）的神经外科教授罗伯特·怀特（Robert White）就曾经成功地将一个猴子的脑袋整个移植到另一个猴子的身体上。虽然接受移植的猴子在手术后仅仅存活了很短一段时间，但在这段时间里，这只猴子的视觉、听觉、嗅觉、味觉都具有功能，能够感知周围环境。[7]如果人类患者T接受类似的移植会怎么样呢？她能够与捐赠者无缝对接，转变为捐赠者的身份吗？她曾经的自我会残留吗？如果会的话，这个旧自我还会行使支配功能吗？它会违抗"大脑决定思想"的常理，反过来占领并操纵新大脑吗？在人体这一肉体机器中，是否真的有幽灵存在？

哲学家德里克·帕菲特（Derek Parfit）还问过一个更加怪诞的问题。[8]想象你有两个同卵双胞胎兄弟，你们三人一模一样。在一次严重的汽车事故中，你的身体严重损坏了，但大脑奇迹般地毫发无伤。你的两个兄弟则恰好相反，他们的身体无恙但大脑严重受损。现在，假设你的两个大脑半球具有相同的功能。一个技术高超的神经外科医生成功地将你的大脑从你的身体上分离，并将两个大脑半球分别移植到你的两兄弟身上。（在下一章中我们将会谈到，即便只有左半脑或者右半脑，人也是可以存活的。）这种情况下，你还活着吗？如果回答是肯定的，现在是否有两个你？如果现在有两个你，是否说明一直以来就有两个你？还是说，现在有两个"半个你"？如果你的其中一个兄弟不幸在手术中去世，是否只有半个你还活着？"半个自我"究竟是什么？

好了好了，让我们停止异想天开，来做一个更加可控的思想实验。如果我们能够"剪切—粘贴"大脑的一部分，比如记忆，会怎么样呢？如果你丢失了全部记忆，比如得了严重的阿尔兹海默症，你还是你吗？当然，如果真的丧失全部记忆，这个问题也就无从谈起了。但是如果我们能够循序渐进、一点一点地移除记忆呢？——顺便提一句，这个想法可能在不久的将来就能够实现了。最近的研究表明，控制特定类型的记忆并不像我们想象的那样困难和遥不可及。位于布鲁克林的纽约州立大学下州医学中心（SUNY Downstate Medical Center）的一个科研团队最近发现，通过调控猴子大脑中一种特定的蛋白质（PKMzeta），能够永久删除猴子某些特定的记忆。实现这一目标唯一需要做的是将一剂化学药剂（ZIP）注射到"大脑中维持特定类型记忆的脑区，比如与情绪、空间记忆，或者运动技能相关的脑区"。只要一针下去，嗖，药到记忆除。[9]

接下来，想象我们能够通过施加和去除特定的化学物质来控制特定类型的记忆是否存在。比如，你遭遇了一起事故，在事故中你不幸丧失了全部与运动技能相关的记忆。如果捐赠者的记忆能够正确地转移到你的身上，你将会发现现在的自己能够做出一些以前无法做到的事情了，比如你可能破天荒地会骑自行车了，或者你忽然能够在高尔夫球场上打到80分。当然，你也会丧失一些你曾经掌握的技能，比如你可能再也不会游泳了，或者现在连颗钉子都钉不好。这无疑非常诡异，但这样的移植并不会改变那些决定身份的记忆。那么让我们继续，假设现在的你又被移植了嗅觉记忆。在这之后，当你追忆孩提时代在妈妈臂弯里的情景时，你发现你回忆起来的竟然是另一个母亲的味道。接下来，再假设你的视觉记忆也被替换了，紧接着是语言记忆。究竟在哪一刻你变得不再是你了呢？真的有"半个自我""混杂的自我"这种东西存在吗？究竟在哪一刻"自己"变成了"别人"？或者干脆消失了？

假设"自我"真的只是大脑组织的其中一个属性，那么这一属性究竟隐藏在大脑中的哪里呢？以及该怎么找到它？如果让我闭上眼试图感知自我在哪里，我会说它好像是在我脑袋顶部，再往前一点，大概刚好在眼睛后面。但是当我想进一步更加精确地定位它时，它的中心却变得模糊起来。我越努力去感知，这个中心反而越模糊。再一用力，我一下子连最初的模糊感觉都没有了。我觉得我仿佛陷入了由海森伯不确定性原理所构成的超现实主义的牢笼："如果你集中注意力去'做'一件事情，你其实完全无法腾出脑子来思考你'在做'这件事情；反之，如果你一直在想着你'在做'什么，你就无法真的去'做'这件事。"[10] 总之我算是明白了，想用自我来感知自我的位置是不可能的。

万一我就完全找错位置了呢？在有记录可考的漫长人类历史中，如果你说大脑与人类高等行为有关，会被大众嘲笑，甚至被烧死或者砍头。4000年前，古埃及人曾经坚信人的精神和意识存在于心脏而非大脑。卡尔·齐默尔（Carl Zimmer）在他的著作《血肉灵魂》(Soul Made Flesh)一书中提道：在准备葬礼时，埃及牧师会"从尸体的鼻子伸进一根钩子……（再）一点点的把脑组织挖出来，直到掏空整个大脑，再用布条填充整个空腔。"而对于心脏，牧师们则会精心地将其保存在体内。"鹮首人身的智慧之神托特会询问心脏40个有关其主人生前生活的问题，"齐默尔进一步解释，"如果答案证明这颗心脏罪大恶极，死者将会被地狱的魔鬼分食；而如果这颗心脏是清白的，死者则会升入天堂。"那大脑呢？早被扔到垃圾桶了。[11]

"亚里士多德（Aristotle）也与这些埃及人的观点一致。"齐默尔继续说。这位伟大的哲学家利用了比埃及人更加系统性的方法来研究这一问题。然而把搜集的所有证据放到一起后，亚里士多德得出了相同的结论：心脏是人的精神和意识中心。首先，心脏在人体中具有特殊的解剖学位置：心脏近似地位于整个人体的中心。如果大脑控制整个身体，上帝为什么要把它设计得那么靠边儿？当然，亚里士多德绝不是只依据这一点证据就轻率地做出这样的结论，他还花费大量心力进行了一系列人体和动物解剖，也正是因为这个原因，许多人认为他是历史上第一位生物学家。当亚里士多德解剖尚未出生的婴儿时，他发现在胚胎中首先成形的就是心脏。这也正是我们对于人体中最重要器官的预期，也使得亚里士多德更加确信他的结论。证明心脏是感觉中心的另一个合乎逻辑的重要证据是，我们能够真真切切地感觉到心脏的跳动。所以，下一次当你听到别人说他伤心、心碎或者心力交瘁时，可以想想亚里士多德。证明心脏是意识中心的理由则与体温有关。亚里士多德认为体温与智力相关，体温越高的动物越聪明。在古希腊人的理论中，心脏是给身体加热的源泉，而大脑的主要作用则是防止心脏过热。亚里士多德因而认为，人类巨大的大脑并非智力和意识的来源，而恰恰相反，"与其他动物相比，人类的心脏制造了最多的热量，因此需要最大的冷却系统。"齐默尔在他的书中这样解释。[12]

亨利·摩尔（Henry More）是16世纪60年代极具影响力的哲学家。他是这样总结历史上人们对大脑的看法的："人的脑袋里这些像骨髓一样软塌塌的组织并不比一块羊脂或一碗凝乳更具有思考能力。"[13]说实话，我并没有见过羊脂，但是我非常理解摩尔说这话时的感受，他所描述的正是我在西奈山医院手术室里眯着眼看到大脑时的所思所想。摩尔接着说："真的有人相信吗，这块'不定形的湿乎乎的东西'富有人性？"

现如今，我们对于神经系统有了更加清楚的认识，因而自然而然地接受"大脑是人的意识中心"这一论点。我们现在区别生与死最常见的标准就是是否"脑死亡"，可见我们对于这一理论的接受程度有多高。大脑不仅为我们带来了感觉与情绪，想法与记忆，也产生了一些特别的东西，比如理智和意识。大脑的正常运行对于所有这些体验都是必需的，这些现在已经成为最基本的常识。

但是，这些体验是在哪里产生的以及如何产生的则成为现如今更大的谜团。在过去的20年里，神经生物学家在探寻产生自我的神经环路方面取得了长足的进步。但是，与我们自己在冥想中的信马由缰一样，这些结果同样复杂并令人费解。如果我们让被试者在脑子里想"自我"，同时用功能核磁共振成像（fMRI）检测他们的大脑，会发现大脑的所有区域都在活跃，其中最活跃的区域叫作皮质中线结构，从大脑中部贯穿到前部额叶。但是，人们并没有发现哪块特定的脑区负责"自我"体验。更为复杂的是，在人们思考"自我"时活跃的大脑区域始终在变化，这让产生"自我"的神经环路变得更加扑朔迷离。我们无法在单个神经元里找到意识，甚至无法在脊髓这样复杂的结构里找到意识。如果"自我"真的栖息在哪里的话，那一定是位于不断变化的神经网络里，真是狡兔三窟。[14]

任何一个人关于意识是什么、从哪里来、如何工作都有着自己的猜测。而现在对于所有这些猜测的批评都是轻率的。因为无论是谁——科学家、哲学家、宗教学者、巫师，乃至任何一个曾经想过这些问题的人——都不能对意识是如何产生的给出确凿的回答。意识真的只是神经环路的附加属性吗？意识的定义是什么？"自我"又是什么？人类的一切知觉、体验归根到底只是脑袋里那坨肉的产物吗？如果不是，我们又应该到哪里去寻找答案？也许将来有一天我们能够对这些问题给出满意的答案，也许永远都不能。至少现在，我们所有人都在黑暗中摸索。

但有一点我已经搞明白了：不要企图通过观察大脑来回答关于意识的问题——至少现如今的科研手段还无法做到。任何一个曾经掀开头骨看见过大脑的人都会告诉你，他们看到的与我在手术室里看到的没有任何区别——那就是组织，一坨组织。保罗·布洛克斯曾经对这些组织进行了长达25年的研究，他写道："在密布着神经元和神经纤维的树丛中，意识在哪里？哪里都没有。那'自我'又是什么？你觉得呢？藏在瓶子里的精灵？"[15]

别着急，对这伟大的器官我毫无不敬之意。我们对大脑了解得越多，才越明确地意识到大脑是一个无可匹敌的器官。它是由许多元件组成的一张错综复杂、高效强劲的网，能够以惊人的速度和灵巧度实现与网络外部或内部其他元件的交流。据估计，我们的大脑中有1000亿个细胞，这些细胞分为神经元和神经胶质细胞两种。单个神经元的外部结构看起来并不复杂，通常具有一个细胞体、一个轴突和一些树突。但这些神经元的内部结构却复杂得让人难以置信：每个神经元中不仅包含一整套人体基因组，更包含上亿个各种各样的分子，这些分子相互交叠、勾连，形成繁复的结构。

这些神经元是强大的发电机。根据神经生物学家大卫·伊格曼（David Eagleman）的说法，神经元的电脉冲频率能够达到"1秒钟几百次"。"如果每一次的电脉冲都转化成一个光子，数以万计的电脉冲转化成的光子汇总起来将具有极强的能量，甚至能够致盲。"[16]更令人叹为观止的是，每个神经元的每次电脉冲激发都决定了它周围的神经元是否被激发，以及哪一个神经元被激发，如何激发。以此类推，这些神经元的激发在网络中形成了一个复杂的体系。每个神经元都与大约1万个其他神经元相连，这些相连的神经元之间可能相隔很远。神经元之间的联系有无限种可能，甚至超越了语言能够描述的极限。有人计算过，如果你将神经网络里神经元之间所有可能的连接形式都累加起来，总量可能超过宇宙中所有基本粒子数量的总和。[17]

这一伟大的器官同样也勤勤恳恳。还记得当年小学楼道里挂着的名家名言吗？"你只使用了你大脑的百分之十"。现在我们知道这一说法毫无依据。功能性脑成像研究直到目前都没有发现任何一部分未被使用过的大脑，换句话说，没有任何一个脑区完全不活跃。正如神经外科专家兼科普作家卡提丽娜·菲力克（Katrina Firlik）所述："你可以将存储这'百分之十谬论'的脑区腾出来存储其他知识了。"[18]大脑不但勤恳，而且高效。神经科医生丹尼尔·德鲁巴赫（Daniel Drubach）曾说过："尽管大脑只占人体重量的不到2%，却要消耗人体20%的能量。"这个数字听起来惊人，但谁又会想到，这其实只是点亮我面前这盏阅读灯的灯泡所需能量的五分之一。大脑其实真的是一个非常先进的节能器。[19]

我们有时会称大脑为超级计算机，但这简直是对大脑智能的侮辱。我们的大脑能够响应刺激、适应环境、内化知识、外推理论、反思过去、展望未来，这些都是计算机目前难以做到的。近年来，我们已经在有关大脑的研究方面取得了许多激动人心的新发现，其中之一就是大脑的可塑性。我们曾经认为大脑的结构在人进入成年时就完全并且永久固定了，而现在我们知道根本不是这样的。一项又一项研究结果都表明，大脑不仅会对新的刺激作出反应，还会通过调整和改造自身的基本生理结构来适应这些挑战。大脑会建立新的神经回路和突触，或者通过改变当前的回路和突触来吸收新信息，形成新记忆，并时刻为新挑战做好准备。当代科学家们将大脑的这些性质称为"神经可塑性"。[20]

如果大脑的其中一部分损坏了会怎么样呢？比如说，一个人大脑中负责产生语言的部分（位于左额叶的一个脑区）出了问题，或者干脆由于中风完全丧失了一侧大脑半球的功能。神奇的是，假以时日，这个大脑能够在很大程度上自我修复。它会试图修复受损的神经元，或者通过"神经再生"产生新的神经元来替换受损的神经元。如果这些基本修复机制不能修复神经元，大脑会重新设计整个神经回路绕开受损部位，或者将受损部位的功能重新分配给大脑中其他健康的区域，尽管这些区域之前可能并不具备类似的功能。事实上，正是由于这样的机制，有许多出生时只有半个大脑的人具备与常人无异的大脑功能。[21]

我们的大脑能够改变其自身，这件事情细想起来真的不可思议。怎么能够有一种机器，既错综复杂又灵活善变到这种程度呢！我打赌你找不到任何一台电脑能够在自己某个零件坏了的时候修好自己。要是不信，你可以去掉你笔记本电脑里一半的零件然后再开机试试。神经外科医生珀斯特说，脑部手术的困难之处正在于大脑的可变性，而人们经常忽略这一点。"大脑绝对不是一成不变地待在那里，而是始终在变化。你的手术对象是个时刻移动的靶子。"在与珀斯特医生一起走回办公室的路上，他给我讲了一个有关心外科医生的笑话：心外科医生把车开到修车厂里准备维修。负责修车的技工是他曾经的一个患者。当技工干完活把账单递给医生的时候，问道："为什么你挣得比我多那么多？""哦，我告诉你为什么。"外科医生回答，"如果你能把一台发动着的车修好，我保证付给你跟我挣得一样多的钱。"与之类似，我们的大脑也是一台不断活动的机器。

然而，即便知道大脑如此非比寻常，想要探寻它究竟如何将外在经历转化为自我依旧难上加难。大脑是一个物理存在的器官，你能够实实在在地触碰它、感知它。而自我则是虚无的。我们想象这个世界上存在着"我"和"非我"、"我"和"你"，就好像它们是一些能够拿在手中掂量的物件儿一样。但其实它们并不存在于真实世界中。想象一下你身体里住着一个看不见摸不着的幽灵——或者更精确一点，住着很多个幽灵——它们就是"自我"。"自我"正是这样一种只存在于想象中的生物，一个我们讲给自己听的故事。它是那样机灵鬼马，却又无比脆弱。

"说到底，大脑不过是一大群基本原子以特有的方式聚积、排布，并相互连接在一起。在这个意义上，大脑与一个茶壶或者一颗西蓝花并没有本质的区别。"科学作家史蒂夫·强森(Steven Johnson)说。[22]但是如果真的是这样，"自我"是怎么单单在我们的大脑里产生？别再寻根究底地问*为什么*——"为什么我们存在于这个宇宙里"是宗教试图回答的问题。我们才刚刚开始能够试着回答自我认知是怎么发生的。

珀斯特教授研究大脑已经半个世纪了。如今他是世界知名的神经外科专家，他技术高超，在大脑解剖学方面恐怕没人比他更精通了。我问珀斯特教授，工作了这么多年，他对人类认知有没有什么新的想法。他却说："与第一次见到大脑相比，我对它的敬畏毫无减少，甚至更多。有时候，在实验室里面对着一个已经死亡的大脑时，我总在想：'这东西究竟是怎么工作的？是怎么做到那么多神奇的事情的？它怎么知道那些方法的？又是怎么学会的？'我毫无头绪。我从1963年起就进入医学院学习，进入解剖学实验室做研究了，可直到现在，我对大脑的了解丝毫没有增加。"[23]

我向我的同事汤姆·布林汇报了我的进展。这个最初鼓励我开始大脑研究的人反问我，研究这个课题是不是在浪费时间。汤姆说："我猜你并没有找到你期待的答案。""不，这绝不是浪费时间。"我告诉他，"恰恰相反，我从来没有过这么强烈的满足感。"如果自我认知的秘密完全藏在一个器官里，那简直太无趣了。每次萌生这样的想法，我都有一种快要患上幽闭恐惧症的感觉。我倾向于认为自我与大脑器官的关系和它与周围世界的关系相似。因为只有这样，生命才有了无限的可能。在我看来，正是自我的延展性——或者说多重性或者可塑性——让生命精彩起来。

3. 二脑一体

不要让你的左手知道你右手所做的事。[1]

——《马太福音》第六章 第三小节

　　我多年以来一直想成为一个特立独行的艺术家。不管在学术圈取得了多少成就，我那颗20世纪60年代年代嬉皮士的心仍然蠢蠢欲动，让我总想做点什么真正有创意的事情。但我又不希望像有些随心所欲、任性而为的艺术家那样，满足于拿颜料在画布上随意泼洒些抽象的线条色块。我想画些写实的东西——尽管我知道写实绘画可能并不能算高端的艺术。然而扫兴的是，不管是画黑白的还是彩色的、二维的还是三维的，不管是用铅笔、油画笔还是调色刀，我画出来的人物都像海绵宝宝一样。不过要是真照着海绵宝宝画的话，我又连海绵宝宝都画不像。

　　我最想画的是人，尤其是人脸。但是对于大部分像我这样失败的业余艺术家来说，人脸是最难画的。我真的努力去试了。为此我学习了人体解剖学，还买了人体头部绘画的教学书。（"首先画一个球形，从中间偏上的前额位置画一条线到下颌处。从头部的侧面'切'一个圆形，从圆形的前面画一条线到下颌处。另一侧与此相同处理，画出脸的轮廓。现在画下颌线。"这是其中一本书上

---

[1] 译者注：意为行善不欲人知。

的画法指导。）我记得住五官的完美比例——眼睛位于脸的中间，鼻子延伸到脸的下三分之一处，鼻翼两侧的边缘与两眼的内眼角齐平，如是种种。我勤奋地练习画鼻子、嘴唇、头发、眼睛，但这些都不管用。当我试着写生一个真人时，画出来的仍然像警察查案时随手画在本子上的草图——或者说，像个海绵宝宝。

在36岁生日时，我报名了一门由麦克辛·奥尔森（Maxine Olsen）授课的绘画课程。奥尔森是一名超写实主义油画家[1]，我对她十分敬仰。我为她画作中那些栩栩如生的细节所折服。她的画作就好像画出来的照片一样，甚至比照片还要更真实。我告诉她我想成为一名写实艺术家，并且问她能否传授我一些画人物的技巧和方法。"我不知道怎么样成为一名写实艺术家。"我记得她这样对我说，"我甚至不知道什么叫作写实艺术家。但是把人物或者任何一个放在你面前的东西精确地画出来，比你想象得简单许多。"

她继续解释说，你不要试图去画"一个鼻子""一张脸"或者一个什么。绘画就是观察。你需要全神贯注地观察每一个小小的角落、缝隙，翻来覆去地观察，一毫米一毫米地观察。你观察的对象究竟是一个鼻子、一棵树还是一辆汽车都无所谓。如果有所谓的技巧的话，那么唯一的技巧就是注意每一根线条上的每一处斑点、每一点形状、明暗或者颜色上的细微改变。绘画的技巧并不在手指上，不在于你能否画一条笔直的直线。正如艺术教育家基蒙·尼克莱德斯（Kimon Nicolaides）在他的著名著作《自然画法》（*The Natural Way to Draw*）一书中所述："（绘画）与技巧和技术无关，也与审美和构思无关。绘画只与正确的观察有关。"[2]

奥尔森告诉我，画人物时，最好不要去想他们的名字和身份，否则很容易被他们"**应该是什么样子**"所影响，而不能画出他们"**真正是什么样子**"。如果你想着"我要画一个鼻子"，你画出来的将只是一个符号化的鼻子而不是它真正的样子。标签会导致模式化思维，而模式化思维会让你笔下的图案千篇一律。这句话让我忽然想起来，这其实也是我在我的社会心理学课程上传授给我的学生们的道理啊。劳伦斯·韦克斯勒（Lawrence Wechsler）也有过类似的表述，他为当代著名艺术家罗伯特·欧文（Robert Irwin）所著的传记《忘记观察对象的名字才是观察的开始》（*Seeing is forgetting the name of the thing one sees*），[3] 这个书名正是对这一道理的最好总结。试图找到一张"典型"的脸是徒劳的，因为它并不存在。我们只能看到一张张独特的脸——因为这个世界上只存在独特的脸。

要想绘画，先停止思考。绘画有点像冥想，你得让你的脑子停下来，放下偏见，放下预期，学着感受当下，试着集中精神。奥尔森说，她还记得她的一位绘画老师曾经让学生对着一块一英寸见方布满灰尘的区域整整一个小时，画出这个区域里他们能看到的一切。大部分学生在几分钟后就觉得无聊了，但老师让他们就这么盯一个小时，画一个小时。盯的时间越久，能看到的就越多，这一个小时里始终都有新的收获。"这才是我说的真正的观察。"奥尔森说。

奥尔森告诉我，我画不好画的最大的问题可能恰恰源于我擅长的教职工作。她说："你是个整天在思考的人，逻辑和语言能力都很强。"这些能力是成为一名优秀的教授所必需的，但却会极大地干扰绘画。我的另一位艺术家朋友，极富天赋的雕塑家克里斯·索伦森（Chris Sorensen）对此也有一番非常精妙的点评："你的理智是个瞎子。"但是我的大脑可不同意这个说法。它这么聪明，这么优秀，怎么可能对绘画一窍不通呢！这一点，我骄傲的大脑绝对接受不了。索伦森告诉我："要想把画画好，先把自己想成一个白痴。"好吧，请允许我荣幸地向大家宣布"克里斯·索伦森创造力理论"：有时候最聪明的做法就是让自己变笨。

现在我了解自己的问题了，那么如何解决呢？在这个问题上，奥尔森教授给我这个心理学教授上了一堂生动的应用大脑解剖课。

"你得学会骗过你的大脑。"奥尔森说。她给我推荐了一本书，贝蒂·爱德华（Betty Edwards）所著的《用右脑绘画：像艺术家一样思考》（*Drawing on the Right Side of the Brain: A Course in Enhancing Creativity and Artistic Confidence*）。[4] 这本书的书名将一个纯粹的科学名词与艺术联系在一起，一下子就深深地吸引了我。我想这本书就是为像我这样过于理智而又毫无艺术细胞的人量身定做的。爱德华说，每个人都具有两种截然不同的知识结构和信息处理方式，这两者有时候甚至相互矛盾。其中一种是"L型"，它是抽象的，代表与语言和推理分析相关的思维；而另一种是"R型"，它是直观、形象的，代表一些非语言的以及与时间无关的思维。这两种思维模式存储在不同的大脑半球："L型"思维方式处于左半脑，而"R型"则位于右半脑。我们很快将会讲到左右半脑的生理区别。爱德华说，像我这样缺乏艺术细胞的人需要将"L型"的思维方式转换成"R型"的。为此，他为我设计了一系列练习以促成这一转换。

爱德华让我做的第一个练习是反向绘画。爱德华让我临摹一张毕加索（Picasso）的线条画，那是他给伊戈尔·斯特拉文斯基（Igor Stravinsky）画的肖像画。这幅著名的肖像画中饱含多种独特繁复的曲线，它们相互交叠，构成许多复杂的形状。这些线条放在一起将这位伟大作曲家神态体现得栩栩如生。当我将这幅画旋转90度，让画的一侧朝上时，临摹就已经变得无比艰难。

而爱德华的要求是，将画旋转180度，让肖像头下脚上，再进行临摹。换句话说，我临摹的斯特拉文斯基是倒立着的。这幅画我们一起画了至少30分钟。爱德华说，在这个过程中最重要的就是，在临摹完成前绝不要把画转过来看。在开始之前，我们移开或者遮住所有钟表，只设置了一个提醒绘画时间结束的闹钟。这能帮助我们忘掉时间的概念，而这一概念是"L型"思维负责的。

这一练习背后的逻辑是，当我们把画调转180度后，就很难再分辨人像中的各个部分了。如果你手头有照片或者人脸的画像的话，把它们翻过来看看你就明白了。甚至连熟悉的人像在翻过来看的时候也会变得十分陌生。在这个过程中，你自然而然地就会"忘记你正观察的对象的名字"，因为一切看起来都变成了抽象的线条和图案。爱德华这样解释说，现在你的左脑不得不屈服于右脑，放任它的"猪队友"完成这项工作。就像克里斯·索伦森说的那样，放下理智，跟着感觉走。

于是我设置好时间，把毕加索的画作头下脚上摆好，开始临摹。最开始的几分钟我很迷茫，但是没过一会儿就好像忽然开窍了。我发现我开始单纯观察线条、形状、角度等。如果一次只关注一个细节，然后再搞清楚这些细节是怎么组合在一起的，其实并不难。我开始顺着线条的走向去看它们是怎么相互连在一起的，一条线在哪里结束，另一条线从哪里开始，他们与画纸边缘的关系，方位和角度。如果一次只观察一条线，照着画下来其实很容易。

在完成这次临摹的过程中我仿佛被催眠了，那种感觉很像在聚精会神地拼拼图。我照着原图先画一条线，再画一条与之相连，再画下一条。我只全神贯注于一件事，那就是如何将这些线条恰当地连接起来，以及它们与画纸的边缘及画面的其他元素的相对位置关系是不是正确。我甚至忘记了我在画画，当计时结束的闹钟响起的时候，我自己都吓了一跳。我放下笔，看着面前两张倒置的画。我画的一些线条和原作相比还是歪得很明显，我盯着它们看了好久。总的来说，我对我的作品还是满意的，于是把两张画都正过来看。我一下子震惊了，毫不夸张地说，这真的是我这辈子以来画得最好的一张画。

接着爱德华又让我做了其他几个练习。其中一个叫作"纯粹"轮廓画，目的是练习最原始的观察方法。他要求我将目光沿着观察对象的边缘（也就是它的轮廓）非常缓慢地（"一毫米一毫米地"）移动，在目光移动的过程中，尽量准确、精确地记录下轮廓线上的每一点细节，同时在一张纸上用一根连续的线将这个轮廓和上面的细节描绘出来。这一练习的关键之处在于，在整个过程中，不要低头去看你画出的线，而是紧紧地盯着你的观察对象。这使得你只能专注于线的弯曲和走向，而忘记你画的东西是什么。我画的是我的左手，我本来觉得这对我来说是极大的挑战，但结果居然出乎意料地比所有我之前临摹过的手都好。

还有一个练习叫作"负向填充"绘画：不去画观察对象本身，而是去画观察对象周围的环境。举个例子，如果要画一个站在门前方的人，就将人没有挡住的那部分门画出来，而将人的部分完全留白。在这个练习中，由于观察对象遮挡了背景物的一部分，使背景物的形状不再规则，我们对它们也就没有了先入为主的概念。"L型"思维失去了用武之地，只好启用"R型"思维模式，也就创造了又一个成功的作品。

在艺术上，我的经历并不算完全成功。从这些练习中我只是学会了那些画家们所说的"专业的观察方式"。之后，我又慢慢地通过练习将这些观察技巧应用到自己的创作中。我不敢保证我的作品质量如何，但作画已经成为我生活中释放情绪的重要部分。但是，比学会绘画更为重要的是学习绘画的这一过程。通过让一个大脑半球战胜另一个大脑半球，我学会了绘画。我没办法自己学会绘画，但却能够哄骗我的大脑让它为我绘画。更疯狂可笑的是，筹谋这一哄骗计划使用了左半脑的"L型"思维模式，而这一计划本身却正是压制左半脑的这种思维模式。

有一点我要声明，虽然我好像一直在说"用一个大脑半球战胜另一个大脑半球"，但这一过程的生理学基础要复杂得多。人类的大脑的确分为两个半球，每个脑半球也的确具有不同的功能，这些事实科学家们一千年前就知道了。左脑通常（少数左利手的人例外）负责语言、逻辑、理解，同样也负责感知时间、次序，以抽象的方式思考问题，擅长计算。而右脑则负责空间技能、视觉模式识别、直觉判断。右脑偏重形象化思维，擅长几何，能够感知深度和运动，也能够区别不同声音信号。

但大脑的复杂之处在于，在健康人的大脑中，两个脑半球并非独立工作。它们通过胼胝体连在一起，那是无数神经纤维形成的网络，包含上百万神经连接。正是通过胼胝体，发生在一个脑半球的任何活动都会快速地传递给另一个脑半球。胼胝体确保了任何一个脑半球都不会对另一边发生的情况一无所知。换句话说，我在练习绘画时，虽然试图压制左脑的活动，但不可能让它完全不参与。这就引发了一个值得深思的问题：如果在胼胝体功能完备的情况下，两个脑半球都能主导完全不同的思考方式，那么没有了胼胝体会怎么样呢？如果一个人的两个脑半球失去了联系会是什么情形？19世纪60年代，罗杰·斯佩里（Roger Sperry）和他的学生，尤其是麦克·加扎尼加（Michael Gazzaniga），对这个问题进行了一系列奠基性的研究。

他们的研究对象是一些人类患者，这些患者为了缓解癫痫的痛苦而接受了根治手术。这一称作"连合部切开术"的手术会切断胼胝体，将两个脑半球分离。医生们希望能够通过这一手术将癫痫限制在大脑的一侧，而不会扩散到另一侧。这类手术异常成功，它不仅限制了癫痫的扩散，而且显著地缩短了癫痫的发作时间，这一点出乎所有人的意料。

但是斯佩里对于这类手术在治疗癫痫方面的效果并不感兴趣，他感兴趣的是这些裂脑患者其他方面的改变。在此之前，研究人员并没有发现切除胼胝体对于患者的行为有太大影响。这些患者仍然能够正常地与人交谈，完成实验要求的任务，在其他行为上也与胼胝体切除前没什么不同。这些患者简直太正常了，以至于连著名心理学家卡尔·拉什利（Karl Lashley）都曾经不屑一顾地嘲讽说，胼胝体的唯一功能大概就是防止两个脑半球飘散得太远。

斯佩里的病人们第一眼看上去也正常极了。加扎尼加说："最初，我们最惊讶的就是发现这些患者在手术前后没有表现出脾气秉性、人格和智力上的任何变化。"5但是，有一句话说得好，冰山的90%都藏在水底。斯佩里设计了一系列巧妙的实验，揭开了这座冰山水下部分的面纱。斯佩里也因为这些重要贡献获得了1981年诺贝尔生理学或医学奖。比如在其中一个实验中，斯佩里让脑裂患者坐在椅子上，将双手放在桌子下面。由于桌子的遮挡，患者看不到自己的双手。研究人员接着将一支铅笔放在被试者的一只手上。因为右手会将信号传递到左脑（语言脑），而左手会将信号传递到右脑（非语言脑），所以语言能够描述来自右手的信号，但却不能描述来自左手的信号。这与研究人员在实验中观察到的一模一样。当研究人员把铅笔放在患者的右手时，他们很快就会描述说"这是一只铅笔"。但是当他们同样将铅笔放在病人的左手时，他们却永远也没办法说出他们手中拿的是什么。

接着斯佩里换了个问法。让病人用左手拿着铅笔（注意，这时候病人的双手仍在桌子下面，因此自己无法看到），然后对病人展示一系列物品的图片——钥匙、书、铅笔等，然后让他们指出他们左手拿着的是其中的哪一样。这是视觉相关的任务，由右半脑负责。相信你猜到了，病人一下子就指出他们左手拿着的是铅笔。由于病人的双眼都看到了这张图，如果询问病人他们指着的图片中的东西叫什么，他们很容易就说出"这是铅笔"。然而如果再问你们左手拿的是什么东西，他们依旧说不出。无论整个过程重复多少遍，结果都不会变化。他们能够正确地识别左手拿着的物品对应的图片，能够轻易说出看到的图片中的物品叫什么，但是就是不知道左手拿的东西叫什么。

在另一个实验中，研究人员使用一台叫作"视速仪"的仪器将文字或图片分别展示给两个大脑半球。为了做到这一点，他们要求病人将目光固定在屏幕中央的一个点上，然后在屏幕的两侧显示文字或者图片。人的视觉系统非常精妙，左侧半个视野接受到的信号会被传递到右脑，而右侧视野的信号则被传递到左脑。因此，当病人目光固定在屏幕中央时，屏幕右侧显示的信息将全部被传到左脑，而屏幕左侧显示的信息将全部传到右脑。

在这一测试中，"HE"两个字母被显示在屏幕的左侧，"ART"三个字母则显示在屏幕的右侧。在正常人中，由于两个脑半球能够共享信息，我们会说，我们看到了"HEART"。但是如果你问一个裂脑患者他们看到了什么，他们只会说"ART"，这是来自左脑的声音。但是，如果给他们看另外两张卡片，一张写着"HE"，另一张写着"ART"，让他们指出来哪一张卡片上的词是他们看到过的，他们会指"HE"。

跟我们一样，裂脑患者自己也对于这些现象感到迷惑。在另一个测试中，研究人员让这些裂脑患者观看一系列显示在视速仪上的普通物品的图片。在这些图片依次放映的过程中，会有一张裸体女性的图片快速地在屏幕的某一侧闪过，通过右眼或者左眼将信息传递给患者的左脑或者右脑。研究人员发现，无论哪一侧大脑接受这样的图片信息，患者都明显地被逗乐了。但是当研究人员问他们为什么会笑时，左脑接受这一信息的患者会说，因为他们看到了一个没穿衣服的女人照片，而右脑接受这一信息的患者则说不知道他们因为什么觉得有意思。一个女患者最开始说她什么都没看见。"但是几乎同时，她的脸上露出一丝狡猾的微笑，然后咯咯地笑了起来。"加扎尼加在他的实验记录中写道。而当加扎尼加再次问她为什么笑时，女患者说："我……我不知道。哦，可能是这机器太有意思了。"[6]

这些实验结果表明，这些患者仿佛在经历两种同时发生但完全不同的现实，就好像共用一个身体的两个陌生人。但是如果你在街上看到他们，他们看起来跟正常人无异。只有在特定的情境下，这些异常才会显露出来。那么，还是同样的问题：我们正常人会不会也是这样的？[7]

左右脑的故事其实比我们刚刚讲述得更有意思。在某些情况下，两个脑半球并非是陌生人这么简单，它们甚至会彼此斗争。斯坦利·库布里克（Stanley Kubrick）在1964年拍摄的经典冷战电影《奇爱博士》（*Dr. Strangelove*）是我最喜欢的电影之一。彼得·塞勒斯（Peter Sellers）担任这部电影的主演，在片中饰演一位脑部受损的前纳粹军官——奇爱博士。奇爱博士担任美国空军上将，也是美国总统的战略顾问。他有一个非常奇特的怪癖：每一次为总统提供军事咨询时，他总是不由自主地举起戴着皮手套的右手，行一个纳粹礼。然后他不得不一次次地再用左手把抬着的右手压下来。他的右手也会时不时地去掐自己的脖子，好像要把他掐死。

库布里克可能并不知道，他在电影中所描述的是一种真实的病例，叫作"异手症"（Alien hand syndrome, AHS），是裂脑症中非常少见的一种症状。第一例异手症是由德国著名神经科学家和心理学家库特·戈德斯坦恩（Kurt Goldstein）在1908年发现的。当时，一位57岁的女性找到戈德斯坦恩，抱怨自己患有一些非常奇怪的症状。她告诉戈德斯坦恩，她的左手"具有自己的意志"并且好像在策划什么阴谋。她说她的左手"自由散漫，不受我支配。不管我让它干什么，它总是跟我作对。如果我要喝水，让它拿着一杯水，它就会把水泼了。然后我就用右手打我的左手，跟它说'喂，左手，乖一点！'我猜我的左手里一定住着一个邪恶的幽灵。"一段时间后，这位患者又找到戈德斯坦恩，告诉他自己的左手开始变得暴戾了。它会在毫无征兆的情况下将手围在她的脖子上用尽全力卡住她的喉咙。每当这种情况发生，她只能使劲把它拽下来。[8]

与其他所有患有病理性异手症的患者相同，这位患者的胼胝体也遭到了损伤。在异手症患者中，几乎所有人都是左手出现问题，大概是因为左手是由右脑控制的，而右脑是非语言脑，无法"说"出它的意图。可怜的左脑对于右边这

镜子里的陌生人

个无理取闹的家伙毫无办法，只能嘀咕"我的左手怎么搞的？"在戈德斯坦恩发现第一例异手症之后，20世纪又陆续有大约五十例异手症病例被报道。真实的患者数量可能更多，但可能因为被误诊或并未就医而没有记录在案。

这五十例异手症病例的症状真是五花八门。以下只是其中的一部分。

一位54岁右利手男性不得不放弃开车，因为每次开车时，他的左手总要抢过方向盘，使劲左打右打，好像发了疯一样。[9]

一位住院患者可恶的左手总是要将餐盘上的杯子打碎。病人向医院申请了新的杯子，可新杯子又被左手打碎了。[10]

一位患者用右手戴上的眼镜转眼就被左手拽下来。

一位女患者的左手有一个令人尴尬的毛病，它总是拉扯主人的衬衫，还会偷偷地将衬衫的扣子解开。[11]

还有一位患者甚至没办法自己穿衣服，每一次他用右手系扣子的时候，左手"紧跟着就把刚系上的扣子解开"。[12]

一位患者的双手总会为穿什么而打架。比如说，有时她的右手从衣柜里拿出一双红色的鞋，左手立刻就将鞋子抢过来，扔回衣柜，然后挑出一双蓝色的鞋。右手试图重新把红色的鞋子拿出来，左手干脆"砰"地一声关上衣柜的门，将右手挤在门框上。[13]

根据一位神经科医生的记录，当患者想用左手写字时，他的右手"会将纸抢过来扔到地上"。当询问这位患者为什么要这么做的时候，患者说，他并没有这么做。[14]

一位女患者快被她的右手搞疯了。每一次她想点烟的时候，她的右手会一把把烟从她的嘴上抢走然后掐灭。这位女患者解释说，"他"不想让她那时候抽烟。[15]

另一位女患者的左手有着类似的情况。每一次她想吃东西的时候，左手会从右手把叉子抢走扔掉，晚饭之后更甚。"如果我的左手不想洗盘子，它会把水龙头关掉。"女患者说。"如果我想把抽屉开开，它会把它关上；而如果我想把抽屉关上，它会把它开开。"[16]

由于异手症的症状发作突然并且难以预料，这些患者需要被24小时照顾。一位女患者说她的左手会周期性地击打右手。就好像醉汉司机附身，又好像"某个外星人"绑架控制了她的左手。[17]

这个"外星人"有时候也会很暴戾。一位异手症病人需要用右手死死地抓住左手，否则它就要去打他的妻子。有一次在公车上，他以为他被抢劫了，结果却尴尬地发现抢劫自己的正是他的左手。一些人的手会失控地打自己的脸，还有一些人，比如费恩伯格（Feinberg）医生的第一个异手症患者，称他的手企图掐住自己的脖子实行谋杀——注意，他用的是"谋杀"而非"自杀"。还有一个患者在医生做检查的时候忽然大喊："你看，他来了！快帮帮我！"当医生转过头看向患者时，发现她的手正一下一下使劲地往患者的脸上砸。"求你了，快把这个魔鬼赶走！"患者尖声叫道，"它会杀了我的！"甚至有的患者在晚上都不敢睡觉，生怕闭上眼后，失控的手会袭击自己。[18]

异手症也并非都是邪恶的。在少数一些案例中，这只"来自外星的手"也可能拯救主人。一个患者说，有一次她被一只手粗暴地打醒，发现自己的闹铃在不停地响，这才意识到自己睡过了头，差点错过一个重要约会。然后她转头去找是谁叫她醒的，才发现那是她自己的手。"我的左手拍醒了我。"患者说。她的左脑仍在酣睡中，但她的右脑决定起床了。[19]

我们至今无法治愈异手症，甚至连有效的治疗手段都没有。被异手症困扰的患者最多只能奢求能够在某种形式上控制由于手的失控所造成的损害。最初的控制方式通常只是把这只手捆起来，或者在它失控的时候打它。有些患者还会想出五花八门的方法来控制异手症。一个患者常年戴着厨房用的隔热手套。另一个患者干脆坐在自己的手上。还有一些患者将自己失控的手当作另一个人，试图跟这只手讲道理，告诉它不要做出格的事情，这样对"两个人"都好。一些人说，他们不停地批评自己的手，就好像陷入了一场失败的婚姻中。一位患者常常这样对着自己失控的手咆哮："你在干吗？你疯了吗？"[20]这些被异手症困扰的患者们有时候甚至会在寻求帮助的时候产生迷惑：到底应该叫救护车还是警察？对此他们一团混沌。有人认为异手症更应该叫作"怪手综合征(Anarchic hand syndrome)"，而我自己更喜欢的名字是"奇爱博士综合征(Dr. Strangelove syndrome)"。

我们的大脑是一个整体吗？如果这一问题是在问：我们的两个脑半球是否确实连在一起？那么对于大多数人，答案是肯定的。但是这两个脑半球究竟是否想法统一、行动一致，答案就不一定了。机器通常是作为一个整体运行的。比如我的烤面包机有许多个零件，但它们协同工作才能把面包烤好。而我的两个脑半球仿佛各自有自己的意志。如同我们在裂脑症或者AHS患者中看到的那样，当大脑受损时，它们之间的冲突就凸显出来。但其实每个人的两个脑半球都存在各自的独立意志，只是我们大多数人幸运地拥有健康的大脑和正常的胼胝体，才不受其困扰。

在罗杰·斯佩里和麦克·加扎尼加对大脑的后续研究中，他们被两个脑半球在操纵行为方面极强的独立性深深地震撼了。加扎尼加写道："（这两个脑半球）是完全独立的意识主体，就好像两个连体双胞胎一样，虽然身体连在一起，却仍然是两个独立的个体。"[21]他的同事约瑟夫·布根（Joseph Bogen）总结说，这些参与研究的脑裂患者证明"一个脑半球就足够形成一个独立的人格"。"如果这是真的，"布根接着补充，"具有两个完备脑半球的正常人应该具有两个完全不同的人格。"[22]

你可能需要一段时间才能接受这一事实。但是想想这一事实意味着什么吧：我们不仅拥有两个人格，更拥有两套思维方式和思想体系。如果这让你觉得好像有点人格分裂了，那就对了，因为这就是事实。

4. 身体无边界（不好意思，这是我的胳膊还是你的？）

他说不清拥有"自我"是什么感受，就如同说不清拥有"躯体"是什么感受一样。

——艾伦·肖恩（Allen Shawn），《可惜我不在》（*Wish I Could Be There*）［艾伦·肖恩为其父威廉·肖恩（William Shawn）所著的传记，威廉·肖恩曾长期担任《纽约客》（*New Yorker*）杂志编辑］

躯体是一个人感受自我的基础。但是究竟什么叫作"我的身体"呢？这个短语存在的前提是我们了解自己的身体究竟长什么样子，知道它从哪儿开始到哪儿结束，能够分辨出：这是我的身体，那是你的；这是我的胳膊，那是你的。身体的边界仿佛是显而易见的，至少我们希望是这样。

我在上课时，有时为了活跃课堂气氛，会给学生们演示一个叫作"橡皮手错觉"的实验[1]。想做这个实验，首先需要一些简单的道具：（1）一个假手模型。最简单的办法是找一只橡胶手套并将它充满气。对于大多数人，这样的道具就够了。但根据我的经验，这个假手最好能够更逼真一点。我用过的最好用的道具是仿真手模型，或者那种在道具商店或万圣节商店中能够买到的造型逼真的假手也可以。（2）两个小刷子。我个人喜欢用那种1英寸宽的海绵油漆刷。（3）一个能够将你看向胳膊的视线完全挡住的挡板，比如一张能够固定立住的硬纸板

　　　　　　　　　　　　　　　镜子里的陌生人

就行。（4）最后，你还需要一个朋友或者助手帮忙。

做这个实验时，先将假手平放在面前的桌子上。你可以在假手上方对应胳膊的地方围一些布，让这只手看起来好像是从这堆布中钻出来一样。如果你用的从服装模特上拆下来的一只手臂的话，就把道具的手臂部分挡住，只露出手。然后将你自己的手放在假手的外侧，也将胳膊遮住。下面这一点很重要：调整假手和你自己的手的相对位置，使得它们看起来相互平行并且仿佛都是从你的手臂上长出去的。这之后，将硬纸板放在假手和真手之间，挡住你看向自己手的视线。换句话说，你只能看到假手而看不到自己的手。当你顺着自己的肩膀往下去找自己的手臂时，只能看到被布遮住的假臂和假手。最后，让你的朋友用两只海绵刷同时触击你自己的手和假手。注意两只刷子的动作要完全同步并且一致。在刷子触击手的过程中，你要一直盯着假手，直到产生这样的错觉——觉得自己的胳膊与假手相连，并能够感觉到刷子对假手的触击。[2]

通常情况下，被试者只需要很短的时间就能产生这一错觉。在一次实验中，80% 的被试者在 15 秒内就认定他们感觉到刷子划过假手。但是在某些人身上，这个过程也可能持续几分钟。所以如果你没有立刻就产生错觉，不要着急，再耐心一点。当错觉产生后，你可能会觉得有点害怕，因为那种感觉格外真实，你觉得胳膊与假手相连，甚至通过假手感觉到了刷子的触击，尽管理智上你知道这种感觉其实是通过挡板后面的另一只刷子划过你真正的手产生的。在某次实验中，研究人员在被试者产生错觉后忽然将假手的一根手指向着手背的方向使劲一掰，被试者立刻大喊说自己的手指被掰折了。这种恐惧和紧张的情绪绝不是装出来的，因为它能够通过测量皮肤导电反应（SCR）而清楚地检测到——这些被试者的皮肤导电反应强度在那一瞬间陡然增加了。[3]

我们的大脑非常容易被哄骗。你甚至可以用两只假手玩儿这个把戏。在一次实验中，研究人员将两个一模一样的假手并排放在桌子上，被试者的一只真手则藏在桌子底下两只假手中间对应的位置，并与它们平行。三只手被同时刺激 1~2 分钟——为了达到这一目的，需要特制一只带有两个刷头的海绵刷来同时刺激两只假手，再用另一只普通海绵刷刺激桌子底下的真手。你可能猜到了，当错觉建立后，无论研究人员忽然用针猛刺两只假手中的哪一只，被试者都会被吓一跳，与此同时，他们的皮肤导电反应强度也会瞬间增加。如果你认为这些被试者只是因为看到其他人的手被扎而害怕，那你就错了。在对照组实验中，如果被试者不经历三只手同步刺激产生错觉的过程，猛刺假手本身并不能导致皮肤导电反应的变化。[4]

本体感觉，也被称为第六感，是指大脑中对应身体不同部分所建立的感觉地图，这一感觉地图的存在确保了我们能够感知自己身体的各个部位。通过本体感觉，我们知道自己身体的不同部分是如何相互连接并与外界联系的。橡皮手实验之所以会让我们产生错觉，正是因为实验设置成功地"短路"了本体感觉系统。本体感觉系统的脆弱性由此也可见一斑。为什么我们大脑中的本体感觉地图这么容易就会受到影响呢？有两个原因：硬件方面，参与本体感觉的大脑结构并不完善；软件方面，负责传导本体感觉的脑回路十分脆弱。这两个原因组合起来使得本体感觉非常容易受到各种因素影响。

让我们先来讨论硬件问题。你可能不敢相信，人类的感觉系统其实并不胜任其工作。我们在生活中时刻面对海量的环境信息，这个信息量大大超出了我们的感受器和大脑能够处理的限度。即便在最简单的情境下，近乎无限量的信息每时每刻都在争夺我们有限的注意力和感受能力。如果对所有这些信息都进行感应和处理，大脑系统无疑将会崩溃。在工程中，这叫作"系统过载"，是指系统实际承担的任务量超出其处理能力的情况。比如，如果一座桥承受的重量超出其承重上限，桥面就会坍塌。同理，如果我们的感觉系统接受了过多的信息，大脑就会出现故障。[5]

大脑的这一硬件问题会进而引发软件问题。为了防止接受过多信息而导致系统崩溃，感觉系统学会了简化信息。我们对接收的信息首先进行过滤、演绎、修正，从而建立更有利于理解和处理的图景。本体感觉依赖于这些信息简化才能运行。但是所有的简化都不可避免地容易出错。阿尔伯特·爱因斯坦（Albert Einstein）曾经说过："世间的万事万物都应尽可能简单，但不能过于简单。"不幸的是，大多数情况下，大脑的简化方式更像H. L. 门肯（H. L. Mencken）所述："任何复杂的问题都有简单的处理方式，但只要是简单的就一定是错的。"——也许并非"一定"会错，但绝对"经常"会错。这就是为什么有时候我们会发现自己的感觉与真实情况完全不同，因为大脑的眼睛和真正的眼睛可能看到的是完全不同的情境，即便在最简单的情况下，比如识别和感知自己的身体时，错觉都有可能发生。

首先，让我们更加仔细地审视一下橡皮手错觉背后的心理学原理。类似这样的小把戏曾经只是聚会上吸引眼球的游戏。但是最近，科学家们对这类错觉背后的心理学原理进行了系统性的研究，而研究的结论极大地挑战了我们的传统认知。亨利克·埃尔森（Henrik Ehrsson）和维拉利亚·皮特科瓦（Valeria Petkova）一直在研究身体置换。别担心，他们既不是犯罪分子也不是地痞流氓，而是斯德哥尔摩卡罗林斯卡学院（Karolinska Institute）的著名神经学家。在他们设计的实验中，他们会故意让被试者看到一种情境，同时在肢体上感受到另外一种不同的情境，从而扰乱被试者对自己身体的感觉。打个比方，如果你看到自己肩膀下连接着的是别人的手臂而不是自己的，会作何反应？如果你试着动动手臂却发现别人的手臂按照你的预期移动了，而自己的手却纹丝未动，又会怎么想？

为此，埃尔森和皮特科瓦设计了一个别出心裁的实验对这一问题进行了研究，我作为被试者之一造访了他们的实验室并参与了实验。皮特科瓦将我带到实验室并给我戴上一副造型奇特的大眼镜。这个眼镜的镜片其实是两个能够播放视频的小屏幕。接着她将另一个特制的头盔戴在自己的头上，这个特制的头盔顶上有两台微型摄像机。她的头盔与我的眼镜通过无线信号连接，这样一来，我的眼镜屏幕上显示的正是她头盔上的摄像机拍到的场景。换句话说，我"透过"眼镜看到的是皮特科瓦正在看着的东西。

将两个设备都打开后，我与皮特科瓦都将手臂相互平行举起。我们两人都穿着短袖，因而当我低头看时，自己胳膊原本的位置上正是皮特科瓦裸露的手臂。

这个场景真的很奇怪：在我身体正确的位置却出现了一对错误的手。在实验开始之前，当研究人员向我解释这个实验的时候，我就在揣测我的大脑将会对这一怪诞的景象作何反应。我本以为我的大脑会惊慌失措，到处去找我自己真正的手，但是我错了。它连一丝慌乱或者狐疑都没有。我与皮特科瓦的身体置换瞬间完成并天衣无缝，在我看到皮特科瓦的手臂从我的肩膀上伸出去的一瞬间，我真的觉得那就是我的手。我很难用语言描述我如何觉得那是我的手臂，或者在多大程度上感觉那是我的手臂，但是这种感受很真实。我只能用这样的方式让你理解：现在请你看着你的手——不要去研究它是怎么与身体相连的，只是盯着你的手本身。在视觉上，它其实只是外部空间里的另一件东西。但是你就是知道它通过手臂与你的身体相连，你不需要思考它是怎么连上的，也不需要检查它是不是真的连着，对吧？你知道它反正与你相连，它就是你的手。我知道我的解释在科学上毫无说服力，但这就是我通过眼镜看到我的"新手"时真实的感觉，我觉得它是我的"皮特科瓦之手"。

然而实验其实才刚刚开始。皮特科瓦让我与她面对面站好，手臂依旧以相同的姿态摆放，使得它们处于视野中的同一位置。但是这一次，我们将伸出的手握在一起。我们按照节拍器的韵律一下一下用力，使得两个人总是同时感到来自对方的力度。换句话说，我的"皮特科瓦之手"不仅处在我自己的手应在的位置，并且连动作都与我自己的手一模一样。原谅我一时词穷找不到合适的词来形容，只能说，那情景真是……真是太诡异了。

这个实验进而引发了另一个更具挑战性的问题：我现在感受到的触觉是从哪只手来的？在正常情况下，在与别人握手时，我们用自己的手握住别人的手，触觉毋庸置疑完全来自于我们自己的手。但是现在，在我的意识中"皮特科瓦之手"才是我的手。当来自视觉的信息和来自手指的感觉相互冲突时，大脑该怎么解决这一矛盾呢？我觉得这简直困难重重。一方面，人手指上的触觉感受器极其敏感。研究表明，我们的手指能够辨别出小到1微米的微小突起，这约等于1英寸的四十万分之一，大致与一个细菌的直径差不多。另一方面，即便是健康年轻人的视力，连100微米的物体都无法看到。[6]因此，从精确度上来讲，我猜测大脑会相信手指感觉到的而非眼睛所看到的。但是与此同时，我们也绝不应该低估视觉的力量。人类的大脑皮质中有数以亿计的神经元用于视觉信号处理，几乎占整个大脑皮质的30%。相比之下，负责触觉信号处理的神经元只占大脑皮质的8%左右。（顺便提一下，用于听觉的神经元约占大脑皮质的3%。）负责将视觉信号从视网膜传导到大脑的两束视神经由120万条神经纤维组成，这一数量大大超过负责其他感觉的神经纤维的数量。[7] 由此看来，视觉系统的统治地位也绝不可小觑。

视觉假象与真实触觉感受的决斗一触即发，这是绝对力量与精确度的对抗。我想这一定是一场硬仗，所以在与皮特科瓦握手的时候，我全神贯注，全力以赴，静候一场剧烈的头脑风暴的发生。但是，这场风暴剧烈得就好像……好像一次平常的握手。视觉假象在战斗开始的那一刻就赢了。在我们开始握手的一瞬间，我不仅觉得皮特科瓦的手看起来是我的，还能够真切地感觉到她的手接收到的触觉感受，太真实了。我看到的这只手就是我感到触觉的手，对此我从握手的第一秒钟就确定无误。我也试图强行去感受自己真正的手的触觉，但是失败了。在整个过程中，好像皮特科瓦的触觉感受器通过一只虚拟的手实实在在地移植到了我身上，视觉假象不仅战胜了我手上的触觉感受器，更击败了我对触觉感受的意识，让它与视觉一起错位。

埃尔森和皮特科瓦说我的体验与他们在对照实验中观察到的一致。20位参加实验的被试者都在实验一开始就体会到了手臂置换的错觉。以下是来自部分被试者的典型反应：

"你的手好像是我的，我在你的手后面。"

"我觉得我自己的身体好像是其他人的。"

"我在和我自己握手。"[8]

就在我沉浸在身体置换的错觉中时，皮特科瓦忽然拿出了一把小刀，并将刀放在她的手腕（在我看来，现在是我的手）上方仿佛要砍下来。我一下子吓得魂飞魄散。然后她又将刀移到我自己的手上方同样的位置。这一次我也觉得有点害怕，但和刚才的恐惧感相比差远了。我对小刀威胁实验的这一系列反应也非常典型。埃尔森和皮特科瓦说，要想证明你是否在心理层面上认定这一手臂置换的场景是真实的，最确凿的证据就是你对小刀威胁的生理反应。在对照实验中，在被试者看到小刀砍向自己虚拟的手的时候，他们的皮肤导电反应急剧增强。与此相比，当他们看到小刀砍向自己真正的手的时候，皮肤导电反应却只轻微地增强了。这一恐惧程度上的区别与威胁发生的次序无关。无论小刀先砍向哪只手，对应的生理反应都不会变。换而言之，研究人员发现被试者"对虚拟的新身体遭到威胁的反应远比对自己真正的身体遭到威胁的反应大得多"。"这是个意义重大的发现，错觉的强大可见一斑。"[9]研究人员补充说。我对这一点毫不怀疑。

这个实验中最让我觉得难以置信的是，我对于新手臂的接受是那么顺畅自然，毫无困难。事实上，我得承认，我其实很喜欢这只新手臂。你可能不相信，我甚至在实验中对皮特科瓦说过这样有些过分的话："你知道吗，我其实挺喜欢你这只手的。"这也许是因为她的皮肤比我的更光滑细嫩？但无论如何那毕竟是一只来自女性的手臂啊，我居然会喜欢一只女性的手臂长在我的身上，这太不可思议了。皮特科瓦后来告诉我，我的这种反应也是经历过这一错觉的人的普遍反应。除了一位被试者之外，其他所有被试者，无论男女，都表示他们喜欢自己的新手臂。

既然意识能够轻易地被虚拟身体置换所影响，我们就能够利用这一点，通过虚拟身体置换调整或者操控人的某些意识，比如种族歧视。首先，最近的研究结果表明，在身体置换实验中，即使被置换的手臂来自另一种族，被试者也能够毫无障碍地接受这条手臂，并轻而易举地产生"这只手臂是我的"这样的错觉。利用各种虚拟现实技术，研究人员进行了形形色色的身体置换实验，这些实验均显示，与跨性别身体置换相比，跨种族的身体置换并不困难多少。[10]研究人员还发现，被试者是否接受与自己皮肤颜色不同的手臂——比如白人被试者是否在置换黑人手臂时产生错觉——与他们在实验前是否对该种族存有偏见无关。[11]换句话说，即使被试者是一位白人种族主义者，当他被虚拟置换了一只黑人手臂时也很难不产生错觉。

更为重要的是，研究人员还发现，虚拟身体置换会降低人们对于他们所置换过的种族（比如黑人）的歧视，这一点通过比较被试者在实验前后完成的种族歧视量表能够很明显地看出。他们不仅改变了对黑人手臂的看法，而且对整个黑人群体的态度都改变了。被试者对有色人种态度的改变程度与他们在虚拟身体置换实验中产生错觉的强度有关：在实验中对黑人手臂置换的接受程度越高，在实验后对黑人态度的改善就越明显。对于这一现象，曾参与多项此类研究的劳拉·迈斯特尔（Lara Maister）等科学家有一个有趣的假说。他们在研究中观察到另一个与之相关的现象：被试者在实验前后对置换手臂的颜色有不同的认知。置换实验后，被试者会认为置换手臂与自己的皮肤颜色的差别比在实验前小。这一变化可能进而导致被试者认为自己与其他种族之间的差别变小。当种族之间的界限模糊后，偏见和歧视也就自然降低了。当然，这项研究至今仍然有许多谜题未解，其中之一就是虚拟身体置换对于降低种族歧视的效应能够持续多久。如果这一效果真的能够长期保持，如果迈斯特尔的假说被证明是正确的，那么它将为扭转根深蒂固的种族观念提供一个革命性的、强大的新方法。[12]

成功完成虚拟身体置换的双方究竟能够有多大区别呢？如果置换的新手臂特别难看会怎么样？如果新手臂上布满伤疤、牛皮癣，或者有些畸形又会如何？如果置换的是布满注射器针孔的瘾君子的手臂呢？如果是大猩猩的手臂呢？我们的意识中会不会存在一个明确的可接受范围，对所有超出这个范围的置换物我们会说"不，我不接受这条手臂"。或者，假设我们的意识会接受某些奇形怪状的丑陋手臂，你会在接受的同时反感它吗？如果你厌恶这条新手臂，你的大脑还会认为"这东西看起来像条手臂，也在我的手臂该在的地方，所以这是我的手臂"吗？它还会用这样的理由接受这条新手臂吗？

也许让人以另一个身份面对自己会对人的意识产生更强的冲击力。在我所参与的实验中，仅仅是看着自己与自己的手握在一起就已经让我感到有些别扭了，如果我能够看到整个自己呢？这在我经历的置换实验中无法做到，因为我的脸被用于接收视频的大眼镜挡住了。但科技的发展已经使得可能的解决办法呼之欲出。现在我们已经能够将视频接收器做成瞳孔大小，并通过类似佩戴隐形眼镜的方式使用它。

想想这一方法在心理治疗上可能的应用吧。比如将身体置换加入角色扮演治疗中，听起来怎么样？角色扮演是心理学上一种常用的治疗方法，在这一治疗过程中，病人通过扮演与之有过节的另一个人的方式来理解对方的感受。这种方法在婚姻咨询中十分常见，对于解决夫妻间矛盾非常有效。虽然听起来有些夸张，但在整个治疗过程中你其实并没有以别人的视角真的看到自己。而现在，虚拟身体置换能够使你觉得真的与别人互换了身体，你能够亲眼看见一个有血有肉的自己站在面前。看到在别人的视角下自己是什么样子的，这才是真正的感同身受。它也许依旧不能挽救你破裂的婚姻，但一定会改变你对自己的看法。

身体置换实验不仅揭露了本体感觉是如何变幻莫测、难以捉摸，更重要的是，它具有极强的潜在应用价值。比如幻肢截肢手术——如果真的实施，那将会是外科医学开创以来最非同寻常的一项手术。幻肢痛是一种常见的截肢并发症，给病人造成很大的痛苦。大约90%~98%的截肢患者在截肢手术后会感觉他们被去除的部分肢体仍然存在，并造成持续不断难以名状的疼痛。[13]美国神经学家、诗人、小说家西拉斯·威尔·米切尔(Silas Weir Mitchell)在1871年使用"幻肢"一词来形容这一症状，称"幻肢"如同"移去肢体的鬼魂"一刻不停地骚扰着患者。[14]在最严重的情况下，患者无时无刻不在幻肢的慢性疼痛中煎熬。这是对患者的双重惩罚：他们失去了肢体，却反而换来了疼痛。调查表明，70%的幻肢痛患者甚至在截肢25年后仍然被疼痛包围。[15]这种疼痛极度难忍，患者常因此陷入深深的抑郁状态，有些人甚至以自杀寻求解脱。

在过去几百年中，人们一直以为这种疼痛源自患者的臆想，或是由于截肢部位的神经末梢增生形成神经瘤导致的。为了解除患者的疼痛，一些外科医生曾试图对截肢部位进行二次手术甚至多次手术以期去除神经瘤。然而患者的残肢越来越短，疼痛感却毫无降低。医生们又尝试过在脊髓附近从源头彻底切断对应的感觉神经，甚至有医生试图直接切断患者的下丘脑，因为下丘脑是位于大脑基部负责感受疼痛的器官。但这些尝试无一例外都失败了。

V. S. 拉马钱德兰（V. S. Ramachandran）是加州大学圣地亚哥分校大脑与认知研究中心的主任，也是一位行为神经学家，他对于幻肢痛的成因有不同的解释。拉马钱德兰在整理自己经手的幻肢痛患者病例时发现，他们的幻肢痛都能够追溯到曾经的真实肢体疼痛。这些患者大都经历过严重的事故，比如高空坠落或者摩托车相撞，并在事故中遭受过严重的肢体外伤，造成外周神经断裂。由于外周神经是四肢活动和感受外界的主要神经束，"患者会因外周神经受损而经历长达几个月甚至一年的真实肢体疼痛。他们为了解除疼痛，让外科医生切除了患肢。"拉马钱德兰在一次采访中这样描述。[16]然而手术的结果却令人大失所望，患者的疼痛丝毫没有减少，只是由"患肢痛"转变为"幻肢痛"。

拉马钱德兰注意到，大约一半左右的患者用"难忍的痉挛"来形容他们的幻肢痛。他们不仅觉得被切除的肢体仍在，并且感觉这一部分肢体瘫痪了。拉马钱德兰在他的著作《搬弄是非的大脑》（*The Tell-Tale Brain*）一书中写道：患者会描述说"它冻住了"或者"好像被固定在水泥板里了"。还有一位患者说："如果我的那只手能够动一动，可能会没那么疼。"[17]

这些患者并非在妄想，他们很清楚自己的胳膊不在了，但是疼痛也确实是真实的。因为非常不幸，他们的大脑拒绝接受截肢的事实，并陷入一场没有终点的死循环中无法自拔。大脑说，"动一动手臂"，却感受不到手臂移动的丝毫迹象，大脑于是再次尝试，这一次它命令道："移动手臂。"然而手臂依旧一动不动。就这样，大脑不断指挥手臂移动，却得不到丝毫回应，只好在恶性循环中越陷越深。如果手臂依旧存在，即便无法移动，手臂上的肌肉也会告诉大脑："嘿，放松点吧，别试了，没用的。"但在截肢患者中这一反馈不存在了，大脑也就无从得知何时应该停止。在它看来，那只手是因为痉挛而不听使唤，从而产生类似痉挛的疼痛感。

拉马钱德兰相信，如果能够找到一种方法让患者的大脑修正对手臂痉挛的错误认知，就有可能缓解他们难忍的痉挛感和幻肢痛。但是，如何才能消除这种只存在于想象中的虚拟痉挛呢？答案是通过虚拟外科手术。拉马钱德兰用一只健康手臂虚拟地替换了患者的幻肢，或者说得更清楚一些，他用患者另一只健全的手的影像替换了他的幻肢。为了达到这一目的，拉马钱德兰首先找了一个纸盒子，并将一面12英寸见方的双面镜放在纸盒正中，将纸盒从中间一分为二。纸盒的一个侧面有两个洞，分别位于镜子两侧，大小刚好能够让一条手臂穿过。纸盒的上面是敞开的。拉马钱德兰让患者将健全的手臂和残肢分别从两个洞伸到镜子两侧的隔间中。残肢所在隔间的上面被遮盖住，使得患者无法从上面看到自己的残肢。而当他们从另一个隔间的上面向下看时，不仅能够看到自己健全的那只手臂，还能通过镜子看到这只健全手臂的影像，仿佛残肢所在的隔间中也有一条完好无损的手臂。然后，拉马钱德兰要求患者想象自己同时握紧或放松两只手，而与此同时，他们也能够通过镜子看到自己仿佛的确有两只健全的手在握紧或者放松。搭建整个装置只需花费3美元。

第一个接受拉马钱德兰虚拟外科手术的患者是一位年轻的小伙子，叫作菲利普（Phillip）。他的手臂在10年前的一次摩托车事故中瘫痪了。[18]他吊着这只没用的手臂过了1年，终于通过手术将其截去。从那之后，菲利普就一直生活在幻肢痛的阴影中。菲利普将两只手臂按照拉马钱德兰的要求放入纸盒的两个洞中。然后，拉马钱德兰要求菲利普同时转动他的两只手——健全的那只和想象中的幻肢——并从纸盒上方看着自己的手臂和手臂在镜子里的影像。"哦，这不可能，我做不到。"听了拉马钱德兰的话后，菲利普立刻就表示拒绝，"我的右手可以动，但左手就像冻住了。我每天早上起床的时候都想活动活动我的左手，因为我感觉它的姿势好像很别扭，我想如果我能动一动的话会好受一点。但是……这么多年以来，我从来没有成功过。"[19]

"好的，菲利普，我知道了。但是再试一次吧。"拉马钱德兰劝他。

于是菲利普按照拉马钱德兰的指导再次尝试。拉马钱德兰回忆当时的场景说："当菲利普盯着镜子试着转动双手时，他激动得连呼吸都加快了，然后忽然大叫：'哦，天哪！天哪！医生，太不可思议了，我简直不敢相信！'然后他像个孩子一样蹦了起来：'我的左手又回来了……它能动了。我能感觉到我的手肘在动，手腕在转，它们真的又能动了！'"

这是这位患者10年来第一次感觉到他的幻肢能够活动。更加惊人的是，与此同时，伴随了他10年的痉挛感和疼痛也瞬间消失得无影无踪。过了一会儿，拉马钱德兰让菲利普闭上眼睛。一闭上眼，他的幻肢仿佛就又冻住了。"我还能移动我的右手，但我的幻肢又不能动了。"菲利普说。

"睁开眼。"拉马钱德兰告诉菲利普。

"咦，现在它又能动了。"

拉马钱德兰知道，菲利普不可能就这样盯着镜子过一辈子。于是他让菲利普把这个装置带回家，每天练习10分钟。两周之后，菲利普打来电话说："医生，你相信吗，真的不疼了……10年来如影随形的幻肢痛真的消失了。"

拉马钱德兰是这样解释这一现象的：纸盒中的镜子极大地扰乱了菲利普的大脑对身体的感知。在视觉上，菲利普的大脑认为他曾经的手臂又恢复了，但在感觉上，它依旧无法感觉到任何来自手臂肌肉的反馈。面对相互矛盾的信息输入，大脑会相信它看到的还是感受到的？这个场景是不是听起来有点熟悉？是的，与埃尔森和皮特科瓦的实验如出一辙，视觉赢了。拉马钱德兰说："菲利普的大脑当时大概是这样想的：'不管了，没有什么幻肢，那就是我真正的手臂'"。视觉信息要弄了菲利普的大脑，让它以为有一只真实的手在跟着自己的指令握拳或者松开。一直以来，大脑与幻肢之间一直处于"动一动！——不！——动一动！——就不！"的恶性循环中，而现在，这一失控的恶性循环终于随着幻肢的消失被打破了。"当幻肢消失后，疼痛也随之消失了，因为疼痛不可能脱离肉体凭空存在。"拉马钱德兰解释。

对于这次尝试，拉马钱德兰喜欢这样描述："这是医学历史上第一例成功的幻肢截肢手术。"[20] 在此之后，他又为八位截肢患者进行了类似的干预治疗，并成功地为他们中的七位解除了幻肢痛。

幻肢截肢手术只是一个开始，虚拟治疗在多种疼痛治疗方案中都有应用。研究人员发现，他们甚至不需要制造虚拟的大场面，只要对现实的少许夸张——学名叫作"增强现实"——就能够达到意想不到的效果。比如，丹尼尔·哈维（Daniel Harvie）和他的同事们曾经证明，增强现实能够帮助慢性颈椎疼痛患者消除活动诱发性疼痛。在实验中，他们让颈椎病患者在头上戴上一个虚拟现实的装置。这个装置能够在患者眼前显示一些虚拟的场景——比如一幅全景风景照片。然后他们让患者通过向左或者向右转头来看到风景照片的全貌，直到转头的角度引起疼痛为止。

在了解了患者的疼痛诱发点后，装置中的虚拟反馈开始介入。通过调整风景照片的显示角度，研究人员能够操控患者对转头幅度的感知，让他们以为自己转过了很大或者很小的幅度。这一虚拟反馈能够轻而易举地骗过患者的大脑。当负向调控开启时，患者通过视觉反馈感受到的转头幅度比真实的转头幅度大。在这种情况下，当他们依据眼前的风景图像认为自己已经达到疼痛诱发点时，就会开始感到疼痛，尽管此时此刻他们真实的转头角度其实还远远小于诱发疼痛的幅度。而当与之相反的正向调控开启时，患者通过视觉反馈感受到的转头幅度比真实幅度小。因而，当他们通过眼前的风景图像认为自己尚未转动到疼痛诱发幅度时，其真实的转头幅度其实早已超过疼痛诱发点。然而令人惊讶的是，此时患者却并不感到疼痛。换句话说，通过增强现实能够真实地增加患者的颈部活动范围，这是虚拟现实在骨科治疗方面的又一次胜利。[21]

虚拟治疗也能够应用于其他多种场合，比如缓解中风后的偏瘫后遗症，或用于手部肌张力障碍中对于手指蜷缩变形、失控痉挛等的治疗。我们在上文中提到过的卡罗林斯卡学院的亨利克·埃尔森团队正在探索如何通过虚拟触觉缓解幻肢痛，并已经取得一定进展。[22]诸如此类的理疗方案具有无痛、简便、经济、无副作用等诸多优点，为解决相关的医学难题开拓了新思路。

除了虚拟现实之外，还有其他替代手段能够代替真刀真枪的手术干预。利用自体感觉系统的易变性，工程师们正在开发可用于切实改善人体生理功能的新方法。其中，最值得关注的研究之一是帮助活体移植患者从心理上接受移植体。一直以来，绝大多数肢体缺损患者都只能使用塑料或者木头制成的皮肤颜色的人造义肢。但是最近这一领域取得了一项重大突破，外科医生已经能够将濒死捐献人的肢体成功地移植到受体患者身上。从医学角度讲，这些手术很成功。

最常见的肢体移植是手部移植。从1998年第一例手部移植手术到现在，全世界共有五十位患者接受了共计七十次成功的手部移植。[23]其中最为广泛报道的案例来自马修·斯科特（Matthew Scott），他在费城人棒球队1999年的开幕战仪式上作为开球嘉宾用刚刚移植了3个月的新左手略显笨拙地投了一个球。

但是手术移植依然有许多需要改进的不足。比如，移植手只能实现极其有限的运动控制，尤其是对精细动作的运动控制。另外，即使在最成功的移植案例中，移植手都只能恢复最简单的触觉感受，只能区分冷与热、锐与钝。被移植者还有可能患上慢性移植并发症，并且需要终身服药以防排异。然而这些副作用与手术移植对患者心理的影响相比，都不值一提。研究人员发现，要想接受一只无论外表还是感觉都一点不像自己的手的移植手真的不是一件容易的事情，更何况这只手还是来自一个陌生人，濒死的陌生人，想想都觉得可怕。

一部分患者表示，尽管移植手有着这样那样的缺点，他们仍然对它相当满意。比如马修·斯科特，他最近刚刚庆祝了手部移植成功14周年，在新闻发布会上，他激动地感谢他的医疗团队，称他们这一"伟大的成功"给了他新生。[24]但是许多其他移植患者并不能顺利地接受移植体。比如全球第一例成功的手部移植手术，尽管手术本身非常成功，但被移植者对这只移植手非常憎恶，以至于最终要求医生们再重新将它截去。在这之后，另一个引起很大反响的双手移植手术案例中，被移植者说术后好几个月他都一直用"它"来形容移植手。[25, 26]

这些活体肢体移植的问题可能在短时间内依旧无法解决。但是一个可能的替代方案却很有希望成功：仿真肢体移植。但是，你也许想不到，与活体肢体移植相同，仿真肢体移植能否成功也在很大程度上取决于虚拟身体置换的心理接受程度。首先，仿真肢体以古老的假体义肢为基础，在技术上取得了长足的发展。现如今，市场上仿真肢体琳琅满目，其设计之精巧令人惊叹。其中一种仿真肢体因出产于意大利比萨而称为"比萨手"，是一种先进的机械设备。它具有5个手指，由6个电机分别独立控制，能够全方位模拟人手的移动，就连关节位置都与真手一模一样。比萨手的外观还能够根据需要进行个性化设计和绘制，使它看起来更像被移植者自己的手。更重要的是，移植后的比萨手也具有与人手完全相同的控制方式。仿真肢体通过电极与被移植者残肢上的神经末梢直接相连，使得来自被移植者的神经活动能够通过仿真肢体上的电脑芯片传到仿真手上并控制手指的移动。比如，当被移植者在脑子里想"用拇指、食指和中指一起抓住铅笔"时，仿真手就真的能够抓住铅笔。

休·赫尔（Hugh Herr）是麻省理工学院媒体实验室生物机电课题组的组长，也是仿真肢体研发的先驱。赫尔17岁时在一次登山事故中因冻伤失去了双腿，那之后不久，他就开始投身于仿真肢体的设计工作。赫尔在一次采访中说，他想要制造仿真肢体的目的有两个。首先，他希望设计出一种假肢让他能够重返登山运动；其次，他想让他的高中同学看到，"失去双腿依旧可以很酷"。[27]

赫尔认为他的身体具有无限可能性，他可以通过各种方法改良自己的身体并增强其功能。在他的衣柜里通常有八双以上各种各样的仿生学假肢：一双用来跑步，还有几双用来攀岩——其中一双配有一对能够凿进冰壁的冰镐，另一双则具有特殊设计，能够"在硬币宽的悬崖边"保持平衡。他还有一双假肢专门用来游泳，他说这双假肢"能够让我拥有巨大的鳍，像人鱼一样自由地游来游去"。"我们很快就要重新思考和定义究竟什么是衣服了。"赫尔断言。在他看来，类似皮肤的、能够提供支持和辅助功能的装置将会很快开始流行。这些装置具有智能设计，能够根据穿戴者正在进行的活动改变自身性状。比如如果你出门跑步，这套人造皮肤装置将会压缩收紧，以此减少关节承受的压力。赫尔还断言，我们还将会在自己的四肢装上机器装置。他曾在一次访谈中举过这样的例子："假设你想去跑步，但跑步会导致你的左膝盖疼痛，该怎么办呢？你可以将一个机器装置戴在左膝盖上，它会代替左膝盖承受相应的压力。这样，你就再也不怕跑步会进一步磨损你的膝关节了。"[28]

类似这样的仿真假肢永不会衰老。"我们自己的身体将会随着时间不断衰老、退化，这是正常的生物学现象。"赫尔在另一次访谈中说，"但我的假肢则刚好相反，随着技术的升级、发展，它也会不断改善、进化。"他还推测说，"当我80岁时，我在走路时消耗的能量将比正常人用真正的腿走路时消耗的更少，我会走得更稳，甚至能比现在跑得还快。"[29]

仿真假肢现在最大的缺点是缺乏感觉反馈。比如，仿真手的手指能够移动，但残肢却不能感觉到手指的移动。要想解决这一问题，就需要利用我们之前提到的身体置换错觉了。由另一位瑞典人比吉塔·罗森（Birgitta Rosen）领导的研究小组最近发现，利用身体置换错觉能够帮助残肢"感觉到"移植的仿真手。这项研究中有一个具有重要意义的实验，研究人员首先训练两位截肢者利用残肢上的神经信号控制比萨手按照意念运动，这一过程大约用了两小时。然后，他们要求这两位被试者盯着比萨手，同时用意念控制比萨手手指呈不同手势。在这个过程中，研究人员不时地对被试者实施与"橡皮手错觉""类似的刺激：同时用小刷子刺激仿真手和被试者的残肢末端。大约3分钟后，两位被试者都表示，他们感到刺激的部位是仿真手，而非残肢。罗森和他的团队认为，这一实验表明"大脑功能正常的截肢患者能够通过接受类似的训练更好地接纳仿真机器手，并将它当作自己身体的一部分。"[30]

现在我们只能做到在被移植者盯着假肢时产生错觉，但是新的技术正不断涌现。比如其中一种技术将刺激器放在仿真假肢上，而接收器则与残肢上的神经末梢相连。这样一来，当假肢移动时，刺激器将会发送信号至残肢，进而让大脑以为这一感觉来自仿真手。休·赫尔认为，大约10年~20年之后，截肢者"不仅能够用假肢在沙滩上散步，也能够像正常人一样感受到踩在沙子上的感觉"。[31]

工程师们现在不仅能够制造各种各样的仿真肢体——手、手臂、腿，也能够制造其他器官——这些仿真器官不但具有真正器官的全部功能，甚至还具有真正器官不具有的全新功能。设计者们现在可以将这些仿真器官的外形做得以假乱真，而在不久的将来，行为科学家们将会让它们感觉起来也如同自己身体的一部分。

我们在本章中提到的这些例子——虚拟身体置换、虚拟截肢，以及对仿真肢体的控制和感受——不仅说明了本体感觉具有极强的可塑性，同时也告诉我们，大脑中的本体感觉地图与真实的身体感觉之间能够有多大的差别。但是，为了进一步说明本体感觉与实际情况能够有多么巨大的差别，让我们最后再来看一个本体感觉完全失控的例子——这是一种叫作"躯体辨认不能症"的罕见疾病，这种疾病的患者十分坚定地认为自己的某一只胳膊或者腿不属于自己。与异手症类似，这种症状主要出现在左侧上肢或者下肢，通常发生在右侧大脑半球中风而导致的左侧偏瘫之后。患者会用第三人称称呼自己患病的肢体（"它""那个东西"），给它起一个不太好听的小名（"小猴子""小笨蛋"），或者干脆说它死了（认为它应该被留在医院），甚至是别人的（"这是我去世的丈夫的手""护士的手""魔鬼的手"）。一些患者只是简单地认为某个肢体不存在，但另一些患者固执地认为它是外来侵略者，从而攻击它或者想将它扔掉。

躯体辨认不能症的极端情况叫作"身体完整性身份障碍（body integrity indentify disorder）"（BIID）。科普作家阿尼尔·阿南塔斯瓦米（Anil Ananthaswamy）在他的著作《不要伤害：健全肢体、截肢者与外科医生》（*Do No Harm: The People Who Amputate Their Perfectly Healthy Limbs, and the Doctors Who Help Them*）一书中这样描述这一症状：这是一种罕见的疾病，全球发病人数大约有几千人，以男性为主。患者认为他们身体的某一部分不属于自己，并要求外科医生将其截去。比如，一位患者这样说："我自己的身体只包括到右腿的大腿中间部分，右腿的其余部分不属于我。"[32] 与典型的躯体辨认不能症不同，BIID 的最奇怪之处在于，患者认定的不属于自己的身体部分通常是完全健康的。很多患者如同强迫症一般想让医生给自己截肢。而很显然，他们通常很难找到愿意为自己进行截肢手术的医生。在这种情况下，他们可能会尝试自己截肢。阿南塔斯瓦米在书中描述了许多类似的例子。

在其中一个例子中，一名叫作大卫（David）的患者说，从记事起他就做梦都希望能够截去自己的一条腿。在大学毕业后，他终于进行了第一次尝试。他将自己锁在屋子里，用旧袜子和粗绳子自制了一条止血带绑住大腿。但是两小时后他最终放弃了，因为极度的疼痛使他害怕自己会死掉。然而这场失败却反而增加了大卫的偏执，他满脑子想的都是怎么样能够去掉自己这条腿。大卫开始在家中单腿跳来跳去，好像自己的那条腿不存在一样。站立的时候，他会将全身的重量都压在自己的好腿上；坐下时，他会将他的坏腿伸得离自己远远的，越远越好。但是这仍然不能让大卫满足。他告诉阿南塔斯瓦米："我常常回到家里就倒头痛哭。我看到其他人都活得好好的，只有我一个人这么悲惨，我不知道我为什么会有这么奇怪的念头，但我真的完全无法摆脱它。我现在想的是，我必须立刻解决这个问题，再等下去的话，恐怕我就活不下去了。"[33]

另一名 BIID 患者帕特里克（Patrick）则回忆说，他从 4 岁起就觉得自己的腿非常奇怪。与大卫相同，这种感觉逐渐发展为一种想要截肢的偏执。帕特里克说，他日日夜夜都在盘算"我怎么才能去掉这条腿？要做什么？怎么做？我不想在截肢中死去"。每当他在街上看到截肢者，甚至只是看到一张截肢者的照片，他都无法控制自己的思绪。"我真的快疯了。这样的想象可能会持续几天。我唯一想的就是怎么样去掉我的腿。"[34]

但帕特里克比大卫筹划得更好，他第一次尝试就成功地完成了自我截肢。当然，他并没有试图截去整条腿，而只是截去一个脚趾。阿南塔斯瓦米在书中这样描述帕特里克的手术："帕特里克用一只笔和一根橡皮筋自制了一条止血带绑住脚趾，然后将脚趾插到一个装满酒精和冰块的保温杯中。当脚趾麻木到无法弯曲后，帕特里克用锤子和凿子从第一个指关节上方将脚趾截掉。他甚至还将断指碾碎了，因为他觉得'这样一来，即便他们想把断指给我重新接上也不可能了'。"

尽管大卫和帕特里克都没能自己将整个"坏腿"截去，但他们最终都找到了肯为自己进行截肢手术的外科医生。[35] 手术后，他们也都与手术前预期的一样兴奋和激动。"我往自己的下半身看了一眼，简直不敢相信。"帕特里克回忆他从麻醉中苏醒的瞬间，"它真的消失了，我简直太高兴了。"大卫和帕特里克都说，选择截肢是他们做过的最正确的选择。"哪怕给我一座金山我也不想再把那条腿装回来了。现在的我真的无比幸福。"截肢手术8年之后，帕特里克这样告诉阿南塔斯瓦米。他还说，他唯一后悔的是没有早点进行这一手术。

这种反应正是BIID患者手术后的典型反应。对患者跟踪调查显示，患者的术后反馈几乎全都是正面的，他们几乎从手术后的第一分钟就立刻变得欣喜若狂。更重要的是，这种满足感长期存在。调查显示，三分之二未接受手术的BIID患者称，他们需要截肢才能建立真实的自我认定。比如其中一个患者说："我觉得我好像被困在一个错误的身体里——只有当右胳膊和右腿都去掉后那才是真的我。"[36]相当一部分患者能够明确地指出有问题的身体部分，他们可能会说："不是膝盖以上，而是膝盖以上4公分。"[37]而几乎所有参与研究的病人都表示，自己在截肢手术后感到了解脱。他们说，看到那一部分肢体不再在自己身上时，他们觉得自己是完整的、自由的。

人们最初认为，这些想要切除自己健全肢体的人可能有比肢体缺陷更严重的问题。医学伦理学家曾经担忧，这些病人可能在第一次截肢手术后会接二连三地想把其他肢体也截去。但是，除了从一开始就想截去多个肢体的BIID患者之外，其他BIID患者并没有要求继续截肢。这些患者也并没有精神疾病。[38]麦克·福斯特（Michael First）是哥伦比亚大学临床心理学家。他对五十二位BIID患者进行了系统的研究。除了BIID之外，这些患者的其他测试指标基本正常。"他们正常成家生子，从事各行各业的工作，包括医生、律师、教授。他们与人为善，和身边的人关系和睦，你可能跟他们在一起待一个晚上也不会觉得他们与正常人有什么区别。"福斯特说。[39]

造成BIID的原因可能是大脑中对自己身体的认知与真正的身体不匹配。这也是另一个证明本体感觉地图脆弱性的例子。

BIID患者其实存在两个问题。其中最明显的一个是他们认为自己身体的一部分不属于自己。但另一个问题其实更严重，那就是患者对这部分"不属于自己"的身体部分的厌恶之情。为什么他们会对这部分身体如此厌恶？只是因为他们认为它不是自己的吗？

BIID是一种罕见疾病，我们很难想象究竟是什么让一个人的思维意识产生这样极端的扭曲。但是他们对异肢的厌恶却是一种人之常情。当自己的东西离开自己而变成"非己"的时候，我们经常会产生这样的情绪。心理学家保罗·罗津（Paul Rozin）是目前研究厌恶情绪来源的权威。他经常用这样的例子解释厌恶之情的产生：想象一下我们每天都会不停做的事情之一——吞唾沫。再想象一下，如果你不将唾沫吞下去，而是吐出来，吐在一个刷得非常干净的杯子里，然后再重新喝下去，你有什么感觉？如果我说，这不还是在咽唾沫吗？你会有什么反应？你会说"不了，谢谢"，对吗？但是为什么呢？我们甚至会用不同的名字来命名在不同情况下的这同一种液体：在我们口腔中时，它叫作"唾液"，而吐出来后，它叫作"口水"。[40]

　　这个转变究竟发生在哪里呢？（如果你刚巧正在吃饭，我建议你先放下碗筷。）想象一下你的口水刚刚流出，正在黏黏糊糊地往下淌，如果趁着它还没有断掉就立刻吸回嘴里，你也许并不会觉得很恶心。但是如果它已经断掉了，再让你放回嘴里呢？——哦，算了吧，谢谢。或者想象另一个场景：假设你正在咀嚼一块刚刚烤好的巧克力曲奇饼干。如果忽然让你把舌头伸出来，再立刻缩回去，继续咀嚼，饼干还是那个味道，不会有什么特殊的感觉，对吧？但是假设你将嚼到一半的浆糊状的东西吐到盘子上，还会再放进嘴里吗？我估计你不会的吧。

　　其他从我们身上离开的东西可能会带来更高的厌恶感。在鼻子里的鼻涕并没有多恶心，对吧？但一旦它从鼻子里出来，你还会把它放回去吗？血液呢？尿液呢？粪便呢？另外还有一点更值得思考：这些东西平时都处于我们的身体里，时时刻刻，寸步不离。不管是鼻涕还是粪便，它们始终和我们在一起——不，应该说，它们就是我们的一部分——无论我们在行走、交谈、做爱或是吃饭。为什么我们并不觉得恶心呢？我们究竟是依据什么理由认定，当这些东西不在体内的时候就比在体内的时候更恶心呢？——幸运的是，并不需要什么理由，我们从一生下来就自然而然地具有了这些反应。因为在漫长的进化过程中，这一反应已经内化为本能。

如果让你将来自别人身体的东西再放回自己身上感觉会更糟。比如粪便，还能有什么比吃掉其他人的粪便更恶心的事情吗？呃……不过我得非常抱歉地告诉你，其实你每天都在不知不觉中摄入一些别人的粪便。"我们的地球被薄薄一层细沙状的粪便包裹着。"斯坦福大学（Stanford University）微生物学家斯坦利·法尔科（Stanley Falkow）在采访中委婉地描述这一场景。每一次冲马桶时，一些粪便残渣都会被雾化，这些粪便颗粒与空气中的其他尘埃混在一起四处飘散。（"你的牙刷最好离马桶至少6英尺远"——来自研究人员的忠告。）[41]

你可能已经准备将所有东西都高温消毒一遍了吧。不过别着急，先看完下面这段话再决定要不要这样做：这些四处飞散的微生物其实对你的健康至关重要。肠道菌群会影响人体生理功能的方方面面，包括消化、过敏、新陈代谢等，这一点已经被科学界广泛接受。[42] 一些微生物甚至被当作药品用于治疗。比如，有一种严重的慢性消化系统疾病是由于艰难梭菌（Clostridium difficile）感染引起的。艰难梭菌是一种具有抗生素抗性的肠道寄生菌，每年全美有约1.4万人因感染艰难梭菌而死亡。而对这一疾病最有效的治疗就是粪便移植。顾名思义，粪便移植就是将其他人的粪便直接放入你的直肠或者鼻腔（坚持住，不要吐），当然，随着医学科学飞速发展，你现在也可以选择口服粪便制成的药片。[43]（想放入直肠、鼻腔，还是嘴里？你说了算。）

我们的消化系统包含数万亿微生物——据估计，一个5岁的儿童体内存在大约100万亿微生物。这些微生物会分泌出纷繁多样的化学物质，而这些化学物质对于维持我们的身体健康至关重要。人们很早就了解了微生物的这些功能，但它们的功能其实远不止这些。越来越多的证据表明，肠道微生物也会影响我们对事物的认识和感受。比如最近的一系列研究均表明，位于肠道的微生物能够直接影响我们的情绪，尤其是焦虑和抑郁的水平——注意，是"直接"影响。肠道状态和情绪的相关性是众所周知的，比如当你胃不舒服时，心情也好不到哪里去。但是最近这些新发现暗示这一相关性可能是直接的。

研究发现，人体内的肠道微生物会分泌包括5-羟色胺、多巴胺、4-氨基丁酸在内的多种神经化学物质，而它们同时也是大脑用于调节情绪和感受的小分子。比如，5-羟色胺是调节肠道功能的重要分子，但你可能更熟悉它的另一个名字："快乐荷尔蒙"。许多常见的抗抑郁药物，包括畅销药百忧解、左洛复、朗斯普，其实都是五羟色胺再吸收抑制剂(SSRIs)，用于增加五羟色胺浓度，起到抗抑郁效果。另一种小分子4-氨基丁酸则一方面负责调控肌肉张力；另一方面也是许多抗焦虑药物，如安定、阿普唑仑等的作用靶点。这些神经化学物质是许多肠道常见微生物的代谢产物，比如双歧杆菌（*Bifidobacterium*）和鼠李糖乳杆菌（*Lactobacillus rhamnosus*）就可以产生5-羟色胺、多巴胺，以及4-氨基丁酸。

这一发现引发了科学家们对全新治疗方案的探索。有没有可能利用肠道中的微生物治疗心理疾病呢？尽管相关的研究目前仍主要在模式动物中进行，但越来越多的证据都支持这一治疗方案的可行性。其中一项被广泛引用的研究来自爱尔兰科克大学(University College of Cork)的神经科学家约翰·克莱恩(John Cryan)。克莱恩实验室的研究人员做了这样一个实验，他们将小鼠分为两组，一组小鼠的食物中添加双歧杆菌，而另一组小鼠的食物中则添加抗抑郁药物朗斯普。两组小鼠都接受了一系列压力测试。各项压力测试的结果都表明，微生物和抗抑郁药物具有相同的效果：与无添加的对照组相比，这两组小鼠的压力相关荷尔蒙水平下降幅度相似，而忍耐力的增加幅度也近似相同。[44]

史蒂夫·柯林斯（Stephen Collins）是加拿大汉密尔顿麦克马斯特大学(McMaster University)医学院的胃肠病学家。他对微生物移植颇有研究。在一系列实验中，柯林斯带领他的研究小组分别采集了焦虑症小鼠和无惧症老鼠的肠道微生物，并进行了交叉移植。实验的结果十分惊人：无惧症老鼠变得紧张起来，而焦虑症老鼠则变得不再那么焦虑。在另一个实验中，研究人员对肠易激综合征(irritable bowel syndrome, IBS)进行了研究。IBS是一种功能性肠病，致病原因目前尚未知。但有趣的是，IBS患者通常伴随抑郁或者焦虑性心理疾病，这引起了科学家们极大的兴趣。在实验中，当研究人员将IBS患者的粪便移植到无菌小鼠体内后，受体小鼠产生了与供体患者相似的症状，这一结果与前一实验非常类似。更为重要的是，这些小鼠还产生了焦虑行为，这一症状在粪便移植前并不存在。[45]

　　当然，类似的研究成果还需要在人类被试者中进行重复试验。但是越来越多的研究人员开始肯定肠道微生物生态系统对于心理健康的重要意义，并相信通过改善肠道菌群能够治疗自闭症、焦虑症、抑郁症等多种心理疾病。"科学家们对于微生物组学（也就是微生物生态系统）如何影响大脑功能的兴趣与日俱增。"胃肠病学家伊默兰·迈尔（Emeran Mayer）说。她在过去的5年里一直关注并研究这一课题。[46]美国国家心理健康研究中心（The National Institute of Mental Health）也在十分积极地推动这一研究方向，他们在2015年一年就拨款上百万美金用于资助各类研究肠道菌群与心理健康关系的课题。也许下一代精神疾病药物就会含有从健康人的肠道中提取的微生物？幸福感高的人的粪便会不会成为下一代的百忧解或者安定？服用时需要将这些"药物"放入直肠、鼻腔，还是口服？让我们拭目以待。

　　我想说的是，虽然看起来令人生厌，但微生物（或者说粪便）对于我们的健康其实不可或缺。当然，即便知道这一点，面对它们的时候，我们恐怕也很难有什么好胃口。（好了，我讲完了，你可以继续吃饭了。）

　　到此为止，我们已经讲述了许多案例了，这些案例虽然都与本体感觉相关，却不尽相同。在幻肢痛中，大脑认为已经截去的某个身体部分仍在；而在身体完整性身份障碍（BIID）中，情况则刚刚相反，大脑认为某个健全的身体部分不属于自己；与这两种心理疾病都不同，对排出体外的东西产生厌恶则是正常人的正常反应，尽管有时候这一反应可能并无道理。但是，所有这些案例都源于本体感觉的可塑性。也正是因为本体感觉具有极强的可塑性，我们才能在虚拟身体置换实验中轻而易举地接受别人的手，休·赫尔设计的仿真假肢也才会成功。同时，所有这些证据也说明我们对于自己身体的定义是多么武断，我们甚至没办法用某样东西距离我们的远近来确定它是否是我们身体的一部分。本体感觉地图"既是工具，也是武器"，这是哲学家托马斯·梅青格尔（Thomas Metzinger）对本体感觉的评价。"它忠诚地保护、维持、防御着我们整个生命体的完整性，同时也为我们划出'己'与'非己'的分界线。"[47]我们皮肤的外表面不仅是身体的边界线，同时也是"己"与"非己"神奇的转变点。

"我的身体"与"自我"一样，也是我们讲给自己听的故事。身体置换、幻肢、BIID……这一切都是故事中的情节。萨缪尔·贝克特（Samuel Beckett）的小说《无名的人》（*The unnamable*）中的主角有一句台词正是对这一情形的绝妙总结："我说的'我'从来不是我。"

5. 你的寄生虫属于你吗?

嘿,我的世界听我的。

——巴特·辛普森(Bart Simpson),《辛普森一家》(*The Simpsons*)

对于"哪些是我们的一部分"或者"哪些不属于我们"的定义总在变来变去,这一点现在应该不会让你惊讶了。著名哲学家诺伍德·罗素·汉森(Norwood Russel Hanson)曾经说过:"你能看到的东西比真正到达视网膜的要多得多。"[1]世间的一切事物在经过大脑加工后都会被扭曲,这一点显而易见。但现在,让我们先暂时不去考虑这一心理学上的复杂情况,回到最原始的生物学层面上。心理学家常常酸溜溜地说生物学是"硬科学",那么这一"硬科学"是不是能够清楚地告诉我们"自己"与"别人"之间在身体上的分界线呢?

想象一下你在南美洲热带地区的某处度假。远足前你在全身上下喷满了驱虫剂,但还是不幸中招,被蚊子咬了几个包。这些包大部分都在第二天就消肿了,但只有头上的一个,不仅没有消肿,反而在几天之后越长越大。你拜托你的好朋友帮你检查一下。她发现居然有一个细小的管状物从被咬伤的地方伸出来。她惊叫着跑开了,边跑边说:"那东西在动!那个包里有个活着的东西!"

你于是叫来了一位当地的昆虫学家。他简单地检查了一下就告诉你说,你幸运地成了一名人肤蝇宿主。如果你任之发展,那个小东西会逐渐长大,变成一只巨大多毛的成年人肤蝇,状如大黄蜂。那时候,它会从你的身体离开,开

镜子里的陌生人

始自己的生活。这位昆虫学家还风趣地给你讲述了人肤蝇寄生的大致过程：一只身怀六甲的人肤蝇妈妈趁夜黑风高劫持了一只蚊子，然后将自己的卵粘在蚊子的翅膀上。当蚊子咬你的时候，这些卵掉落在了你的皮肤上。其中一只刚刚孵化出来的人肤蝇幼虫——也就是人肤蛆——顺着蚊子咬出的伤口进入了你的身体，再将呼吸管从伤口中伸出，就这样舒适地安家了。在接下来的六周，它将以你的组织为食，不断长大——所以你头上的包也一天天变大——直到它足够成熟能够自己生活为止。这时候，它就会离开你的身体。这就是人肤蝇的典型寄生生活史，也是你正在经历的。[2]

这场有惊无险的小插曲究竟意味着什么呢？显而易见，你是这场袭击的受害者，而人肤蝇则是入侵者。这个小家伙的妈妈偷偷将它放到你的身体里，窃取营养，而当它不再需要你的时候，就拍拍屁股走掉——典型的肇事逃逸。这一假想的情境描述了一只小寄生虫短暂的生活史，但同时也为区分"自己"与"非己"制造了难题。人肤蝇不请自来，但仔细想想，在寄生于你身体里的这段时间里，它几乎就是你的一部分——毕竟，除了呼吸管露在外面，这只小虫子整个都在你的身体里，而且满足"你的身体"的所有定义：从根儿上讲，组成这只小虫子身体的几乎全部物质都来源于你的组织。然而另一方面，你与人肤蝇之间有一个清晰的边界：你的身体为了保护自己不受寄生虫的影响，会将整个人肤蝇包裹在皮肤下的一个小小的囊状物中。这个包囊也就是这只人肤蝇的寄生巢穴。你的皮肤用这层包囊将人肤蝇与它周遭的组织分隔开，那么这个包囊究竟属于你还是人肤蝇？

作为一个心理学家，我很喜欢观察人们如何用各种稀奇古怪的方式划分自己的个人范围。当人们发现别人或者别的东西入侵了自己领地后那种情绪化的反应也非常有意思。但是，在我们正在探讨的情境里，这些心理上的感受都是微不足道的。无论你的大脑认为那只人肤蝇是入侵者还是你的一部分都没有什么大不了的。但是，你的身体如何处理与人肤蝇之间的关系却至关重要——这一点对于人肤蝇固然是生死攸关的大事，也与你的健康息息相关。你让那只人肤蝇在你的身体里活了下来，在生物学范畴里，这是唯一重要的事。

划分"自己"与"非己"的物理边界对于我们是关乎生死的大事。正是因为它无比重要，在漫长的进化过程中，所有的脊椎动物都建立了一套极尽复杂的生物系统（甚至可能比神经系统还要复杂）来完成这一任务：这就是免疫系统。免疫系统是我们的边防巡逻部队，它由许多在我们身体里四处游荡的细胞构成，24小时保卫我们的身体边界不受侵犯。免疫系统的任务是识别入侵者，评估它们的危险级别，并在需要的时候消灭它们。这些哨兵都经过特殊训练，非常擅长识别入侵者的指纹和特征，并使用这些特征将入侵者与我们自己身体里的细胞区分开。它们的其中一个专长就是识别寄生虫。

在我们虚构的例子里，你的免疫系统确定了入侵者，将它标记为"非己"，认定它只是一个暂时的来访者，对身体健康只有有限的威胁，因此决定暂时允许它继续寄生，因为这样可能比杀死它或者消灭它更安全。免疫系统决定派出抗体将人肤蝇的幼虫仔细包裹在一个小包囊里，然后静静地等待它完成自己的寄生周期，然后离开。

在解剖学上，"自我"的定义听起来好像并不复杂：无非是"这是我的身体，那些是身体之外的其他东西"。但实际情况并非如此。在解剖学上"自我"与"非我"的物理边界线可能比心理学上的更加扑朔迷离。

比如，让我们先来讨论一个叫作"分子拟态"的现象。一些寄生生物非常擅长将自己伪装成宿主的样子。"这些寄生虫非常狡猾。"寄生生物学家保罗·克洛斯比（Paul Crosbie）向我解释，"它们进入宿主的身体，然后将宿主的一些蛋白粘在自己的细胞表面上。"[3]这就是它们赖以生存的方式。一些分子拟态生物甚至会偷袭巨噬细胞。要知道，巨噬细胞可是免疫系统内的暴力警察，专门负责杀死和吞噬寄生生物。这些寄生生物将巨噬细胞撕碎，然后将它们的碎片粘在自己的表面当作伪装物。其他的寄生生物则通过改变自己的外表来匹配寄主细胞。用克洛斯比的话说，这些分子拟态生物骗过了寄主的免疫系统，让它以为"没事儿，这是我自己的细胞"。这些小间谍们才是自然界的伪装大师。

不要奢望微生物世界如同安详的大自然母亲，相反，这是个充满欺骗和杀戮的微型狂野森林。达尔文曾经说，如果想要证明上帝怀着慈悲心肠创造一切，自然界绝不是一个好例子，他举出的第一个证据就是寄生生物。他写道："想想吧，创造万物的上帝同样也创造了这些精明又讨厌的寄生生物，这样的上帝慈悲吗？"[4]

如果你想学习魔术类的小把戏，我建议你可以研究一下一种叫作"细胞内入侵生物"的分子拟态生物。这些入侵者不是简单地将自己伪装成寄主细胞的样子，而是悄悄潜入寄主细胞内，将自己隐藏在寄主细胞真正的细胞膜下。由于免疫系统也是由细胞组成的，它们只能探查其他细胞的外表面，而不能探查细胞膜以内的情况。免疫系统的另一个重要组成部分——抗体，同样也不能跨过细胞膜。因此，一旦入侵者成功地进入宿主细胞内，它们就安全了。它们可以在这个舒适安全的天堂里生长、繁殖，甚至筹划下一次攻击。

科普作家卡尔·齐默（Carl Zimmer）在他的知名著作《寄生生物王国》(Parasite Rex) 一书中描述了这样一种细胞内入侵者——它是一种疟原虫(Plasmodium)，能够引起疟疾。这些疟原虫随着蚊虫叮咬侵入宿主体内，然后立刻寻找并进入肝脏细胞。穿透细胞膜并不是一件容易的事，但疟原虫早已为此做好准备。它们的头部"环绕着一圈小孔，就像左轮手枪的转轮弹仓一样。"齐默在书中这样写道。[5]当疟原虫找到肝脏细胞后，会从这些小孔"闪电般地发射"一些分子物质，在细胞膜上打开一个小洞。疟原虫并不能从洞中直接游进细胞里，但是它们的头部有许多小钩爪能够抓住洞的边缘，将自己拽进细胞。在这个过程中，它们头部的小孔中还会再喷出一系列分子，使得它们在向前滑行的过程中始终处于一层保护性薄膜的包裹中。接着，根据齐默的描述："短短15秒后，疟原虫的尾巴就从洞口消失，完全进入肝脏细胞了。而肝脏细胞膜富有弹性的支撑结构立刻恢复原本的形状，将洞口封住。"这真像一场惊心动魄的军事行动。

一旦进入细胞，疟原虫就会开始繁殖——通过裂殖生殖，一只疟原虫将最终产生大约4万只裂殖子。这些裂殖子随即离开肝脏，进入寄主的血液系统，并对宿主造成严重伤害。但是，在这个过程中，疟原虫们面临一个问题：如何能够离开肝脏细胞而不被抗体消灭呢？答案依旧是伪装。疟原虫用自己的小爪子将被侵染细胞的细胞膜撕成小块，再用这些物质将自己包裹住。成功地伪装成肝脏细胞后，这些疟原虫就能够通过血液系统四处游荡寻找新的目标了。想象一下，就好像那些低成本越狱电影里常有的情节，逃犯抢劫了看守，偷了他的制服，大摇大摆地走了出来。唯一不同的是，当疟原虫逃跑的时候，把看守的整个外皮都偷走了。

在血液系统中，这些原生生物挑选健康的血红细胞实施攻击。它们发射一波又一波蛋白分子，形成强有力的火力网，再用钩爪破开细胞占领新的根据地。成功进入血红细胞后，疟原虫再将肝脏细胞的伪装卸下，开始从容地建造对寄主具有致命威胁的疟疾工厂。疟原虫恣意地吸食细胞中的血红蛋白，利用血红蛋白的丰富营养迅速分裂，"直到血红细胞中的一切都被吃干净，只剩一层外皮，变成一个装满疟原虫的鼓鼓囊囊的大口袋。"齐默在书中这样描述。[6]这个过程不断重复，从一个血红细胞到另一个，其速度随着疟原虫数量的指数增加而不断加快。血红细胞最终被完全侵染，而宿主的疟疾也开始发病。"此时此刻，这些细胞完全变成了疟原虫的巢穴，尽管看起来它们与人体内的其他细胞没什么两样。"齐默说，"最终所有这些细胞都会成为疟原虫废弃的垃圾场。"[7]

一直以来，免疫系统被认为是判断和裁定哪些是"自己"、哪些是"非己"的最高法庭。这个极度复杂和精妙的生物系统在长期的进化过程中被不断打磨，确保人类和其他物种得以持续发展。免疫细胞是进化论的杰作，是最优秀的领土安全卫士。连这么精巧的生物系统都能够如此轻易地被误导，更何况心理学范畴里社会行为这一主观感受呢？我们会对"自我"与"非我"的边界产生疑惑又有什么奇怪的呢？

你可能会说，像疟原虫这样的分子拟态生物只是一伙强盗，他们的唯一兴趣就是窃取一切可以利用的东西。分子拟态只比偷偷摸摸的伪装稍微高明一些，寄生在我们的身体里并不意味着它们就是我们的一部分。这一论点并不站得住脚，尤其是考虑到一些寄生虫能够寄生在细胞内部。但是也许你依旧会说，吸血鬼就是吸血鬼，永远不可能是我们的一部分。

但是，如果这些外来者不仅简单地破坏你的身体，更从根本上改变了你呢？我们可以将这些会造成疟疾的疟原虫比作毫无责任心的宾馆客人，他们对自己暂住的房间恣意破坏、毫不在意。但是，还有一些细胞内入侵生物在入住时就决定长住。我们可以将这些来访者比作购房者。真正的购房者通常会在入住时对房屋修整装饰一番来满足自己的需求。事实上，许多寄生生物都会这样完全翻新它们新的栖息地。齐默在书中用导致旋毛虫病的旋毛虫幼虫为例描述了这类寄生虫。旋毛虫是一种蛔虫，在人们食用生肉、没有完全煮熟的猪肉或者野味时进入人体并入侵细胞。在之后的三周里，它们会首先拆除并重建几乎全部细胞内部结构：首先，旋毛虫拆除全部的胞内微丝结构；然后重新构建血流进出的毛细血管；最后，它们甚至还会制造自己的细胞核来代替细胞本来的细胞核。[8]对于旋毛虫而言，寄主的组织只是一堆建筑原材料。旋毛虫不仅藏在寄主体内，并且完全地将寄主的内环境改变了。

如果让我选的话，我认为缩头鱼虱（Cymothoaexigua）可能是这个世界上最奇怪的跨越生物个体边界的寄生虫了。缩头鱼虱又叫"食舌虱"，这种吓人的寄生虫会将寄主的整个器官毁掉然后取代它。缩头鱼虱会入侵鱼类的口腔，它先以鱼舌为食，直到吃掉整个舌头，然后占领舌头所在的位置，将自己与寄主鱼舌根上暴露的肌肉相连，成为寄主的新舌头。这条新舌头，也就是缩头鱼虱本身，会行使寄主本身舌头的一切功能。与真的舌头一样，它也会抓紧猎物并帮助咀嚼，以此喂养宿主。这样看的话，你觉得究竟谁是寄主，谁是寄生者？[9]

缩头鱼虱以鱼的血液和其他体液为食。相信我，你绝对不想看到缩头鱼虱寄生在鱼口腔里的样子，真的太恶心了。[10]你打开鱼嘴，会看到一只黏糊糊的多足小虫子横躺在鱼舌该在的位置不停蹬腿，用亮晶晶的小眼睛盯着你，小爪子吓人地一下下伸出来想要捕捉你或者一切看起来像食物的东西。但是尽管看起来非常恶心，但缩头鱼虱其实并不对寄主本身造成严重的伤害，事实上，它还会帮助鱼类生存。

想象一下你就是这只被劫持的鱼。你出生时长的舌头是你的一部分，这毋庸置疑。当食舌虱替代了你的舌头，你立刻就觉得有个外来生物进入了你的嘴里。但是，为什么你认为你原来的舌头是你的，而这只寄生虫构成的舌头却不是呢？是因为你的这个新舌头曾经并不在你的身体里吗？还是因为它有它自己的基因？毕竟从功能上讲，它与你原来的舌头并没什么本质区别：它们都负责摄入食物以维持你的生存，而你的生存反过来又保障了舌头的生存。再想象一下，如果你因为生病而必须手术切除你的舌头。当它离开了你的身体，孤零零地躺在手术室的手术台上时，你还会觉得那是你身体的一部分吗？也许不会，或者你会说，它曾经是你的一部分。如果医生现在又将这只舌头修复了，再重新移植回你的口腔中呢？你可能会说，它现在又是你的一部分了，对吗？那为什么只有寄生虫舌头永远是入侵者而不是你的一部分呢？只是因为它长着腿和眼睛吗？

"自我"与"非我"在何处融合？如果我们自己的细胞不但是由自己以外的"外人"制造的，并且为了这些"外人"在我们身体里安家而进行了专门设计，那么究竟谁是租客谁是房东？谁起决定作用？著名理论物理学家理查德·费曼（Richard Feynman）曾经这样描述量子力学："如果你没有完全被搞糊涂，说明你并没有理解这个问题。"现在，如果你还没有像我一样完全被生物学上如何定义"自我"搞糊涂，也说明你对这个问题的理解还并不深入。而我可以再提供一个例子帮助你理解：线粒体。

寄生虫是捕猎者，它们与寄主之间只有一种关系——寄生虫获利，而寄主受损。乍一看，食舌虱也符合这一定义，毕竟这只小虫子攻击了寄主还吃掉了它的舌头。但是很快，食舌虱就与宿主建立了一种非常奇妙的合作关系，生物学家称之为"互惠共生关系"。与人肤蝇不同，食舌虱一旦寄生就不走了。这样也挺好的，因为分开会使得寄主与食舌虱都吃不到食物。与其他物种的互惠共生对于人类的生存也至关重要。我们每个人的每一个细胞都好像一个微型社区，由许多勤勤恳恳工作的细胞器组成，其中一些细胞器具有自己的DNA。如果没有它们，我们连一秒钟也活不了。这些细胞器就是线粒体。线粒体与我们的关系是阐释互惠合作关系的最好例子。

线粒体是一种很小的细胞器，它们会产生ATP分子为细胞供能。线粒体是细胞的发电厂，在细胞中大量存在。在耗能较低的细胞中有几百个线粒体，而在肝脏细胞、肌肉细胞、大脑神经元这样的耗能大户中，可能有上千个线粒体。线粒体与我们完美地互惠共生。我们的生存依赖它们产能，但我们同时也为它们提供了天堂般舒适、安全的栖息地以及稳定的营养供给。线粒体与我们合二为一，或者说，看起来合二为一了。

线粒体在我们的身体里随处可见，并且全面整合在细胞的正常运转中，这让我们常常忘记了它其实本来并不能算是我们身体的一部分。从生物学上来讲，线粒体其实是一个独立的生物体。在复杂生命形成的亿万年之前，这些线粒体都是自生生物，在大自然中孤独地觅食。而如今，线粒体们过上了更加驯化的生活，在我们的细胞中安全地游来游去。但是归根到底，它们依旧不是我们的一部分：它们是动物细胞中唯一具有独立的遗传物质的细胞器，它们具有的遗传物质叫作mDNA。[11] 线粒体能够生长、复制、分裂、融合，这些过程并不需要细胞的参与就可以独立发生。反之，我们自己的细胞并不能制造线粒体。诚然，它们为我们创造价值，我们也为它们的生存做出贡献，但真正决定身份的是DNA。线粒体拥有自己的DNA，这决定了它们永远是自治的，与我们无关。"我身体中的线粒体与我的亲缘关系远远小于它们与其他人线粒体之间的亲缘关系，甚至也小于它们与深山老林里面随便某个自生细菌之间的亲缘关系。"生物学家刘易斯·托马斯（Lewis Thomas）说，"它们在我的细胞里，为我身体里每一个细胞的生存而不断进行呼吸作用，但其实只是外人。"从本质上说，线粒体是外来客。

确实是这样的。"我从小一直以为这些（线粒体）是我们细胞里小到看不见的小马达，我们，或者说我们的细胞，拥有它们、操纵它们，它们是我们私有的、亚显微水平的小军团。"托马斯这样写。但是，随着他对线粒体了解得越来越多，随着他越来越深刻地理解到这些细胞器依旧保留着大量自身的特征，他发现他对于自己的看法甚至都变了："这样想一下，我可能是被一大群活动着的、会呼吸的细菌劫持了，我创造了一个复杂的系统，有细胞核、微管甚至神经元，并维持这个系统的正常运行，只是为了让它们一家过得稳定、开心。"[12]

但是，即便线粒体的基因组与我们不同，"线粒体是外来客"这一论点依然很难让人完全信服。原因在于，线粒体从我们生命的一开始就存在于细胞中。它们从受精卵开始就与我们同在，伴随我们走过生命的整个旅程，从生到死。它们陪伴我们每个人，与整个人类同在，并且将一直这样与我们相伴着走下去。

我们的大多数线粒体——大约10万个——是从母亲的卵细胞中继承，而余下的小部则是随着来自父亲的精子偷偷潜入的，这一点在后文中还会再次提到。但是由于我们身体中大多数线粒体都直接来自母亲，我们可以通过追踪线粒体而追根溯源寻找祖先。与细胞DNA类似，线粒体DNA也能够用来追溯更早的世代。线粒体与人类共生的时间太长了，以至于许多遗传学家认为，通过线粒体的mDNA追溯到的早期人类的信息可能与通过细胞DNA追溯到的一样多。而实际的研究则表明，大多数情况下mDNA包含的祖先信息竟然比细胞DNA更多。

我对人类祖先一直非常感兴趣。当基因组实验室对公众开放个人基因组测序后，我立刻将自己的DNA样品送了过去。他们对我的DNA进行了许多测试，而其中我最感兴趣的则是祖先分析。这一分析试图在遗传学上对一个人的祖先进行定位，尽可能地将一个人的祖先定位到人类早期历史中。在我的例子里，来自我母亲的数据具有比较好的回溯性。我的基因组最终被回溯到一个1.6万年前来自伊比利亚的"单倍群"[13]。真的难以置信，通过DNA我竟然能够发现自己与冰河世纪的联系。[14] 我收到的分析报告中描述了他们是如何通过分析DNA得到这一结论的。事实上，他们分析的并不是我的DNA，而是来自我的线粒体的mDNA。

线粒体mDNA也在许多著名的法医案件中起到至关重要的作用。比如，法医曾用mDNA来鉴定在世贸大厦袭击案中许多无法辨认受害者的遗骸。当萨达姆·侯赛因（Saddam Hussein）被抓住之后，美国军方使用线粒体分析方法确定他们抓到的是真正的萨达姆而不是他众多替身中的某一个。在另一个经典案例中，法医科学家的任务是鉴定一副遗骨是否属于俄国最后一位沙皇尼古拉二世（Nicholas Ⅱ）。而这一遗骨当时已经在坟墓中与其他九副遗骨一起埋藏了73年了。通过将这些遗骨中的mDNA与尼古拉二世已知亲属的mDNA进行比对，法医科学家最终在这些遗骨中确定了哪一个才是尼古拉二世。

遗传学家对线粒体基因的偏爱有以下几个原因。首先，线粒体mDNA更容易追踪。我们的细胞DNA包含从父母双方继承并重组的基因，因此每一个世代都会重排一次。而线粒体mDNA则直接从母代传到子代，在这一过程中，mDNA几乎没有什么改变，这使得研究人员更容易通过mDNA建立世代之间的联系。[15] 由于线粒体几乎全部来源于母本，世代之间的关系也更容易追踪。第二，确定祖先的最好办法是通过追踪遗传突变，确定它们最早在系谱中何时出现——即突变来源。人类细胞DNA中也含有这类突变，但线粒体mDNA具有另外一个优势：mDNA的突变更加频繁，因此为我们提供了更多的用于追踪的突变位点。

更重要的是，线粒体几乎从一开始就与我们共生了。遗传学家的一个最大梦想就是找到"线粒体夏娃"——也就是人类历史上第一个将自己的线粒体传递给她的子女的人，她的子代们再将线粒体世世代代传递下去，直到现在。可以说，"线粒体夏娃"是我们能够追踪到的距今最近的共同人类祖先。她生活在距今两万年之前，大约也就是智人（Homo sapiens）与其他人类种族在进化上分开的时代。[16] 也就是说，线粒体——这些遗传学上的小滑头——几乎从现代人类种族形成的第一天就赖在我们的细胞里了。

我们与线粒体之间不仅有着悠久的共生史，甚至连物理边界都很难清楚地划分。每个人的身体里平均有10亿个线粒体，占肌肉细胞体积的60%，心脏细胞体积的40%。[17] 尽管线粒体在每个人身体中的含量因人而异，但总的来说，它们的重量甚至是人体体重的重要组成部分。据估计，我们体重的大约10%都是线粒体。[18]（下次称体重的时候，我们是不是可以把这10%减去？）

在微生物界，生存在其他生物体内的生物并不少见。比如，如果你仔细观察一下你的家居植物，你会发现许多叫作粉蚧的小昆虫。如果你能看到这些粉蚧的内部，你会发现许多细菌彼此协作、共同生活在其中，而这些细菌的体内，还生活着更小的其他细菌。[19]自然界中充斥着这样的入侵者和寄生者。线粒体和粉蚧的存在，都仿佛是对"自我"概念的嘲讽。在显微镜下，你会在大线粒体中看到更小的线粒体。这些大线粒体中的线粒体看起来也好像独立生活的小生物，跑来跑去忙碌着自己的事情。但是，后退一步，从宏观来看，就连大线粒体也只是组成"细胞"这一复杂生命单元的众多元件之一。

那么，究竟线粒体是"我们"还是"别人"？这一问题的答案并不重要。重要的是，我们知道有这样神奇的小生物存在，它们在遗传上具有独立性，但却能与我们的身体巧妙地融合在一起，在我们体内自由自在地生活。"自我"里面还有"自我"，这就像俄罗斯套娃，每打开一层，就会发现一个更小的娃娃在里面。与之相似，小线粒体外面套着大线粒体，大线粒体外面又套着最大的套娃——我们自己。但是，等一下，我们怎么知道我们就是最大的套娃呢？会不会我们也被另一个更大的套娃套着？这真是个很难回答的问题。

既然我们的身体是个如此复杂的混合体，还有哪一部分真的算是属于我们自己的吗？刘易斯·托马斯只有一个小小的期望："我只希望我还拥有对我的细胞核的所有权。"[20]随着微生物学家对人体结构的不断加深了解，有一天我们也许能够知道托马斯的猜测究竟是对是错。现在我只想稍微提及一下，还记得那些引起旋毛虫病的旋毛虫吗？它们进入我们的细胞后在细胞中繁殖了它们自己的细胞核。这也许能成为探索细胞核来源的开端。

并且，如果托马斯还活着的话，他会发现，对于是否拥有对细胞核的所有权这一问题，他所面对的挑战者并非只有那些寄生或者共生在我们身体里的细菌和微生物。他还要面对形形色色的大公司和公司律师。比如最近的一个例子，美国最高法院就人类基因是否能够申请专利保护这一问题做出了裁决。裁决禁止任何公司对自然形成、天然存在于我们身体中的DNA拥有专利。但与此同时，最高法院也为基因专利留下了余地：人工合成或经过编辑的DNA能够合法申请专利保护。[21]并且，对于干细胞、安乐死、细胞捐献等问题的讨论也一直在持续进行中。"自我"究竟拥有我们身体哪些部分？我想答案恐怕取决于你能请到多好的律师。

究竟"自我"与"非我"的分界线在哪里呢？在生物学上，这个问题的终极答案要追溯到基因。如同理查德·道金斯（Richard Dawkins）在他的经典著作《自私的基因》（*The Selfish Gene*）一书中所写：一个个体，或者说"自我"，无非就是一些DNA分子不断复制自身的产物。[22]不同的DNA，不同的"自我"。依照这个定义，线粒体就是不属于我们的另一个个体。然而，即便遗传学家也不能否认，线粒体的遗传多样性是人类个体遗传多样性的重要组成部分，它并非简单地告诉我们"我们现在是谁"，而是告诉我们"我们从哪里来"。难以想象，我们的祖传印记怎么会不是我们的一部分呢？

但是，如果认为线粒体是我们个体的一部分，也就是认为我们每个人都有两套基因。这样说来，我难道是我自己的细胞DNA以及线粒体DNA共同组成的融合体？更重要的是，所有那些在人类身体里的"非我"生物体——无论寄生还是共生、大摇大摆还是东躲西藏、长期驻扎还是到此一游——都有一个共同的重要特点：他们都携带自己的DNA。无论它们在我们的身体里待多久，这些携带各自DNA的生物体都或长或短地与我们共享同一片生理环境，并或多或少地与我们有着紧密的联系和物质交换。这就意味着，从身体组织的核心组成上讲，我们每个人都是一个巨大的共生系统，在这个系统中混杂充斥着各种各样、大大小小的生物体。在某种程度上，所有这些生物体都是我们的一部分。

话说回来，与究竟"谁拥有什么"的定义相比，这一复杂共生系统带来的影响更为重要。事实是，当所有这些部分都混杂地堆在一起时，这个我们叫作"身体"的大机器奇迹般地正常工作了。显然，对此做出主要贡献的是这些共生生物间的合作而非竞争。正如进化生物学家琳·马古利斯（Lynn Margulis）

和多里翁·萨根（Dorion Sagan）指出的："生物能够占领整个地球，靠的是合作，而不是战斗。"[23]

心理学上的"拥有"与生物学上的"拥有"不同。我们可能以为"自我"与"非我"之间的物理界线是清晰的，但从基因角度上讲，我们的身体里包含了多种多样、来源各异的遗传物质。而遗传物质正是生物体存在和彼此区分的关键元素。[24] 这样一来，难道我们都是狮头羊身的人类嵌合体吗？对此，我们在下一章中将给出一些有趣的答案。

6. 多重人格，多个人

在我的内心深处，灵魂在激烈地与自己斗争。

——圣奥斯定，《忏悔录》(*The Confessions*)

1995年，凯伦·基冈（Karen Keegan）52岁。她住在波士顿，是一名教师，同时也是三个孩子的母亲。一天，医生告诉凯伦，她需要立刻进行肾脏移植手术，越快越好。"医生说，也许我的家人会愿意为我捐一个肾。"凯伦在接受广播实验室节目（Radiolab）[1]记者索伦·惠勒（Soren Wheeler）采访时说。[1]为了寻找合适的捐献者，凯伦的丈夫皮特以及她的大儿子马特和二儿子杰西都进行了DNA检测。凯伦期待DNA检测能够带给她一些好消息，但恰恰相反，她听到了一个让她震惊的消息：她两个儿子的DNA与她丈夫皮特的匹配，但与凯伦不匹配。

换句话说，医生告诉凯伦，她既不是马特的妈妈，也不是杰西的妈妈。凯伦觉得这简直荒谬极了。医生重新进行了检测，但结果完全一样。"检测结果是正确的"，很明显"这并不是实验错误。"林奈·乌尔（Lynn Uhl）对记者惠勒说。林奈·乌尔是一名器官移植专家，他对凯伦的检测结果产生了浓厚的兴趣。乌尔见过许多父亲的DNA与子女不匹配的情况，但从来没有见过母亲的DNA与

---

[1] 译者注：广播实验室（Radiolab）是美国纽约广播电台（WNYC）一档科普类节目。

子女不匹配的情况。[2]

　　他们首先想到的一个可能性是，会不会是婴儿在出生的时候从医院抱错了？这种婴儿互换案件确实并不少见。但两个孩子都抱错了，这概率也太低了吧？更何况，父亲的DNA是匹配的。如果凯伦抱错了婴儿，他们怎么可能与皮特的DNA相匹配？所有人都困惑了。

　　凯伦的生活从这一刻开始完全转变了，人们开始怀疑她是不是精神正常，是不是忠于自己的婚姻，甚至怀疑她是不是偷偷做了什么违法的事。她是不是神经错乱了，错以为自己曾经有孩子？人们甚至猜测她是不是偷了别人的小孩。人们编造出这样那样的故事安放到凯伦身上，并且理所当然地认为"因为显然DNA不会有错，所以这些故事也是真的。"凯伦告诉惠勒[3]，甚至连她自己的儿子都开始怀疑了。

　　然而，在这件事情发生两年之后，一切忽然有了突破性的转机。一个实验室技术员在进一步进行DNA分析的时候发现，凯伦一个兄弟的DNA与她两个儿子的DNA匹配。人们终于比较确定地知道，凯伦也一定具有匹配的DNA，在她身体的某个地方藏着。也许，之前的研究中，他们都找错了地方：他们一直都在对凯伦的血液进行检测。如果他们检测一下凯伦的其他组织，会得到什么结果呢？于是，医生们收集了凯伦的头发样本和唾液样本，还从她的甲状腺、膀胱、皮肤等各个地方都进行了取样。[4]

　　检测的结果使得这个故事更加扑朔迷离。这一次的检测结果显示，凯伦身体的不同地方具有不同的DNA。一些组织显示一种DNA图样，而另一些组织则显示另一种。如果之前不知道这些样品是从同一个人身上采集的，医生们一定会觉得它们是来自两个完全不同的人。而这所谓的"第二个人"，正是马特和杰西的亲生母亲。他们的DNA毫无疑问是匹配的。

　　医生认为，对这一现象的解释可能要追溯到凯伦尚未出生之前。凯伦的母亲很有可能当时怀了双胞胎。两个受精卵在她的子宫中被各自的羊膜囊包裹着并排生长。在正常情况下，这两个受精卵将发育成两个异卵双胞胎女孩。但是，在凯伦母亲身上，在两个受精卵发育伊始，可能是受孕几天之后，两个受精卵相互接触并融合在一起。它们一起发育成了凯伦。或者你也可以说，凯伦其实是两个人。无论你怎么看待这件事情，从生物学的视角看来，凯伦其实是双胞胎——在基因层面上，她是一对异卵双胞胎。然而凯伦身体里的两个人并非完全混杂在一起。异卵双胞胎的其中之一形成了她的血液，而另一个则占领了她的甲状腺和膀胱。这两个人"已经具有她们各自的……边界。"乌尔博士在采访中对惠勒说。[5]

如果你将凯伦与我们常常听说过的连体婴儿相类比，可能会更容易理解一点。事实上，凯伦的发育过程与形成连体婴儿的生物学过程非常相似，只是更加极端一些。在连体婴儿的发育过程中，两个受精卵部分融合，而凯伦则是两个受精卵完全融合的产物。"如果那两颗受精卵不是在发育的前四天之内融合在一起的话，我就会成为一个连体婴儿。"凯伦告诉惠勒，"当我听说这个故事后，我立刻就觉得我具有了两个自我。我完全接受我其实是一对双胞胎这个事实。"[6]

在医学范畴里，凯伦是一个嵌合体。说得更精确一点，她是一个四配子嵌合体(tetragametic chimera)。也就是说，她的身体是由四个配子发展而来的：两个精子和两个卵子。而"嵌合体(chimera, 音同：奇美拉)"这个词则是从希腊神话中而来：希腊神话中，一种叫作"奇美拉(chimera)"的怪物长着狮头、羊身、龙腰、蛇尾。

有些嵌合体个体具有严重的畸形。比如，1998年，一名患者因隐睾到爱丁堡大学医院就医。但是当医生检查这名男孩时，却无法发现他的第二个睾丸。然而，让医生们震惊的是，他们却在男孩的腹部发现了卵巢和输卵管。进一步的检查才发现，这名男孩其实是一个男性胚胎和一个女性胚胎融合形成的嵌合体。[7]但是大多数嵌合体个体并没有明显的表征。有一名女孩因为双眼颜色不同而被诊断为嵌合体——她的一只眼睛是深棕色的，而另一只眼睛则是淡褐色的；另一个人因为一只手的大拇指能够向后弯而另一只手不能而被发现是嵌合体；还有些嵌合体个体身体两侧头发的质感和发际线形状不同。但是绝大多数嵌合体完全没有可甄别的特征。"这导致嵌合体的诊出率极低。"这是玛格丽特·克鲁斯卡（Margaret Kruskall）在一次采访中对科普作家克莱尔·安斯沃斯（Claire Ainsworth）所说的。玛格丽特正是凯伦这个案例的首诊医生。[8]

通常，嵌合体个体只有在极其特殊的情况下才会发现自己的嵌合体身份，就好像凯伦这样。这也解释了为什么一些个体会对看起来完美匹配的骨髓捐献者的骨髓产生排异反应：如果捐献者是一名嵌合体，她可能将自己嵌合携带的少量不匹配细胞传递给接受者。嵌合现象也可能解释了一些自身免疫疾病。在自身免疫疾病中，免疫细胞会攻击自身的一些细胞。这可能是嵌合体体内的一个个体感觉到另一个个体的侵略并发起反击，从而造成了嵌合体之间的全面内战。

像凯伦这样由异卵双胞胎发育而来的嵌合体少之又少。截止到 2007 年，这种类型的人类嵌合体一共只发现了 36 例。[9] 这其实并不奇怪，因为异卵双胞胎本身的发生概率就非常低。但随着人工受孕技术的发展，可能会有越来越多的人利用人工受孕来提高生育双胞胎的概率。因此，我们可能会在未来发现更多由双胞胎发育而来的嵌合体。但即便这样，这类嵌合体也仍然是非常罕见的。

然而，嵌合体不仅能够由双胞胎融合形成。事实上，最直接的嵌合体可能来源于移植手术——或者更精确地说，是移植手术的意外结果。例如，在澳大利亚因斯布鲁克医科大学进行的一项调查中，人们发现接受过骨髓移植的人中，有 74% 直到接受移植 9 年之后仍能在体内检测出供体的基因组，也就是说，他们在接受骨髓移植后，体内不仅有自己的基因组，也一直携带着供体的基因组。类似的研究也促使法医科学家开始重新审视他们一直以来在 DNA 鉴定中采用的假设。比如，在近期的一起性骚扰案件中，华盛顿州犯罪实验室的科学家利用嵌合体理论解释了为何嫌疑犯唾液样本的 DNA 与其精液样本的 DNA 不符。[10]

但是，形成嵌合体的最常见方式依旧要追溯到一个人出生之前。安·瑞德（Ann Reed）是梅奥诊所（Mayo Clinic）风湿病研究科室的主任。她在研究中使用非常灵敏的 DNA 技术检测人们身体中的外来细胞。与凯伦那样由双胞胎融合而成的嵌合体相比，瑞德所寻找的外来细胞在身体中的比例要小得多。瑞德发现，有许多人都携带外来细胞：保守估计，50%~70%的健康人体内都含有少量包含其他人基因组的外来细胞。

这一融合过程始于子宫。我们知道，在怀孕过程中，母亲的血液和胎儿的血液基本上是分开的，但也有少量细胞能够穿过母亲与胎儿之间的屏障。生物学家早在1960年就首次在胎儿体内发现来源于母亲的血细胞；而1893年，研究人员也在母亲的体内发现了来源于胎儿的血细胞。[11] 这一细胞交换本身并没有什么大不了的，毕竟胎盘并非完全封闭的结构，它在本质上就是用来实现物质在母体与胎儿之间的交换，这一物质交换对于胎儿的生长、发育，甚至出生都至关重要。胎盘的存在只是为了对物质交换进行一定程度的限制。但令人惊奇的是，这些细胞在交换之后就深深地扎根在对方体内并长期存在。我们体内大多数细胞的存活时间都不长，一旦胎盘与胎儿分开，母亲与胎儿之间的细胞交换也就完全停止了。然而令人费解的是，那些在怀孕早期通过胎盘交换的细胞竟然能够通过某种方式在"宿主"的身体组织里长期"寄居"，它们甚至会成为某个组织里不可或缺的一部分，并与"宿主"自己的细胞一起行使各种功能长达几十年之久。

根据最近的研究，造成这一现象的原因可能是，早期交换的细胞中至少有一部分是干细胞。与其他干细胞相同，这些细胞也具有无限分裂形成新细胞的能力，而由这些细胞分裂形成的新细胞也同样具有分化形成不同器官内各种细胞类型的能力。J.李·尼尔森（J Lee Nelson）是位于西雅图的弗雷德哈钦森癌症研究中心的一名免疫学家。他对此有一番很精妙的点评："我有时候把转移的干细胞或者类似干细胞的多能细胞看作种子。这些播撒的种子在新的身体里生根、发芽，成为植被的一部分。"[12] 目前的研究表明，我们很多人身体里都有来自母亲的一些细胞，而母亲也获得了一些我们的细胞。琳达·兰多夫博士曾经于2013年在《美国医学遗传学杂志》（*American Journal of Medical Genetics*）上发表过一篇关于人类嵌合体的综述文章，她这样总结："可以这么说，每一个怀过孕的女人都是嵌合体。"[13]

但是等一下。想象一下，如果你的母亲有过很多个孩子，并且在每一次怀孕的时候都会与胎儿交换细胞，那会怎么样？你的一些细胞可能先任性地钻进母亲的身体，又最终来到你的弟弟或者妹妹的身体里；如果你的母亲继续生育，那么更小的孩子可能会带有你们两个人的细胞。而双胞胎，尤其是共用胎盘的双胞胎，尤其可能在胚胎发育时期交换细胞。而你的母亲，可能先是携带了她母亲的细胞，又在怀孕时得到了你和其他兄弟姐妹的细胞。一位母亲如果曾经流产或堕胎，她甚至可能在这些过程中得到来自那些胚胎的细胞。科普作家克莱尔·安斯沃斯这样描述："最终，一个人可能真的是一个由来自许多世代、不同类型的细胞组成的货真价实的'奇美拉'。"[14] 医生们则将这种情况称为微嵌合（microchimerism）。

微嵌合的现象广泛存在，以至于有人认为这种情况的存在可能具有一定的生物学意义。有些理论认为，那些从母亲转移到胎儿的细胞可能帮助尚未出生的婴儿维持健康。尼尔森和他的同事安·史蒂文斯（Ann Stevens）曾给出一些证据，证明来自母亲的细胞对于一些组织损伤的修复过程起到重要作用，尤其是在妊娠期。[15] 比如，他们在一项研究中发现，在患有糖尿病的新生儿中，母源细胞会参与修复受损的胰腺。[16]

我们也不应当忽视那些通过胎盘从我们身体转移到母亲身体的细胞，它们对于我们的健康同样至关重要。各种证据表明，这些细胞可能帮助母体的免疫系统识别胎儿，防止母亲的免疫系统将胎儿当作外来物进行攻击。毕竟，对于母亲的免疫系统来说，胎儿看起来确实像个外来的器官——一个暂时待在自己体内9个月左右的移植器官。而另一方面，来自器官移植的研究则表明，如果在器官移植的同时将来自捐献者的白细胞适当地转移到接受者的体内，会大大提高移植器官的接受率。[17] 共享增强了耐受力，而耐受则进一步发展为接受：这正是我们与母亲之间和谐共处的美好开端。

最终，至少对于母亲来说，来自胎儿的细胞不仅出现在皮肤、肝脏、脾脏等处，甚至会进入她的大脑。在尼尔森课题组最近的案例报告中，他们对一位在几十年前生育的女性进行了测试，结果在她的大脑中发现了来自胎儿的DNA。在接下来的进一步研究中，他们对59个女性进行了尸检，选取她们大脑的多个区域进行DNA测定，在其中63%的测试样品中检测到了只有男性才会具有的Y染色体。[18]我在想，母亲与孩子之间的细胞交换会不会增强了母子之间的情感联系呢？

微嵌合现象究竟有多广泛？许多研究人员认为这种现象的存在可能比目前发现的还要普遍。他们猜测，如果对血液、骨髓，以及其他组织进行精确检测和细致比较，可能会在绝大多数男性和女性体内都发现微嵌合现象。J.李·尼尔森在报告中写道："我们认为，微嵌合现象可能是普遍存在的。"[19]至少现在看起来，嵌合现象不太可能是我们曾经以为的某种不同寻常的生物学现象，而是生命正常生长发育过程中的一种常态。更重要的是，嵌合现象很可能对于人类生存和发展是有益的，如果没有嵌合，也许我们都无法生存。

在生命最为基础的核心层面上，个体和群体的界线居然是模糊的。在上一章中，我们了解到我们的身体里布满了高度异质性的多种微生物。而在这一章中，我们则看到，真的属于"我们自己"的部分竟然也包含多套人类个体基因组。归根到底——直至染色体水平——每个人都是"很多人"。

多重自我的概念不仅在染色体水平存在，还在其他多个水平存在。现在让我们转换到心理学水平，开始讨论一个可能是最著名也最具有争议的多重自我的例子：多重人格障碍。

我第一次遇到多重人格障碍患者是在许多年以前，这位患者叫作杰西。杰西是我的学生，有一天她到我的办公室讨论期末论文的主题，这是我们第一次私下交谈。但是在此之前，通过杰西在课堂上的表现，我知道她是一名阳光、博学、刻苦努力的女生，并且成绩优异。她在课堂上的发言总是恰到好处并富有智慧。我们的这次谈话一开始也很顺利。我们的讨论一直围绕着一个很有趣的主题，她也问了一些很好的问题。但是我很难不格外注意她的打扮。她全身布满了各种纹身和穿孔，这在当时并不普遍。但是，想到我自己在伯克利读大学的时候还是20世纪60年代，我试着告诉自己她只是如今这个年代大学生中稍稍另类的一个。但是，我逐渐又注意到一些更让我疑惑和担心的东西：杰西边说话边随意地将袖子向上挽了挽，露出了她的胳膊上随处可见的伤疤。这些伤疤有几十个之多。尽管我尽力让自己看起来正常些，但我的内心深处早已充满了疑虑。

杰西发现我在盯着她的胳膊看。当我再次抬起眼睛看着她的脸时，发现她的整个行为举止都忽然改变了。最显著的是，她开始用小女孩一样的声音讲话，听起来就像一个害羞的10岁小姑娘。"这些是我自己割的。"她用很小的声音喃喃自语，"我有时候会觉得很无聊，就会找一把小刀自己割自己。"她还告诉我说，杰西不知道这件事，求我千万不要把这件事情告诉杰西。她声音和举止的瞬间改变让我惊愕极了。起初我以为这只是她装出来的，要不是她胳膊上那些伤疤看起来触目惊心，我简直都要被她故意装稚嫩的表演逗笑了。

这个女大学生身体里藏着的10岁小女孩跟我说了许多。她告诉我她的童年是多么不幸，一直以来都被人嫌弃。她还告诉我她曾经因为试图伤害自己而被送进精神病院。"你保证你不会告诉杰西，对吗？"她刚刚说完这句话，我的下一位来访者的敲门声响起了。杰西一下子坐直了身体，恢复了她本来的声音，并开始重新讨论她的论文，正是从那个小女孩出现之前我们中断的地方开始。我问她刚才怎么了，她茫然不解，不知道我在说什么。但是，当我提到她刚才变了声音时，她一下明白发生了什么。她说，我一定是遇到了她的"另一个自我"。杰西还说，她自己从来没有遇到过那个小女孩，但是许多人都遇到过并且告诉过她。"她在毁灭我的生活。"杰西说。

杰西所患的心理疾病现在被称为"解离性身份障碍（dissociative identity disorder, DID）"，这种疾病在心理学界仍然充满争议。解离性身份障碍患者的主要症状是，他们觉得被一个或多个他们并不认识的外来人格入侵了。其实，几乎我们所有人都会在某一时刻有过轻微的人格分离症状。比如，很多人都说过，他们曾经经历过这样的情形：自己身处一个地方，却怎么也想不起来是怎么来到这里的。调查也显示，感觉到思想与身体分离的现象也十分常见，甚至有人会听到自己头脑里的另一个声音告诉自己要做什么或者在做什么。研究表明，事实上60%~65%的正常人都曾经经历过诸如此类的人格解离。[20] 但是那些离奇的感觉通常只是一瞬间的,并且很快就消散了。而对于DID患者来说,解离的经历不仅更加严重,并且有可能困扰患者很多年,甚至一生。

一般的观点认为,产生DID的根源来自于童年时代的严重创伤。而区分DID和其他精神压力相关疾病的关键在于,引发DID的童年创伤是重复出现并且无法逃避的,更为重要的是,这些创伤发生在一个人形成自己完善的自我人格之前。在遭遇这样的创伤后,那些无助的儿童只能通过分离自己的人格才能部分逃脱创伤的影响。他们将人格划分成不同部分,每一部分都具有互不相关的思想、感受,以及记忆。比如,一个遭受父亲虐待的儿童可能每时每刻都想要逃离,但不幸的是,这个孩子仍然需要依赖这位父亲作为监护人。通过DID,这个孩子可能创造出一个新的人格,这个人格不记得曾经被虐待过,从而能够与自己的父亲发展出相对正常的关系。这是儿童在创伤条件下为了能够在情感上和肉体上都生存下去的原始的短期解决办法,但为此付出的代价却要用他的一生偿还。

佐伊·法里斯(Zoe Farris)是一位53岁的澳大利亚人,她在30多岁时被诊断患有解离性身份障碍,她这样描述患病的感觉:"我有一位好朋友,她出于好意和对我的关心,想带我去见她的一位祭司朋友,并让祭司帮我驱魔。我说'不,他们不是魔鬼,他们是我的一部分!'你能理解吗,我的其他人格都是我的情绪、我的记忆,只是从我本身的人格中分离出来,形成了他们自己的小小的自我。我依旧是一个人,只是他们都具有不同的经历,或者说是不同的人格。"[21]

很多人现在仍然用"多重人格障碍"这个更具有传奇色彩的名字称呼DID。但是美国心理学协会在1994年正式开始使用"解离性身份障碍"来称呼这种疾病,因为这个名字更准确地形容了患病者的经历。[22]这一变更是很有道理的。"多重人格"仿佛是在形容一个人具有许多个完整的人格。而事实上,恰恰相反,DID患者通常的特征是,在任一时刻都不具有完整的人格。DID患者的多个人格中没有一个人格是完整的,没有一个人格能够像正常人格那样具有完备的情绪反应和完整的叙事记忆。

佐伊·法里斯女士的凄惨经历就是一个很好的例子。佐伊曾经是一名演员。很多人都会觉得，具有多重人格对于做演员也许会有益处。他们想到的是罗宾·威廉姆斯（Robin Williams）这样的天才演员，能够在许多角色之间无缝转换。所谓出色的表演不就是抑制其他人格而让正确的那个发号施令吗？但是佐伊说，她的很多人格从来没有在她表演时参与其中。那个在舞台上饰演各类角色的佐伊始终是同一个解离的单个人格，她的其他人格甚至从来不知道她在表演。她在采访中说："有很多次，我坐在后台准备上场，却忽然发现表演已经结束了，而我完全不记得我在台上演出过。就是这样：我完全不记得我做过的事。"[23]

佐伊的多重人格都各具特色。"其中一个是叫作琳达的10岁小姑娘，她做什么事情都非常开心，还会发出'呜咦呜咦'的声音。"佐伊接着说，"但一旦什么烦心事儿出现，琳达就消失了。还有一个人格，我管她叫'蜷缩的小姑娘'。她会哭泣，而且基本上只会哭泣。还有一个人格脾气很大，我不能告诉你她的名字，因为她不让我说……她说话不多，但是一旦说话总会骂骂咧咧的。她就喜欢砸东西，但是如果周围有人的话她不会砸的。"[24]

一直以来佐伊有着写日记的习惯。但是她的"核心自我"（佐伊这样称呼自己）从来不知道她会读到什么。在佐伊看来，不仅日记的内容看起来神秘而奇怪，连笔迹都十分陌生。那些日记有些是左手写的，有些是右手写的；有些从左到右，还有些从右到左；一些日记的字写得很大，而另一些"小到看不清"。

佐伊可能一生都要与她的多个人格不停斗争了。比如，她说直到现在她都不太愿意公开讲她的多个人格的名字，"因为她们可能会害怕"。但是随着时间推移，佐伊渐渐学会如何缓解多个人格给她带来的负担。她现在是一名心理健康工作者，并且将她自己的亲身经历出版成书来普及相关的心理学知识。她也成功地赢得了家人和朋友的支持和理解。"我的朋友们都知道，如果他们跟我打招呼但我不理他们，是因为他们看到的是我的另外一部分。"佐伊在采访中说，"我的朋友们知道，有些时候我可能表情和举止看着与平时不同，或者做一些奇怪的事情。"每当这个时候，他们知道这不是"真正的"佐伊，不是他们的朋友佐伊。"这样，他们就不会生气了。"[25]

DID不仅令患者饱受折磨，也会困扰他们身边的人，这一点在许多著名的书和电影中都有描述。其中最经典的可能是奥斯卡获奖影片《三面夏娃》(*The Three Faces of Eve*)，这是一部根据真实故事改编的电影。电影的主人公，顺从隐忍的夏娃·怀特（Eve White）有着一个普通的三口之家，是一个传统的贤妻良母。她由于长期深受严重头痛和暂时性失忆的困扰而去寻求心理治疗。心理医生通过对怀特进行催眠，发现了她意识深处的另一个人格，这个人格自称夏娃·布莱克（Eve Black），她思想前卫、行为轻佻。她的心理治疗师说，这个新的人格"总是带着幼稚而莽撞的神情，挑逗而轻佻的眼神，她脸上一副什么都满不在乎的样子，仿佛什么都无所谓、不重要"。[26] 随着治疗的进行，布莱克告诉治疗师，她在她们还是孩子的时候就从怀特的皮肤中"钻出来"了。

这个故事中最让人发毛的地方在于，怀特对于布莱克的存在一无所知。她是从她的治疗师口中第一次听说布莱克的存在的。这些报告解开了怀特身上的一些疑团，比如为什么她总是因为一些她从来不记得自己做过的事情而被惩罚。但是归根到底，布莱克依旧完全在怀特的意识之外操纵一切。这对于布莱克来说简直妙极了，因为她可以毫无顾忌地享受生活而无需为自己的行为所造成的任何结果付出任何代价。甚至在怀特"出场"的时候，布莱克仍在背后监视操纵。而怀特呢，她不清楚布莱克的存在，更全然不知她做了什么。布莱克不仅不让怀特知道自己的存在，还在怀特的丈夫和女儿面前伪装成怀特。布莱克对于这两个人充满了不屑，她否认曾经嫁给了她的丈夫，也对她们的女儿不管不问，而这一切的后果都要由可怜的怀特承受。她甚至还企图破坏怀特的心理治疗。

最初，当心理治疗师将布莱克从怀特的意识深处释放出来的一开始，怀特似乎得到了解脱，最明显的是，她的头痛消失了。但是各种问题渐渐浮现。当怀特的丈夫最终发现布莱克存在的端倪后，他选择了离开，怀特曾有的稳定、熟悉的生活也一点点离她而去。随着怀特的心理治疗不断深入，她最终发现了自己人格解离的根源。在经典的精神分析学说中，人格解离通常是由灾难性的童年经历引起的。在夏娃身上，这一灾难性的经历要追溯到她祖母的葬礼。在葬礼上，她被强迫亲吻她死去的祖母。这一重大发现使怀特的许多精神压力得以宣泄，在这之后，一个新的人格——简，出现了。与布莱克相比，简更加理智，而与怀特相比，简则更加自信和富有情趣。在这一瞬间，"噗"，布莱克和怀特都消失了。夏娃·简重新成为一个完整的人格，比布莱克和怀特都要更好、更开心的新人格。她重新成了家，丈夫是她成为简之后遇到的男人，并且与她的女儿重聚了。影片的结尾是大团圆式的，但是不幸的是，在影片上映18年后，"真正的"夏娃，也就是夏娃的原型被公众发现，在她接受治疗前后，她一共具有至少22个不同的人格。

关于真正的DID患者数量，在业内有着较大的争论。有些心理治疗师说他们每年都会遇到上百个新的DID患者，也有些心理治疗师则说他们从来没有遇到过一个DID患者。心理学家尼古拉斯·斯帕诺斯（Nicholas Spanos）怀疑，大多数被确诊的所谓DID其实很大程度上只是一种为了满足患者或者治疗师某些需求的社会表演。[27] 当然，这并不是说这些表演一定是预谋的或者故意伪造的。

表演是一种社会学现象，欧文·戈夫曼（Erving Goffman）的开创性著作《日常生活中的自我呈现》（*The Presentation of Self in Everyday Life*）一书的题目正是对这种表演最好的注解。他在书中这样写道：角色扮演使我们能够应付复杂的社会关系和各种严酷的局面（参见第十三章）。[28] 比如，在应聘现场我可能会表现得更加严肃，在第一次约会中可能会显得更风趣，而在与老师交谈时则会刻意表现得格外理智。这并不意味着我不真诚，这些不同的表现只是同一个我的不同侧面而已。

斯帕诺斯认为DID是角色扮演理论的极端表现。他认为，DID患者所表现出来的不同人格仅仅是为了满足患者和治疗师某种极端需求的反应。在他看来，患者表现出不同的人格一方面是为了与自己被压制多年的痛苦创伤斗争；

而另一方面也是为了取悦治疗师。而反过来，治疗师当然乐于发现患者各类奇特的心理症状。多重人格满足了双方的要求。如果不是这样，斯帕诺斯反问，我们如何解释为什么一些治疗师发现了比别人多得多的DID呢？我们又如何解释，为什么大多数DID患者的多重人格一直没有显现，而直到开始心理治疗才显露出来呢？斯帕诺斯认为，这一定是因为一些心理治疗师预先假定患者具有多重人格，从而鼓励患者通过角色扮演将DID的症状表现出来。甚至可以说，正是这些心理治疗师造成了患者表现出多重人格。

与之相反，另一些人则认为DID是广泛存在的。他们认为许多心理学家对DID的理解不够全面从而造成许多DID患者被漏诊。菲利普·库恩斯（Philip Coons）是印第安纳大学医学院心理学系的教授。他发现，"许多心理学家不愿意将患者诊断为多重人格障碍。造成这种现象的原因多种多样。比如：患者表现出的症状比较轻微；患者由于害怕而隐藏重要的临床信息；心理治疗师对于解离障碍不熟悉；或者心理治疗师不愿意相信乱伦的性关系（造成DID的最常见的童年创伤）真的发生过，或者不相信这一创伤能够造成这么严重的后果"。[29]这一论点与前面提到的认为心理治疗造成了DID的论点可以说是大相径庭。

与许多心理学上的概念一样，有关DID的真相可能介于这两种极端论点之间。在过去的几十年，无疑有许多心理治疗师过度诊断了DID——这在一定程度上可能由于类似"三面夏娃"这样的传奇故事广为流传所导致。不能否认，在一些案例中，治疗师在治疗过程中可能有失偏颇，为了后续治疗能够按照他们预期的方向进行而对患者进行了不恰当的引导，"创造"了一些症状。但是，反过来，也确实有许多人饱受着人格解离的痛苦，他们的症状与心理治疗师是否将他们诊断为DID无关。一些患者正是由于经受着严重的碎片化多重人格的困扰而寻求心理帮助的。斯帕诺斯也说，即便他认为是角色扮演造成了DID，也并不意味着多重人格的症状是假的或者对患者的心理状态不造成影响。

事实上，对于患者而言，究竟是童年阴影还是角色扮演造成了他们的多重人格并不重要。小说作家理查德·福特（Richard Ford）曾经表达过这样一个观点：这个世界上没有"虚假的快乐"这种东西。其实对于痛苦或者其他任何情绪，这一观点也是成立的。无论一个人的多重人格障碍是什么造成的，无论它是来源于切实的大脑损伤、早年心理创伤，抑或只是简单的社会性角色扮演，他所经历的感觉都是相同的。而当我们从这个角度看待多重人格时，会发现个人心理疾病与社会行为可塑性之间的界限竟然这样模糊。"正常"与"非正常"之间有着如此宽广的灰色地带。

我上一次遇到我的学生杰西的时候，她看起来好多了。她依旧被她内心深处的"小恶魔们"困扰着，但是她说，通过治疗，她开始与她的其他人格建立更加和谐的关系了。至少她现在开始能够与她们"有所交流"了。更重要的是，杰西开始学习理解和欣赏不同人格为她带来的不同体验。她说她现在试着将她的这些人格们想象成一群住在同一个公寓里但性格固执任性的室友们。"有时候她们简直是控制狂，我真想不惜一切摆脱她们。但有时候她们也会做一些我自己不可能做到的事情。"杰西接着讲了她是如何利用她的其中一个固执又惹人讨厌的人格来为她做事的。"我管她叫利昂娜·赫尔姆斯利（Leona Helmsley）。"杰西说，"比如，我自己是一个老好人，当我必须要与人对抗时会不知所措。但是现在，我会让利昂娜替我面对这些人。甚至有时候当我觉得对面这个人真的很该骂的时候，我能听到我自己在为利昂娜喝彩。"

在某种程度上，其实我们每个人都在不同情境下有所改变，甚至会变成全然不同的人，这是我们自然的社会属性。在偶然的情况下，人格解离可能发展为临床上的心理疾病，就像杰西和三面夏娃那样，但是对于我们大多数人，这可能只是我们应对生活的另一种方式。

多个人，多重人格。无论在身体和心理上，我们所有人都或多或少地是个混合体。完全纯种的生物并非自然的产物，也通常有着这样或者那样的缺陷，与此相似，完全单一、固定的人格更是不正常的。

7. 镜子里的陌生人

谁对人脸的认识最准确呢？是摄影师、镜子，还是打印机？

——巴勃罗·毕加索（Pablo Picasso）

随着年纪的增长，我越来越难以将镜子里的那张脸与我自己的相貌联系起来。这些皱纹是哪儿来的？还有脖子下面这片松垮垮的皮肤是怎么回事？而当我站在许多个镜子中间，看到这些镜子中的我不同角度的影像时，更是无所适从。有些时候，比如当我在商店里试穿一件运动夹克时，会忽然发现镜子里的那个家伙头顶的发际线竟然退后到了后脑勺，甚至需要另外一个镜子才能看到它。镜子里这个可怜的家伙好像是个秃子。有时候我发现自己在镜子前边发呆边想，我大概应该好好熟悉熟悉面前这张脸，因为很显然这个世界看到的我就是这个样子。

随着我们一天天老去，我整天听到跟我同龄的哥们儿对着镜子哀叹。"天哪，这场灾难什么时候发生的？""上帝啊，这是我还是我妈妈？""嗯，我觉得这个镜子好像不太对。"我们都知道这种感觉是正常的，对吧？这只是衰老这一漫长旅程中的一个诡异的转弯，设计这条路的人送给你的又一个惊喜。这种感觉的确是正常的，只要我们还是能认出来镜子里的脸是我们自己的。我看到的脸也许不是我希望看到的，或者与我脑海中对自己的旧日印象相距甚远，但我无比清楚，我在镜子里看到的脸就是我自己的，确定无疑。绝大多数人都能够轻易认出自己的脸。你可以歪头、做鬼脸、化个浓妆，甚至戴上面具，但这些都无法骗过你的眼睛，让你以为镜子里是另外一个人。

甚至连黑猩猩都能够认出它们自己。心理学家高登·盖洛普（Gordon Gallup）曾经设计过一个十分巧妙的实验用于测试自我辨认，这个实验现在以他的名字命名。盖洛普首先将一个镜子交给一群黑猩猩随意把玩。最初几天，黑猩猩会将镜子里自己的影像当作另一只黑猩猩，并试图伸手触摸它。但是过了几天，它们开始边照镜子边用手触摸自己的身体，看起来它们好像感觉到镜子里的影像是它们自己。为了更仔细地确定这一点，在实验开始后的第十天，盖洛普将黑猩猩麻醉，并在黑猩猩失去意识的时候在它们一侧眉毛的最上沿和另一侧耳朵的最上沿各点了一个红点。这个红点被很小心地点在黑猩猩的视野范围之外，确保它们无法直接看到。所用的红色染料无味并且无法通过触觉察觉到，这就保证了黑猩猩们只有通过照镜子才能发现自己脸上的这两个红点。当黑猩猩从麻醉中苏醒过来后，研究人员递给它们一面镜子。黑猩猩通过镜子发现红点的一瞬间，立刻去摸自己的脸，并且借助镜子确定红点的对应位置，用手触碰红点。很显然，它们能够认出镜子里的自己。[1]

人类从很小的时候就能够做到这一点。研究表明，神经发育正常的儿童通常在15个月到2岁之间就能够通过盖洛普测试，也就是说，15个月到2岁的儿童就能够发现镜子里的人脸上的红点其实是在他们自己脸上的。[2] 这样看来的话，如果一件事情黑猩猩和2岁的孩子都能够做，那它又有什么重要意义吗？辨认我们自己的影像仿佛是一种天生的技能，就好像走路和说话一样。我们在镜子里看到的那个人无论好看还是不好看，就是我们自己，这好像是一件显而易见的事情。

但是对于另一些人来说，这并不是一件简单的事。每个生活在大城市的人都见过一些自言自语的人。如果你在市中心待得够久，无疑也会遇到一些对着空气讲话的人。但是你见过这样的人吗：他们对着自己讲话但却以为在与另外什么人交谈。如果一个人对自己在镜子中的影像产生了错觉，会是怎么样的情形？

约兰达·桑托玛丽诺（Yolanda Santomarino）是一位75岁的女性，6年前被诊断患有阿尔兹海默症，她现在住在位于马里兰州赖斯特斯顿的樱桃木护理中心。当约兰达照镜子的时候，她非常坚定地认为在镜子里的人是一名叫作露丝（Ruth）的女性。"露丝是我在这里遇到的朋友。"约兰达在纪录片《阿尔兹海默计划》（*The Alzheimer's Project*）[3]中说，"我们通过镜子交谈。"露丝好像并不是一直都在镜子里，在约兰达看来，露丝有她自己的生活。在纪录片中可以看到，约兰达会一边盯着镜子一边对她的护工抱怨："我不知道，我觉得她（露丝）回家了。"约兰达告诉她的护工，露丝"今天早上特别好，她帮我穿了衣服，而且是一件新衣服。"忽然，露丝好像出现了，因为约兰达开始直接与她在镜子中的影像说话："我这里还有其他衣服，你那里有衣服吗？"

有人问约兰达，她要不要给露丝看她今天早上给她做的那个面具。约兰达说她想把面具亲手交给露丝。护工委婉地告诉她说，这恐怕很难，但是建议她可以给露丝看一下那个面具。约兰达并没有理会护工的忠告。过了一会儿，约兰达失望地说露丝不喜欢她的礼物。"她什么都没跟我说。"约兰达抱怨着。护工告诉约兰达，露丝"看起来很像你，我觉得她长得跟你很像"。约兰达却并不同意这个说法。她坚决地说"不"，露丝长得和她一点也不像。

约兰达很喜欢露丝，但是她觉得露丝并不愿意靠近她，这一点让她颇有些挫败感。这一天的早些时候，她说："我让露丝过来，但是她不愿意过来。她让我在这里等着她，但是她一次也没有出来过。"约兰达还抱怨说："我告诉她很多遍，你到你的门口，我也到我的门口。"但是露丝总是告诉约兰达她就想待在她现在在的地方，哪儿都不去。约兰达解释说，露丝住在镜子里。很显然，露丝让约兰达很伤心。"我已经厌倦了跟她隔着窗户说话。"约兰达说。

约兰达的症状是典型的"镜像错认综合征（mirrored-self misidentification syndrome）"。[4] 这种症状在人群中的存在比例恐怕比你想象得要高。一次大规模的调查发现，大约2%的阿尔兹海默症病人具有镜像妄想。这种妄想症并不单单出现在阿尔兹海默症病人身上，也会出现在其他大脑损伤的病人中，尤其是在病人遭受中风或者严重的脑部外伤，特别是右半脑的外伤之后。[5] 镜像错认综合征有时也被认为从属于一种更广泛的叫作"幻影寄宿者综合征（phantom boarder syndrome）"的病症。在这种病症中，病人认为有一个外人住在了自己的家里。在约兰达的病例中，不寻常之处在于这名幻影寄宿者只存在于镜子中，或者用约兰达自己的话说，"在窗户外面"。

只有少数人患有镜像错认综合征。但是如果你仔细去想这件事情的话，每个人都能够辨认自己，这才真是一件科学上的奇迹。事实上，我们能够认出人脸这件事儿本身就是一件奇迹。面部识别的实现需要整合多种能力和技巧。首先，我们需要感知面部的特征，这并不是一件容易的事儿。人脸是由各种形状、纹理、颜色组合而成的极其复杂而模糊的整体。我们的大脑不仅要处理这些繁复的面部特征，更需要适应面部特征的诸多变化：当移动或者转换表情时，我们的面部特征会发生微小的改变。我们得通过过滤、分类、整合等各种各样的方式将纷乱的输入信号整理成一个人面部的综合形象，通过这个形象，我们才能够认出这个人是谁。

然而单单这些还是不够的。我们的大脑不仅需要灵敏地感知和处理面部特征，还需要精确地记住我们见到过的人脸，并在再次见到它的时候从记忆库中成千上万张脸中将它挑选出来。有少数一些人具有遗觉象，也称照相记忆，他们的眼睛能够像照相机一样将看到的景象丝毫不差地记录下来。但是对我们大多数人而言，我们是如何记住许多张人脸的呢？很显然我们不可能精确地记住这些人脸的每一个细节、每一处尺寸。我们也绝不是这样思考的："我妈妈的鼻子有2.15英寸长，在嘴唇上方0.82英寸，而这个女人的鼻子只有2.08英寸长，距离上嘴唇也太近了，所以这个女人绝对不是我妈妈。"另外，即便我们能够辨别出一张脸，也还需要确定这张脸是谁的。这就需要另一整套思维过程来调用记忆、经历、情绪来帮助我们鉴定面前的人是谁。

面部识别的整个过程需要多个大脑区域的协同合作，包括杏仁核、海马体，以及位于右半脑的梭状回面孔区，对于这一脑区的功能我们还知之甚少。这些脑区受损的患者将会变成脸盲，或者在医学上叫作"面容失认症

（prosopagnosia)"［由希腊语的"脸"（prosopon)和"识别障碍"（agnosia)组合演变而来]，这是一种疾病，患者无法识别曾经熟悉的人脸。面容失认症患者能够正常地感知人脸。他们能够看着一个人的脸描述出这张脸的面貌特征，其准确程度与大多数人无异。但是他们的人脸记忆出现了问题。面容失认症患者要么记不住他们看到的面容特征，要么不能将曾经记住的人脸记忆提取出来，或者两者皆存在缺陷。无论他们见过一张脸多少次，他们都觉得是第一次见到。

奥利弗・萨克斯（Oliver Sacks)是一位才华横溢、极具影响力的神经科医生。他曾经在书中写过他自己是如何与面容失认症斗争的。与大部分面容失认症患者相同，他的面容失认症也几乎在他一出生时就伴随着他了。他在书中写道："我不仅无法分辨我与我最亲近的人的脸，甚至连我自己的脸都难以辨别。"不止一次，他以为自己迎面遇上一个个子高高的留着胡子的男人，并因为挡了他的路而对他道歉，"结果却发现，那个大胡子的男人就是镜子里的自己"。与之相反的情况也时有发生。有一次，"我坐在餐馆里一张靠窗的桌子旁，我一边捋着胡须一边将头转向窗外，忽然发现我以为的'镜子里的我'并没有捋胡须，而是非常奇怪地看着我"。[6]

面容识别的能力因人而异。有些人这方面的能力非常差，也有些人具有非常强的面容识别能力，是"超级识别者"，他们甚至有时会抱怨难以将别人的样子忘记。而大多数人的面容识别能力介于两者之间。临床上对面容失认症的确诊通常包括大脑梭状回面孔区损伤，2%~2.5%的人会出现这类损伤。在最严重的病例中，患者可能无法辨别任何人，甚至包括他自己的孩子、伴侣或者最亲密的朋友。

让我们回到约兰达的例子。表面上看，约兰达的镜像妄想看起来像是某种面容识别缺陷。与奥利弗・萨克斯类似，她也不能将她头脑中对自己样貌的记忆与镜子里她的镜像联系起来。但是，造成约兰达症状的机制可能并非这么简单。萨克斯的脸盲症完全是神经方面的问题。他的梭状回面孔区天生存在缺陷，这直接导致了他难以识别别人的样貌。约兰达可能也有神经方面的问题，但是即便是这样，依然无法解释为什么她的症状具有选择性：约兰达能够识别别人的面容——无论是从镜子里还是镜子之外。如果在约兰达看着镜子的时候我走到她的身边，她很有可能准确无误地与我打招呼，然后向我介绍露丝。与所有镜像妄想患者一样，约兰达唯一不能识别的面容就是她自己的。很显然，除了与面容识别和处理有关的神经通路之外，约兰达的其他方面也一定存在问题。

器质性的大脑病变在镜像妄想患者中很常见。很多患者都曾经经历过中风或者像约兰达那样被阿尔兹海默症困扰。但是即便这些患者具有相似的器质性大脑损伤，他们本身的心理状况也可能使得他们表现出完全不同的症状。在约兰达的例子中，她并不是在镜子中看到随便什么人。她看到的是露丝，并且始终是露丝。约兰达创造出露丝这个人物表达了她的一些需求、恐惧以及渴望。这一点，相信毫无心理学专业知识的普通人也能够猜到。产生镜像妄想可能是由于某些大脑结构的损伤引起的，但是镜像妄想的内容——比如露丝的身份，以及她与约兰达之间的关系——都是约兰达自己记忆和思维带来的产物。

约兰达比大多数患有镜像妄想或其他形式妄想症的人都要幸运，因为她臆想出来的人是一个朋友，尽管并非一个十全十美的朋友。然而通常情况下，镜像妄想带来的影像一般是不怎么友善的，比如下面这个例子。根据心理学家 L. K. 格鲁克曼（L. K. Gluckman）的记述，他的一位叫作多纳（Donna）的女病人抱怨说她总是被一个长得跟自己很像的人嘲弄和奚落。[7] 多纳是一位61岁的新西兰人，曾经接受过良好的教育。她告诉格鲁克曼医生，这个长得跟她很像的人闯进她家中，不管她走到哪里都尾随着她，在她醒着的每一分每一秒都想尽办法难为她。但是不知道为什么，她只能从镜子里才能看到这个擅闯者。

多纳告诉格鲁克曼，这个擅闯者没有名字。她管她叫"老太婆"或者"丑老太婆"。多纳说，这个老太婆并不跟她说话，但是会通过做手势或者模仿她的动作来嘲弄她。格鲁克曼在多纳面前放了一张镜子，再让她做出各种各样的动作。他让多纳微笑、做出愤怒的表情或者捋头发等，多纳欣然同意了。但是，当她看到镜子里的"老太婆"正在模仿她并且嘲笑奚落她的时候，立刻变得不

　　　　　　　　　　　　　　　　　　　　镜子里的陌生人

安和愤怒起来。

对于多纳来说，任何反光的表面都会带来灾难。她的丈夫不愿意让多纳坐车，因为一旦她通过车表面光滑的漆面或者窗户看到那个"丑老太婆"都会马上大发脾气。最终，多纳只得整天足不出户待在家中。但是即便如此也并非高枕无忧。多纳的家装修得现代感十足，布满了玻璃门、镶在墙里的镜子和玻璃柜门的储藏柜。危险潜伏在一切这些地方。多纳从来不进厨房，因为她怕从不锈钢操作台上看到那个擅闯的老女人。她的丈夫将一切他能够发现的反光表面都用厚厚的纸包起来，但总免不了遗漏。

根据格鲁克曼的记述，多纳相信"这个女人闯入她的生活是为了抢夺她的情感和爱"。但是多纳说由于她"不可能"对那个老太婆产生任何好感，她现在开始怨恨她了。这个老女人不仅嘲笑她而且吓唬她。而当格鲁克曼问多纳是否感觉自己有任何不适时，多纳说她一点不适也没有，只要能够把那个女人赶走，她就一切都好了。多纳丈夫的生活也因为她的妄想而变得一样糟糕。没有任何朋友再来拜访他们。他抱怨说，多纳的疯狂使所有的朋友都离他们而去了，他为此痛苦而无助。

医学检查表明，多纳的大脑有一定程度的萎缩，可能处于痴呆的早期，但根据格鲁克曼的记录，多纳的"高级大脑功能几乎完全没有受到影响"。并且，尽管她的大脑存在器质性的损伤，她"能够通过镜子正确理解我所有的手势、面部表情和动作"。格鲁克曼这样写道。但是"没人能够说服她使她相信镜子里她的影像并不是一个真正的人。她永远坚定地断言那绝不是她，而是一个很丑的老女人，这个老女人随时随地跟着她、吓唬她"。

多纳觉得自己被一个很狡猾的人禁锢和跟踪了，她说她不知道这个跟踪她的女人睡在哪儿。根据格鲁克曼的记载，多纳"尝试了无数次，都无法逃脱这个女巫婆的监视"。多纳曾经哀求地问为什么"这个东西"总要嘲弄她。她有时候会用朝着镜子扔东西的方式试图让那个老女人离开，甚至曾经将一整桶水都泼在镜子上，但这个镜子里的女人始终跟随着她，每分每秒。终于，多纳绝望了。格鲁克曼写道："她对生活失去了全部兴趣，整日只是呆坐着发愣。她拒绝进入任何具有反光面的屋子。"

很不幸，多纳的这种迫害妄想正是镜像妄想最常见的形式。神经生物学家和心理学家托德·费恩伯格（Todd Feinberg）曾经对于大脑回路和自我认知之间的联系进行过相似的论述。他曾经在文章中描述过他的一位病人。这位病人是一位老年女性。几年前，她的丈夫被她的奇怪行为吓坏了，因而带她来咨询费恩伯格医生。这位被称作R.D的病人症状与多纳非常相似。R.D曾经是一位虔诚的信徒，更是一位贤妻良母。她的丈夫说，从他们认识以来，她一直温柔谦顺，优雅得体。但最近R.D会忽然一阵一阵地发狂，暴戾而不讲道理。她的丈夫说，最奇怪的是，R.D只在一种情况下会忽然狂躁：那就是当她看到自己在镜子里的影像的时候。每当她瞥到自己的镜像，就会忽然激动地发脾气。她坚信镜子里的她是一个"邪恶的陌生人"，这个邪恶的陌生人不知道什么原因在跟踪她。

费恩伯格刚刚把一个镜子放在R.D面前，她的反应就开始了。比如，有一次在费恩伯格的办公室，R.D对着镜子讲了下面这些话：

"就是她，就是她。对，就是她。"……

"……你听过她的故事吗？嗯？你听过吗？"R.D问费恩伯格。

"……（我）跟她之间有许多矛盾。"

"……她开始用特别难听的名字叫我，她居然叫我'站街的'！（我）再也受不了她了。"

"……她就是个老泼妇。真的，她就是个泼妇。"

这个跟踪者听起来还鬼鬼祟祟的："我从来不知道她的名字。从来不知道！她从来不告诉我她的名字。"

当R.D直接与这个折磨她的镜中人对话时，变得更加愤怒和恐惧：

"你现在就走……回到你自己家里去。你不属于这里。你不住在这里。滚开！"

"……不，不……你不能进来！不，你绝对不能进到我家！"

"……我知道你住在哪儿。"

"……你一无是处……你这个小混蛋……你现在知道你应该去哪儿了吗？你现在应该回家。"

之后，她又转向费恩伯格医生：

"当我们回家的时候，你猜怎么着？我们会……会发现她就等在窗户前。她从窗户里看我，偷听我们在干什么。这样的生活我真的再也没办法过了。"

"……她会在屋里到处走，就在这一片，呆很长时间……所有人都很烦她。"

"……我真的很想打她！我要杀了她。"[8]

我们通常以为多重人格障碍的患者像"三面夏娃"[1]那样。但夏娃的三张面孔和三个人格至少都寄住在同一个身体中。而约兰达、多纳和R.D则不仅创造出了另一个人格，还将这个人格赋予在另一个人的身上。当镜子为他们创造了一个特定的环境——一个只有他们自己能够看到的环境时——这些多重人格就会冒出来。他们在创造这个人格的时候充满了想象力，从剧本到演出都格外生动。事实上，正是这种生动造成了问题：他们创造的这个人格太鲜活了，以至于连整部剧的编剧兼演员兼观众（也就是患者本人）都完全陷入幻觉，以为那是真实的。

镜像妄想病人通常被神经科医生诊断为面容失认症，但现在我们知道，这种诊断是错误的。在精神病学家和临床心理医生看来，这种疾病更像卡普格拉斯综合征（Capgras syndrome）。典型的卡普格拉斯综合征症状是这样的，病人认为一个与自己很亲密的人——比如他的密友、伴侣或者其他亲密的家人——被其他人假冒了。这个冒名顶替的人有着相同的面容和行为，但却完完全全是另一个人。在极端情况下，卡普格拉斯综合征的病人可能觉得不止一个人被假冒了。有时候，甚至所有人都很可疑。

镜像妄想是否符合卡普格拉斯综合征的诊断标准呢？你在镜子中的镜像

---

[1] 译者注：《三面夏娃》（*The Three Faces of Eve*）是根据美国作家薛克本同名作品改编的电影，反映了一名深受人格分裂障碍的妇女在精神科医生帮助下逐渐恢复正常生活。

究竟是不是另外一个人呢？这是一个好问题。如果你认为你在镜子中的像不是你自己，而是其他人，那么究竟它是谁的镜像又有什么分别呢？佛教认为"我"的存在只是一种错觉[1]，而包括镜像妄想在内的所有这些妄想症归根结底是对这种错觉的破坏。在这些病人看来，无论是他们自己还是其他人，身份和边界都是模糊的。

有没有办法在正常人身上建立这种镜像妄想呢？认知心理学家阿曼达·巴妮尔（Amanda Barnier）和她的研究小组决定回答这一问题。她们首先鉴定了八个很容易被外界影响的被试者，然后对他们进行了催眠，在催眠中巴妮尔告诉他们，在他们照镜子的时候会看到一个陌生人。9 "向左看，你会看到一面镜子。"她告诉被试者，"这面镜子其实与正常的镜子几乎完全一样。唯一的区别是：你在镜子里看到的人不再是你，而是一个陌生人。"作为补充，另一些被试者得到的信息稍有区别：研究人员告诉这些被试者，他们将看到一扇窗子，从窗子中他们将会看到一个陌生人。10 所有这些被试者都是精神正常的普通人，他们在实验中看到的也都是普通的平面镜。

我们知道催眠能够使人相信一些不真实的东西。在某种程度上的确如此。但我们也知道催眠的力量是有限的。研究证明，如果愿意，被催眠的人完全能够否认催眠者的暗示或者终止催眠过程。同时，没有证据证明人能够在催眠条件下获得正常情况下无法达到的认知或感觉敏度。11 换句话说，催眠只能在一定限度上改变人的认知。在镜子中看到陌生人超越了这一限度吗？这个问题的答案是否定的。但巴妮尔发现，让被试者接受镜像幻觉其实非常容易。八位被试者中的七位(88%)都确信他们在镜子中看到了陌生人。这七个人都用第三人称称呼他们的镜像。

催眠实验中很重要的问题是确定我们看到的究竟是真实感受还是表演。但是，巴妮尔的一次次实验不断使她确信，这些被试者的确经历了"一种客观存

---

[1] 译者注：无我，即对于"我"的否定，是佛教的根本思想之一。

　　　　　　　　　　　　　　　　　　　　　　　　　　镜子里的陌生人

在的真实幻觉"。比如，她这样描述她的一位被试者：这位被试者"在刚开始看到镜子里的人像时表现出惊奇，从他的表现看来，他的确相信他看到了一个陌生人。他甚至还不断回头往自己的身后看，试图找到那个人是不是藏在屋子的某处"。以下是这位被试者与研究人员的部分对话：

催眠者：告诉我，你看到了什么？

被试者：（看向镜子，然后转头看向自己身后。）这是谁？

催眠者：告诉我你看到了什么。

被试者：他穿着一件紫色的T恤衫，他有一个大鼻子，脖子上有个瘊子……他的头发是卷曲的短发，他的眼睛是棕色的，头发也是棕色的。

催眠者：你以前见过这个人吗？

被试者：没有。

催眠者：这个人让你想起什么人吗？

被试者：我觉得我好像以前在上学的时候见过他……他好像比我低一年级。

催眠者：你觉得他叫什么名字？

被试者：安东尼（被试者不叫安东尼）。

催眠者：你觉得这个人跟你哪里长得像吗？

被试者：我们头发的颜色一样。

催眠者：这个人跟你哪里长得不一样？

被试者：眼睛的颜色不一样。我觉得我的鼻子比他更小一点……嘴唇更大一点……我的雀斑比他多。

催眠者：他在干什么？

被试者：他也在看着镜子。但是我不知道他在哪儿。（被试者看向自己身后，并环视整间屋子。）

催眠者：他做了什么或者说了什么吗？

被试者：他只是看着我。他说了些什么，但是我听不懂。

为了测试幻觉的真实程度，催眠者问被试者，一个另外的观察者能不能将他和镜子里/窗外的人区分开。大多数被试者都说，这太简单了，只要比较一下他们的特征，每个人都能够看出来他们的区别。还有一些被试者说："人们就是能分出来，不为什么。"然而所有的被试者都不喜欢这个催眠过程。83%的被试者表示这个过程非常奇怪或者不舒服。"我觉得那个人是个白痴。"一个被试者说，"他就一直从那个镜子里的角落里盯着我……我只想让他赶快离开。"

换句话说，在催眠过程中，被试者的经历与真实的镜像妄想病人没什么区别。先别急着质疑我，短暂的催眠状态与根深蒂固的心理学幻觉之间无疑有着天壤之别。但是我想说的是，对于我们所有人，客观存在的"个人身份"比我们想象的要脆弱得多。哲学家祁克果（Kierkegaard）曾经说过："失去自我是这个世界上最可怕的灾难，但它可能悄无声息，仿佛什么都没有发生一样。如果我们失去一只手臂、一条腿、五块钱或者自己的妻子……都一定会注意到，但失去自我却是如此无声无息。"[12] 自我既模糊又虚无，如同幽灵一般。失去一个幽灵又怎么可能知道呢？

任何一种幻觉本质上都是对自我和身份边界的挑战。比如，一些患有夸大妄想的人会觉得自己是耶稣或者英国国王，这些人对于自己是谁或不是谁失去了判断。而镜像妄想则在此基础上对自我身份认同发起了挑战。当你认为镜子中的你是一个陌生人时，你和他人之间的界限究竟在哪里呢？更进一步，从何时开始，你对镜子中的你产生了厌恶感呢？

与自己想象中的伙伴和平共处和与自己和平共处没什么两样。你可能这一刻喜欢自己，而下一刻就不喜欢了。我们每个人内心深处都有自己的小恶魔，尽管我们希望他们不存在，却仍要与之不断抗争。只是对于一些人来说，这些小恶魔变得立体起来了。是什么使得他们头脑中的幻象变得如此清晰、真实，以至于呈现为视觉现实了呢？我们并不清楚。但至少我们已经知道，在逼真的想象与幻觉之间有着一片广阔的灰色地带，从正常到异常的跨越总是不知不觉，悄无声息。

8. 两个身体一个人 ——
如果你有一个双胞胎兄弟 / 姐妹会如何?

由于洞悉彼此的想法, 他们甚至连争吵都不需要讲出来。

——布鲁斯·查特林 (Bruce Chatwin)《黑山上》(*On the Black Hill*)

镜面妄想症的病人会将镜子中的自己当成别人。而还有一些人则恰恰相反: 他们会将其他人当成另一个自己。而且对于其中的一小群人, 这并非只是妄想。他们真的会面对一个长得和他们极度相似的有血有肉的人。

让我们先来看看芭芭拉·赫伯特 (Barbara Herbert) 的故事。芭芭拉生于伦敦北部工薪阶层社区中一个不起眼的家庭里。她的爸爸是一个公共公园的管理员, 妈妈则在她还在上学时就去世了。而立之年的芭芭拉需要复印一份自己的出生证明来办理养老保险, 但出生记录保存部门的办事员最开始却找不到任何一个叫芭芭拉的人的记录。最终, 她终于翻到一份文件, 这份文件是一个叫作格达·芭芭拉·雅各布森 (Gerda Barbara Jacobson) 的出生证明, 她与芭芭拉在同一天于同一个医院出生, 而格达的母亲是一位叫作海伦娜·雅各布森 (Helena Jacobson) 的芬兰女性。经过深入调查, 芭芭拉发现格达被赫伯特家族收养了。原来自己是被收养的, 这一事实让芭芭拉震惊不已。

当芭芭拉终于拿到自己的出生证明后, 又发现了一件更加令她吃惊的事。在她的出生证明上, 接生医生潦草地写下了她出生的精确时间。在英国, 只有在需要区分双胞胎时才会这样做。在芭芭拉的全力调查下，她发现自己居然有一个双胞胎姐妹，而且是同卵双胞胎姐妹。海伦娜·雅各布森当时产下一对同卵双胞胎，然后立刻放弃了两个婴儿的抚养权，两个女婴最终分别被两个不同的家庭收养。芭芭拉没有想到，自己走进出生记录办公室的时候只是为了办理养老保险，而走出来的时候却知道了自己的身世之谜，以及孪生姐妹的身世之谜。

芭芭拉决定想办法了解更多有关她孪生姐妹的事儿。她先是在报纸上发布寻人启事，但得到的回复都没有什么用。然后她又向法庭申请调阅自己孪生姐妹达芙妮的收养手续。但是法庭拒绝了，其根据是一份防止亲生母亲在收养后再次寻找子女的法律文书。芭芭拉雇佣律师申诉了很长时间，希望法庭能够为她破例一次，因为这一法律对于芭芭拉的案子并不适用。最终，出生登记部门的长官做出了让步：他不能让芭芭拉看收养手续文件，但他愿意帮助芭芭拉找到她的孪生姐妹并告诉她芭芭拉在寻找她。他问芭芭拉是否做好与自己孪生姐妹见面的准备，芭芭拉说是的。于是他联系了达芙妮的养父母，达芙妮的养父母又将这一消息告诉了达芙妮。听到这个消息，达芙妮也同意与芭芭拉见面。她们决定在伦敦国王十字火车站相见。就这样，在芭芭拉和达芙妮都步入中年之时，她们终于见到了对方。

这次重逢最初有些尴尬。两个人没有相互握手、拥抱，甚至在看过第一眼后都不愿意再看向对方。两个人都觉得这个场景非常怪异。不管用什么标准评判，芭芭拉和达芙妮都是完全的陌生人，然而从生物学的角度看，她们却是最亲近的两个人。芭芭拉和达芙妮在相逢的最初都手足无措，但很快这种不知所措就被惊异代替了。她们相互握手，两人同样形状的小指勾在一起。然后她们开始更加仔细地观察对方。这种感觉就好像照镜子，但是，即便提前知道你将看到的是自己的孪生姐妹，但当真看到面前站着一个长得与你极其相似的陌生人时依旧会有一种诡异的感觉。她们互相看看彼此的穿着：她们居然都穿着米色的小礼服裙和棕色的天鹅绒夹克。

外表的相似只是开始。随着时间的流逝，这对孪生姐妹发现她们都喜欢喝冰镇黑咖啡，喜欢同一种颜色(淡紫色)，喜欢同一个演员(布拉德·皮特，Brad Pitt)，还喜欢读同一本书。她们也害怕相同的东西，包括恐高、害怕摔下台阶、晕血等。她们大笑的方式也很类似，都持久而爽朗。[明尼苏达大学的心理学家大卫·莱肯(David Lykken)曾经对双胞胎进行过研究，芭芭拉和达芙妮都参与其中，莱肯管她们叫作"憨笑姐妹"]。她们都想成为歌剧家，虽然事实上两个人都五音不全。

芭芭拉和达芙妮的收养家庭完全不同。芭芭拉生长在工薪阶层环境中，而达芙妮则成长于中产阶级家庭，在私立学校上学，并经常出国旅游。但他们的生活轨迹却惊人地相似。两个女孩都在14岁时离开了学校；在她们16岁时，各自在市政厅舞会上遇到了自己未来的丈夫。两个人曾经在同一个月流产，最终也都成为两个男孩和一个女孩的母亲，连三个孩子出生的性别顺序都一样。她们15岁时都曾从楼梯上跌落过。当明尼苏达大学的研究人员调查两人的政治观点时，发现两个人一生都只投过一次票，也都是在她们做监票员的时候投的。两人的智商也几乎一样——她们的智商测试成绩只差1分。[1]

据估算，全世界大约有300对同卵双胞胎的成长经历与芭芭拉和达芙妮相似：他们在不同环境下成长，长大后再重逢。[2] 目前为止关于这些双胞胎最完备的信息记录来自于明尼苏达大学对分开养育双胞胎的研究（Minnesota Study of Twins Reared Apart, MSTRA），这一研究由心理学家托马斯·鲍查得（Thomas Bouchard）于1979年启动，是明尼苏达双胞胎家庭研究课题的一个子项目。从1979年开始，这个研究课题调查了200多对分开养育的双胞胎。研究人员对每一对双胞胎都进行了长达一周的调研，包含大量心理学访谈和生理学测试。这项研究得出的一个引人瞩目的结论是：尽管不是每一对双胞胎都像芭芭拉和达芙妮这样相似，但许多分开养育的双胞胎都十分相似。鲍查得和他的研究小组曾记录过大量异乎寻常的相似事件，他们用一个不太学术但十分形象的词称呼这些相似事件——"冥冥中的巧合"。事实上，正是在遇到一对最具"冥冥中的巧合"的双胞胎后，鲍查得开始了MSTRA的研究课题，这对双胞胎现在被研究人员称为"孪生吉姆（Jim twins）"。[3]

吉姆·施普林格（Jim Springer）和吉姆·路易（Jim Lewis）是一对孪生兄弟，但在出生后立即被不同家庭收养。据一位法院的工作人员回忆，当时，施普林格一家将自己领养的小孩叫作吉姆，而几天之后，路易一家在完全不知情的情况下将自己领养的小孩也叫作吉姆。这位工作人员说，当他发现这一巧合时完全吓傻了。两家人都知道自己领养的男孩有一个孪生兄弟，但他们也都以为另一个小孩在生产时已经不幸夭折了。施普林格一家一直以来都相信这种说法，而路易一家则在很早就碾转得知自己儿子的孪生兄弟依然活着，并将这个信息告诉给了吉姆·路易。随着吉姆·路易渐渐长大，他对于自己的孪生兄弟也越来越好奇，但他却说他并不想去找他的兄弟，因为"害怕这可能会造成一些问题"。[4] 直到1979年，39岁的吉姆·路易终于觉得是时候了。他首先与最初的收养法庭进行了联系。与芭芭拉·赫伯特不同，他在一个多月后就拿到了他需要的信息。吉姆·路易发现，吉姆·施普林格是一位书记员，生活在俄亥俄州代顿市，距离自己的家乡莱马市只有不到100英里约160千米。两人联系后，决定在施普林格的家中碰面。

与芭芭拉和达芙妮的情形类似，两位吉姆对于此次会面都十分紧张。路易迟到了，因为他在中途停下"灌了杯啤酒"来"唤醒自己的勇气"。[5] 施普林格则在等待的时候一根接一根地抽烟，他甚至开始怀疑路易是不是为了骗钱或者获得肾脏移植而来，他的妻子一直陪伴着他。然而，当路易走进门的时候，所有等待时的尴尬一扫而空。施普林格对采访者回忆当时的情形时说："路易与我握手，我们盯着对方看了几秒，然后同时大笑起来。"路易则补充说，那种感觉就好像他们一直就认识对方一样，"我从一开始就觉得与他十分亲近，一点都不像陌生人。"[6]

孪生吉姆之间的相似程度在双胞胎研究中是传奇一般的存在。从生物学角度讲，他们两人几乎一模一样：两人都大约180磅重，都在同一段时间里体重不知不觉地增加了10磅，也都在另一段相同的时间不知不觉地减少了10磅。他们被相同的疾病困扰：首先是偏头疼——18岁时开始发病，症状几乎完全相同；

之后又同时患上高血压——血压值完全一样，他们还都经历过两次心脏病发作；他们都患有痔疮，同一只眼睛患有弱视。

两个吉姆有着一系列相似的爱好、兴趣以及行为。比如，两人都喜欢喝米勒淡啤，也喜欢一根接一根地抽沙龙烟；他们都在自己后院围着一棵树桩修建了一圈白色长凳；他们都喜欢改装车大赛，都不喜欢棒球。两个人都曾经兼职做过副警，都在麦当劳干过，也都做过加油站的服务员。他们都喜欢在房子的各个地方留下写着夫妻情话的小纸条，也都有重度的咬指甲癖。当鲍查得在MSTRA项目中对孪生吉姆进行采访时，他说两个人的许多肢体动作都相似到无法区分：他们坐在椅子上的姿势、握手的方式以及他们表达观点时常常使用的手势和动作。

孪生吉姆在MSTRA项目中的心理测试中得分近乎一致。"其中一项测试对他们的个性进行了评估，包括容忍力、服从性、灵活性、自我控制、社会性等。（孪生吉姆的）分数十分接近，就好像同一个人进行了两次测试后取得的分数。"鲍查得在报告中写道。[7] 他们的IQ成绩也几乎完全一致。

最初，有一些评论认为鲍查得和他的研究小组夸大了孪生吉姆之间的相似程度。这些科学家不一定成心要说谎，但有没有可能陷入了科研中最常见的偏见陷阱，只看到了他们想看到的呢？要知道，人类天生就善于搜寻支持自己想法的证据，而忽略那些不支持自己想法的事实。心理学家将这种现象叫作"确认偏误（the confirmation bias）"。批评者们认为，也许鲍查得的研究小组只是努力寻找两个吉姆之间的相似之处，而忽略了他们之间的不同之处。除此之外，还有其他一些批评声音。其中之一是认为两个吉姆之间的相似性都是与特定的遗传性状联系的；还有人认为，尽管两个吉姆成长在不同的家庭，他们所在的社会环境并没有很大的区别，这一点与芭芭拉和达芙妮的情况很不相同。

但是即便如此，还是有一些非常玄妙的巧合让人无法解释。比如，他们都与一个叫作琳达的女孩结婚而后离婚，然后又再娶了一个叫作巴蒂的女孩。路易给他的大儿子取名詹姆斯·阿兰（James Alan），而施普林格也给自己的大儿子取了同样的名字。两个吉姆小的时候都养过狗，也都给狗取名托伊。两人长大后都在弗罗里达州圣彼得堡附近的同一片只有短短的 300 码的海滩度过假，甚至是开着同一款雪佛兰去的。随着调查的加深，这个清单还在加长。一些相似点甚至听起来有些荒谬，比如两个人的收养家庭都有另一个叫作拉瑞的兄弟。[8] 许多怀疑者在听到这些巧合后终于认输了。

除了孪生吉姆之外，明尼苏达的研究人员还发现了其他具有许多相似点的双胞胎对。许多双胞胎之间的相似点都十分独特。一对双胞胎共有的相似之处通常也是他们与其他人区别最大的地方。比如，在明尼苏达研究人员调查过的超过 200 对双胞胎中，只有：两个"爱狗人士"——一个训狗师和一个狗展参赛者。两个人害怕关上门的隔音生理实验室；除非保持隔音生理实验室的门一直开着，否则他们就拒绝进入这间实验室。两个时尚设计师。两个消防队长。两个结过五次婚的人。

然后呢，你猜怎么着？每一对这样具有独特相似性的两个人都是分开养育的双胞胎。研究人员一次又一次地震惊于采访和测试中这样"独一无二的相似、闻所未闻的巧合以及违背常理的发现""我们没有做好心理准备面对自己的研究发现。"鲍查得说。他接着又说，甚至当一对双胞胎之间出现不同时，通常那些不同"顶多像是同一个主题曲的不同变奏"。[9]

有没有可能这些巧合都是统计学上随机出现的异常值呢？双胞胎研究专家彼得·沃森（Peter Watson）计算了在明尼苏达双生子实验中出现的一些相似点在人群中偶然出现的概率。[10] 比如，他计算了芭芭拉和达芙妮共有的五个很有特点的相似点（在第一次见面时穿了同一件连衣裙；喜欢冰镇黑咖啡；喜欢伏特加；恐高；在 15 岁时曾从高处跌下）在群体中偶然出现的概率。即便在矫正了可能的混淆因子（比如，相同的生理学缺陷可能造成多个相似性）后，沃森得出结论：在正常人群中，这五个相似点同时出现的概率是 0.000000150；或者说，670 万人中才会出现一对。如果我们将孪生吉姆和其他双胞胎对之间的相似点也计算在内的话，这个比例将变得更加惊人。

我们可能永远不知道芭芭拉和达芙妮之间、孪生吉姆之间以及其他许多对分开养育的双胞胎之间的相似性中有多少是来源于他们的基因，又有多少是来源于他们的生长环境。这一先天-后天的问题很难有确切无误的答案。我们当然也很难确定这些相似性中哪些是随机出现的，而又有哪些是宿命般的存在。但是这些问题对于这些MSTRA课题研究人员的意义远大于重聚的双胞胎的意义。对于这些双胞胎而言，他们遇到了与自己几乎完全一样的人，才是最重要的。从这一刻开始，他们的生命轨迹无疑完全改变了。

有一个同卵双胞胎兄弟／姐妹是一种什么感觉呢？首先你会有一些切实的好处。阿比盖尔·帕格瑞宾（Abigail Pagrebin）是《我与另一个我》（*One and the Same*）一书的作者，她非常享受与自己的孪生姐妹罗宾之间的默契配合。她在书中写道："当罗宾生病的时候，我可以假扮成她……在紧要关头我们能够借用彼此的护照。"阿比盖尔还描述了更多平日里的小优势。比如，她能够容易地骗过罗宾公寓楼的看门人。"我走过去的时候他只是冲我点点头，从来没有问过我为什么要进入别人家。"[11]

如果一对双胞胎中的一个人喜欢做一件事儿而另一个人不喜欢呢？双胞胎在这件事情上也有得天独厚的优势。比如黛布拉·甘茨（Debra Ganz）和丽萨·甘茨（Lisa Ganz）这对双胞胎就开发出一套买衣服的独特方法。黛布拉说她非常不喜欢逛商场，而丽萨则刚好相反，对于购物享受其中。因此，丽萨成为两个人的"购物代表"。"所有的衣服我都买两份。"她告诉帕格瑞宾，"但黛布拉不会跟我一起来。因此如果商店里某件衣服没有两套，我就不会买。我会走进商店说：'我们能试一下这件衣服吗？'然后我能看出导购小姐惊讶地四处张望，好像在说'你在说谁？你们在哪里？'因为站在那儿的只有我一个人。"而黛布拉也对此非常满意："我已经12年没有自己买过衣服了。"[12]

双胞胎们说，他们会充当彼此的替身出席对方不想出席的场合，可以替对方点名签到，或者制造同时出现在两个地方的假象。我遇到过的一对双胞胎哈里特·戈德法布（Harriet Goldfarb）和格蒂·戈德法布（Gertie Goldfarb）曾经笑着告诉我说他们曾经偷偷分担一份工作长达15年之久。他们说，这是为全家赚钱的最好方式，因为他们可以在任何时间换工。在帕格瑞宾的书中，她将自己的孪生姐妹罗宾称为"我的备份"，"她跟我有一样的血型，是我最佳的骨髓配型，更是我的特技替身"。[13] 作为双胞胎，你有一个随叫随到的器官捐献供体。

很明显，双胞胎具有这些切实的优势。但是，对于大部分双胞胎来说，这些只是人生这部大乐曲上小小的修饰符。有一个孪生兄弟/姐妹会改变你的全部生命感受，为你的生命涂上截然不同的另一种色彩。当你让双胞胎来描述这些更本源的体会时，他们主要集中在这样几点上：

第一，他们会说，你的双生兄弟/姐妹很有可能会是你这辈子最亲近的人。这对于一起长大的双胞胎来说并没有什么奇怪的，毕竟他们在几乎整个生命里都相互陪伴。但是对于分开养育、后来又重新团聚的双胞胎来说，这一点通常也是成立的。鲍查得和他的研究小组调查了65对分开养育的双胞胎，询问他们对于重聚的孪生兄弟/姐妹的亲近感。接近70%的被调查者都说，感觉与自己的兄弟/姐妹"比最好的朋友还要亲近"。与此相比，只有27%的人认为与他们共同长大的收养家庭的兄弟/姐妹"比最好的朋友还要亲近"。[14] 双胞胎们通常用非常强烈的词语描述他们之间的亲近感，比如，蒂基·巴伯（Tiki Barber）认为自己与自己的孪生兄弟之间的关系是"这个世界上能够存在的最强的那种"。[15]

第二，获得这种极端亲近感也是要付出一定代价的。无论是一起长大还是分开养育的双胞胎都称，与孪生兄弟/姐妹之间的这种亲密关系阻碍了他们与其他人形成亲密关系。婚姻可能是其中最大的一个问题。"当你与双胞胎中其中之一结婚时，无论你是否愿意、是否承认，你其实也与另一个结婚了。"巴伯告诉帕格瑞宾。这对于另一半来说并不是一件小事。51岁的山姆·萨拉特（Sam Zarante）有一个孪生兄弟，他这样说："有一个孪生兄弟让我感觉仿佛已经结过一次婚了。但是我的未婚妻玛丽并不理解我作为双胞胎的感受。她认为我与我的孪生兄弟大卫走得太近了。"萨拉特的感觉也许是对的。巴伯相信，大部分双胞胎之间的联系"比婚姻更紧密"，包括他和他的孪生兄弟之间。他说："毫无疑问，我与罗德（他的孪生兄弟）更亲密，而且这永远不会变。"尽管没有人系统性地调查过双胞胎的离婚率，但很多人都提到他们的双胞胎身份给婚姻带来的影

镜子里的陌生人

响。至少，很多人都指出，他们的另一半需要清楚地知道他或者她将要面对的是什么。"双胞胎的身份造成的很多离婚都是因为另一半不能理解双胞胎之间的亲密性。"另一个双胞胎珊迪·米勒（Sandy Miller）说。[16]

第三，双胞胎之间的竞争也是困扰很多双胞胎的负担。很多双胞胎都经历过与自己的兄弟/姐妹之间的争斗和竞争。如果你是双胞胎，那么竞争将伴随你一生。比如，双胞胎卡洛琳·保尔（Caroline Paul）谈起过她与孪生姐妹之间的竞争所带来的长期效应。"单独出生的人身边不会一直有一个比例尺。"她告诉帕格瑞宾，"但是双胞胎的身边一直有。因此，要么你永远不要站在他/她身边，并且跟他/她过完全不一样的生活，要么，如果你站在他/她身边，就要确定你和他/她一样优秀。"[17] 保尔在自己的备忘录中写道："你的身边永远并排走着一个'你本来有可能成为的人'。"[18]

对于分开养育、后天重聚的双胞胎来说，相互之间的比较和竞争更是在见面的一瞬间立即出现。很多人说，与自己的孪生兄弟/姐妹的第一次见面仿佛站在一面镜子前，看自己原本有可能成为的样子。双胞胎姊妹伊利斯·施恩（Elyse Schein）和宝拉·伯恩斯坦（Paula Bernstein）在35岁时第一次见面。"想象一下，一个稍微有点不一样的你穿过屋子走过来，看着你的眼睛，用跟你一样的声音说'嗨'。"她们在共同撰写的书《相似的陌生人》（Identical Strangers）中这样描述，"看着面前这个人，你就好像凝视你自己的眼睛，并从外面审视自己。这个人与你有着一样的DNA，就如同你的复制品一样……你很难不去想象面前的她拥有了什么、做到了什么，你是不是比得上她"。[19]

最后一点，也是最根本的：个性化和独特性。"我见过许多双胞胎，无论同卵双胞胎还是异卵双胞胎，建立能够使自己与孪生兄弟/姐妹区分开的个性化的东西是极为困难的。"阿比盖尔·帕格瑞宾说。她说她自己就是一个典型的例子，"对我来说，在曼哈顿街头每周被错认成罗宾一两次简直太正常不过了。而这些事儿时时刻刻都在提醒我：我是另一个人的复制品。这意味着什么呢？这个世界上真的有两个我吗？而我活着的目的就是为了模仿或者复制另一个人吗？当人们遇到双胞胎时，总是关注外表上的相似，但他们并不一定知道，这种近乎于相同的相似性更是从里到外地改变了一个人的自我认知"。帕格瑞宾说："它让你分不清自己是谁。当你长得像另外一个人，并且与他共同生活、一起长大，当所有人都认为你们是相似的，将你们相互对比，你将越来越觉得你是不是一个人，还是两个人。"[20] 可能就是因为这个原因吧，当帕格瑞宾将她与孪生姐姐的经历写成书时，为书取名《我与另一个我》（One and the Same）。

当一个人的唯一性受到如此强烈的挑战时，他或者她对于"我"这一概念的认知将会如何变化呢？找到一个与自己相似的人是不是对自己自我意识的一种认可？它能不能帮助缓解唯一性的副产物——孤独感和孤立感？还是说，它会使得你对于自身价值产生怀疑？让你以为自己是多余的？这些是所有同卵双胞胎需要面对的问题。对于分开养育、后天重聚的双胞胎而言，这些问题则显得更加尖锐。

以他人为镜审视自己"可能是最自恋的一种情形"。劳伦斯·赖特（Lawrence Wright）如是说。他在他的著作《我是谁？双胞胎告诉你》（Twins: And What They Tell Us about Who We Are）一书中广泛调查了许多双胞胎的人生经历。"站在一个几乎是自己的人身边并且真切地看着他，与这个与自己有着相同物理组成的另一个人对话，他带给你的感受正如同你带给别人的一样。"这是什么感觉？赖特用优美的文字形容这种感受：

毫无疑问，发现另一个独一无二的人能够理解你，在你还没有说出自己想法的时候就预料到你要说什么，这自然会让人欣喜若狂……但是同时，看到自己的复刻版也是对于"我是谁"这一问题的终极拷问……在见过另一种自己可能存在的样子后，真正吸引你注意力的将会是这些存在方式之间的不同。这也许是一个人得以保存自己独立性和自我唯一性的方式之一吧……但是，在你身上总有一部分是你最为珍视和欣赏的。对于这一部分，你一方面希望你的双胞胎兄弟/姐妹能够与你完全相同、毫无二致；而另一方面又会为此饱受折磨，你会觉得自己被这种相似性淹没，几乎要窒息而亡。每发现一点这样的相似，你自己的独特性就被擦去一些。[21]

了解了所有这一切后，你觉得有一个双胞胎兄弟/姐妹究竟是增加了还是降低了一个人的生活质量呢？究竟是利大于弊还是弊大于利？无论是双胞胎们自己还是双胞胎问题的研究人员都很难对这些问题给出统一的答案。我想，也许这些问题就没有标准答案。就如同所有有关幸福的问题一样，答案很大程度上取决于一个人自身的性格以及他所处的环境。美国情景喜剧《宋飞传》(Seinfeld) 中曾有这样一集，杰瑞交往的女朋友与自己有着完全一样的行为习惯和处事方式。最初，杰瑞觉得这就是他命中注定的另一半。"难以置信，她简直跟我太像了。"杰瑞说，"她说话的样子、走路的样子、做事情的样子全都像我。"但没过多久这种相似就开始让他抓狂："我痛恨面对自己，我需要一个跟我完全不一样的人。"那么究竟有一个双胞胎兄弟／姐妹是一件好事还是坏事？这个问题的答案最终可能要归结到杰瑞在剧中问的一个问题：你喜欢你自己吗？

9. 分身的艺术

"嘀咚。"特伟丹说。

"嘀咚，嘀咚！"特伟特喊道。

——刘易斯·卡罗尔（Lewis Carroll）《爱丽丝镜中奇遇》（*Through the Looking Glass*）

同卵双胞胎并非唯一能够"看到自己"的人，比如一位叫作亚历山德拉的女患者也可以。亚历山德拉（Alexandra）是一位18岁的希腊姑娘，她的心理治疗师乔治·尼科斯·赫里斯托祖（George Nikos Christodoulou）在《美国心理学杂志》（*The American Journal of Psychiatry*）上撰文详细记述了她的情况。[1] 亚历山德拉的心理情况一直以来都没有什么异常。人们评价说她"保守、敏感、倔强固执、信仰虔诚"。她与她的母亲、父亲以及三个兄弟姐妹之间也一直维系着较好的关系。诚然，亚历山德拉在某些与人交往方面存在一些"错认"的问题，有时候这些问题还会导致错误的记忆。比如她觉得自己认识某个人，但事实并非如此，诸如此类。但除此之外，亚历山德拉看起来一切正常。

她的问题出现在1年之前，在一次严重高烧之后，亚历山德拉开始失眠、抑郁、焦虑，对于自己身边的亲朋好友也开始充满痛苦的矛盾心态。她还声称有一个跟自己长得一模一样的替身在跟着她。她说，这个不怀好意的家伙是她的女邻居。她的邻居运用了高科技——包括特殊的化妆术、假发以及面具——

把自己装扮得和她一模一样。她有着"跟我一样的面容、身材，穿一样的衣服，一切都一样"。在亚历山德拉眼中，她的女邻居已经变身成自己的样子。

亚历山德拉在给父亲的信中描述了这个折磨自己的人："这儿有一个跟我高矮胖瘦都一模一样的姑娘。一到晚上，当所有人都睡着的时候，她就会戴上假发和面具四处流窜、偷窃，以此栽赃给我。有一天夜里我爬起来亲眼看到她了。但是很可惜我当时有些迷糊，不然真应该跑到窗前跟所有人说'看啊，这是我，那个人是带着假发和面具的我的替身'。"

在住院期间，亚历山德拉开始看到许多个自己的替身。"她坚持说至少看到两个女患者变身成了她。"亚历山德拉的心理医生说。自此，亚历山德拉的情绪开始非常不稳定。在之后的日子里，她开始焦虑、易怒，甚至会动手去打她认为是自己替身的人。有一次，她忽然拽住一个替身的头发(实际上，那只是一个茫然无助不知所措的女患者)。当这位替身逃跑时，亚历山德拉请求自己的医生帮她抓住这个冒充者，然后摘掉她的面具将她的真实面目揭露出来。临床上的干预——包括心理治疗、药物、电击疗法等都只能短期缓解她的症状。最终，亚历山德拉只能长期待在医院里。

亚历山德拉患上了一种叫作"主体替身综合征（subjective double syndrome）"的疾病，这种疾病通常被认为是卡普格拉斯综合征的一种。卡普格拉斯综合征首先由法国心理学家简·玛丽·约瑟夫·卡普格拉斯（Jean Marie Joseph Capgras）报道并以他的名字命名。事实上，主体替身综合征可能正是约瑟夫·卡普格拉斯在最初的报道中描述的症状。他管这种疾病叫作"替身症状（phenomene de sosies）"。在法语中，sosie一词的意思正是"相似"或者"替身"的意思，常用来形容同卵双胞胎。

这种疾病非常罕见。心理学家乔伊斯·卡曼尼兹（Joyce Kamanitz）和她的研究小组发现，1900年~1989年之间，对于替身幻觉的记录只有20例。[2]我自己也对此进行了搜索，又找到了10例左右（根据判断标准不同，数量可能有所出入）。这些案例中的症状通常都极具特点。

一名23岁的年轻女性认为自己的替身是一个犯罪集团的女老大。

一位女歌手认为自己的替身是意大利公主。

一名50岁的女性认为与丈夫同床共枕的是自己的替身。

一名32岁的女性认为有一名冒充者在家乡替代了她，还有其他八个冒充她家人的替身分散于其他城市里。

一名41岁的女性认为自己有许多个替身，包括自己的儿子、丈夫和神父，这些人都冒充她从银行里取钱。

一名53岁的女性认为自己、自己的丈夫、邻居都有替身，替身最多的是她的女儿，具有两千个替身。

一名32岁的女性坚信自己的一名替身已经做好准备要当美国总统，而另一名替身则在医院里到处进行虐待性的性行为。

我们并不清楚这些幻觉和妄想中究竟有多少来源于原发的大脑损伤，又有多少来源于心理问题，我们只知道这些现象绝非正常。

替身综合征引发了许多作家和其他艺术家的想象，在他们的笔下，这种症状通常被叫作"分身鬼魅（doppelganger）"。这是由两个德语单词"替身（doppel）"和"行走的人（ganger）"组合而成的。从歌德（Goethe）到奥斯卡·王尔德（Osca Wilde），从菲利普·罗斯（Philip Roth）[1] 到麦克·梅尔斯（Mike Myers）[2]，他们都曾在自己创造或者塑造过的人物中运用过这一概念，而那些具有"分身鬼魅"的人物通常都是反派。

埃德加·爱伦·坡（Edgar Allan Poe）在1839年所写的短篇小说《威廉·威尔森》（*William Wilson*）可能是直接描写替身经历的第一篇文学作品。小说的主角威廉·威尔森的童年一直无忧无虑，直到他的学校忽然出现了一个新同学。这个新来的男孩很快成为威廉的敌人，因为他无论在教室里还是操场上都

---

[1] 参见他于1993年创作的小说《夏洛克行动》（*Operation Shylock*）。

[2] 参见电影《王牌大贱谍》（*Austin Powers*）。他在其中饰演特工奥斯汀（Austin），他最大的敌人是邪恶博士（Dr. Evil）和帮凶迷你迷（mini-Me）。

处处与威廉作对。但是这个故事真正恐怖的地方在于，这个新同学长得与威廉很像。更糟的是，他们还叫同一个名字，同一天注册上学，甚至是同一天出生的（1月19日，正好也是爱伦·坡的生日）。随着日子一天天过去，他的新敌人开始模仿威廉的样子，他开始跟威廉穿一样的衣服，说一样的话。一天晚上，威廉潜入这个人的房间，惊恐地发现他的脸居然变得跟自己一模一样了。

根据威廉所述，这个新同学是他的替身。"他的一言一行，都对我模仿得神形毕肖，他演得真是太好了。穿衣打扮可以轻松模仿，步态举止学起来也不费劲；尽管他的嗓子天生有缺陷，可他还要模仿我的声音。当然，我的高声大嗓他没试着模仿，但语调上却学得一模一样，他发出的那种独一无二的低语，成了我话语的回声。"这个替身为威廉带来了无穷的灾难。无论威廉去哪里他都会尾随着他，对威廉做的一切事情都进行破坏。因为这个替身的存在，威廉的生活陷入了深深的泥潭无法自拔，最终，"这些无法言说的不幸"使威廉"犯下不可宽恕的罪行"。[3]

我想，亚历山德拉和威廉的内心一定是共鸣的。

陀思妥耶夫斯基（Dostoyevsky）在他的短篇小说《双重人格》（*The Double*）中将人们对"替身"这一概念的思考带到了新的高度。爱伦·坡小说的结尾非常简单，威廉·威尔森最终在监狱中孤独终老，但至少他仍然能够将自己的经历记录成书。陀思妥耶夫斯基的小说则更加深入地展现了替身妄想症背后的病理层面。《双重人格》这本书的主人公叫作雅科夫·彼得罗维奇·戈利亚德金（Yakov Petrovitch Golyadkin），是一名在政府部门工作的小公务员。他性格怯懦，又有些神经质，时而武断自大，时而瞻前顾后。以现在的目光看来，戈利亚德金的行为很像精神分裂症的症状。

小说开头描写了一天早晨，戈利亚德金正对着镜子端详自己的样子。他"很显然对于自己镜子里的样子十分满意"。但好景不长，这天晚上，他看到一个男人。当男人走近后，戈利亚德金发现这个男人跟自己穿着一样的衣服，也用一样好奇的目光打量着自己。戈利亚德金叫住这个男人，但当他向他走过来时，戈利亚德金忽然害怕起来，向家里跑去。快要到家的时候，他瞥到那个男人也向同样的方向跑过来。戈利亚德金偷偷跟上这个陌生男人，却惊恐地发现陌生男人走进了戈利亚德金自己的房子，爬上楼梯，走进他的公寓，坐在他的床上。这个陌生男人微笑地看着戈利亚德金，就像看着一位老朋友。这是戈利亚德金第一次与他的"暗夜替身"见面。陀思妥耶夫斯基写道："那就是戈利亚德金，另一个戈利亚德金，与第一个戈利亚德金完全一样。"戈利亚德金吓坏了。"他头皮发麻，跌坐在椅子上，吓昏了过去。"

第二天一早，戈利亚德金从昏睡中醒来，怀疑自己前一天晚上看到的也许是哪个看不惯他的人对他的恶作剧。但是，当戈利亚德金来上班后，却发现那个跟自己一模一样的男人正"若无其事地"坐在他对面。在陀思妥耶夫斯基笔下，这个男人"是另一个戈利亚德金，就像戈利亚德金的复制品——相同的身高身材、穿着打扮，甚至连衣服上的补丁都一模一样。简而言之，这两个人没有一点区别。如果让他们俩并排站立，没有任何人能够分出来谁是真的戈利亚德金，谁又是那个替身"。[4] 这个陌生男人说自己叫小戈利亚德金，刚刚搬到这里来。随着时间流逝，小戈利亚德金一点点渗透并改变着大戈利亚德金的生活。这种改变起初有好有坏，但渐渐变得越来越糟。终于，大戈利亚德金只有无助地看着他的替身辱骂自己的同事，以自己的名字欠了一屁股债，还为所欲为地破坏他本来就岌岌可危的名声和社会地位。

大戈利亚德金被他的替身搞得精疲力尽，并慢慢开始出现精神错乱和妄想症的苗头。他甚至发展出与约兰达和多纳（参见第七章）相似的镜像错认综合征。当大戈利亚德金照镜子的时候，会觉得自己看着的是一扇门，而门外永远是小戈利亚德金。这种情景也很像阿曼达·巴尼尔（Amanda Barnier）在实验中创造的镜像幻觉。

但是这个替身的出现只是开始。戈利亚德金渐渐开始觉得周围到处都是替身（陀思妥耶夫斯基在心理学上的洞察力是领先于他的时代的。现在我们知道，患有这种妄想症的许多患者的确会看到多个替身）。在他的幻觉中，周围的人"都是一样的戈利亚德金……一个接一个出现，就像鹅群排着长队，跟在真正的戈利亚德金身后扭着屁股摇摇摆摆"。他发现自己被一群"完美的赝品"包围了。从这一刻开始，戈利亚德金彻底崩溃了，他的心理医生将他赶入了收容所。[5]

对于精神病学家和心理学家来说，替身意味着精神异常。对于爱伦·坡以及陀思妥耶夫斯基而言，替身则是人类无助感的象征性意象。对于所有人来说，替身等同于痛苦与折磨，无数证据都证明了这一点。因此，如果你的朋友告诉你他被替身跟踪了，你可不能掉以轻心。但是，替身综合征却也不完全是一种疾病。对于单纯的身体疾患——比如流感或者麻疹，你唯一的希望就是消除症状。但是，看到自己的替身却并不是这么简单的：它的迷人之处在于其无限可能性。

有一个替身是什么感觉？我与我的学生一起对108名大学生和其他年轻成年人针对人们对替身的看法进行了一项调查。[6]我们告诉调查对象："想象一下你见到一个跟你一模一样的替身。他跟你有一样的名字，一样的相貌，一样的行为举止。认识你的人都无法分清你们两个人。"我们要求被调查对象想象以下两种情形。第一种情境中，"你经常看到这个人，但他/她与你的生活并没有直接联系。"而在第二种情形中，"这个人完全参与到你的生活中，他/她和你上同一门课，跟你有相同的朋友圈。"我们要求被调查对象用数字1~7来表示他们对于这两种情境的接受程度。

参与调查的大学生对此有不同的感受。许多人都表示出对拥有替身这件事充满了好奇。出乎我们的意料，一些人说他们想有一个替身。（"太酷了！这听起来难以置信，但真是个很棒的想法！"一个学生这样说。）很多人都考虑到了拥有替身能够带来的直接好处。比如在一些场合替身可以充当自己的挡箭牌。少数人提到替身可能成为自己最好的朋友。但是，更多的人觉得有一个替身并不是什么好事。在108名被调查对象中，57%的人说他们对于拥有一个并不直接参与自己日常生活的替身表示轻微或强烈反感，而67%的人无法接受替身处于自己日常生活核心的情形。[7]当我们对这些调查中最极端的观点进行比较时，区别显而易见："痛恨"替身的人数是"热爱"替身人数的三倍。[8]

对替身表达反感的人使用这样的词形容对于替身的感受："不舒服""尴尬""困惑""诡异""震惊""被侵扰"。他们也表达了对于替身的恐惧，我们在上一章中也曾提到，分开养育的双胞胎也表达过类似的感受。总的来说，人们对于替身的感受可以分为以下几种。

一些人害怕身份错认：

"已经有一个常常与我见面的人和我重名了。每一次我听到他叫我的名字都觉得很难受。"

"我不希望我的替身分享我获得的成就，更不希望为他搞砸了的事情背黑锅。"

当然，也有一些人看到了拥有替身带来的好处。其中一个人提道："如果我做了错事可以赖在那个长得跟我一样的人身上。"

还有人对于自己与替身之间的竞争表示警惕：

"我不希望我的替身跟我一样出色或者比我出色。比如，如果她是我们班里最招老师喜欢的学生的话，我简直生不如死。"

对于替身参与自己核心日常生活的情形，很多人害怕这种情况会降低他们的自身价值：

"如果我的替身与我拥有完全一样的社交圈子的话，看起来就好像我做得还不够好，我的朋友们除我之外还需要另一个我。"

这些评论从不同角度表达了一个人对于丧失自身价值和独特性的恐惧，甚至一些人意识到，替身的存在可能意味着他们的个人独特性从来就没有存在过。人们对于这种"不独特""不唯一""不再不可替代"表达了焦虑。其中一个被调查者总结得很好："我可不想要替身，我是唯一的。"

诚然，具有一个和自己完全一样的复制品，这件事儿想想都觉得可怕。但是这一情境也同时引发了一些更深刻的思考：如果有一个替身，你还是一个独立的个体吗？还是说你同时是你和你的替身两个人？你的替身是怎么看待你的？你们会互相补充还是相互压制？你们会和平相处吗？

一直以来这类问题依旧是基本上处于猜想层面，因为替身的存在依赖于一个人头脑中的妄想，而全世界患有替身综合征的人寥寥可数。但是科学技术的发展正在改变着这一切。不久之后，每一个人都能够有他/她自己的替身。而且，与妄想症中的替身不同，这些替身将带给我们无限可能性。目前最受瞩目的技术是克隆技术。如果生物学家能够成功创造出克隆羊多利（Dolly），那么距离克隆人的出现还会远吗？从此，你将能够养一个自己的双胞胎。随着这项技术的进一步发展，你还将有可能编辑自己的 DNA：也许将你的替身变得比你更漂亮、更聪明一点？或者更魁梧一些？这里加一点，那里减一点。总之，你是创作者。

还有另外一个现成的办法能够提供更多潜在可能性。你能够建立一个虚拟的自己，电脑狂热者们管这种虚拟自己叫作"阿凡达（avatar）"。别把它和电影《阿凡达》（*Avatar*）搞混了，这里的阿凡达是指电脑游戏或者类似"第二人生（*Second Life*）"的虚拟世界中你的化身。（如果你完全不知道我在说什么，你可以先问问周围的年轻人再往下继续读。随便一个高中生应该就知道。）这一技术已经比较成熟。如今的高科技动画工作室看起来更像是一个医学院里的生理实验室，你再也看不到当年迪斯尼卡通工厂中动画师拿着铅笔一点点在素描板上作画的情景了。新一代的动画师是现代达·芬奇，他们既是艺术家也是科学家，通过细致的解剖学观察来创作生动逼真的艺术形象。

比如，一个电脑游戏公司如果想要捕捉你的形象来创造一个逼真的阿凡达，他们的工程师兼科学家兼艺术家将会使用某种"动作捕捉技术"工具来重建你的全部形态和动作，这一重建能够达到极高的准确度和分辨率。为了捕捉你的动作，他们可能首先将 LED、磁性或者反光的标记放在你全身上下的各处关节。然后让你做出各种动作。你关节上那些标记的位置能够很容易地被仪器以极高的分辨率记录下来，于是，你手指脚尖的一举一动以及它们是如何彼此配合的都会被清楚地捕捉到。只要短短几分钟，这一捕捉系统就能获得几百兆字节的信息，这些信息包括你的容貌和一举一动，连一点一滴的肌肉抽搐和小动作都不会遗漏。如果你带着这个高分辨率的捕捉系统待上两个小时，系统收集的信息将大大超过一块正常大小的电脑硬盘的容量。[9]

这些信息将会被上传到电脑进行综合处理。在电脑中，相关的标记会被整合、匹配，从而创造出你惟妙惟肖的三维图景。我可以让电脑输出这样一个你：坐在椅子上，神态轻松，面带微笑，双眼半闭。或者我也可以调出这样一个你：奔跑在跑道上，挥汗如雨，面部狰狞，瞪大双眼。我的朋友兰尼这样形容这个过程：先下载图片，然后双手合十喊一声"变"，你就在那儿了。

你可能认为这些网络科学家对于他们的虚拟创作评价过高。毕竟，当人们产生替身的幻觉时，他们坚定地相信其存在。正是这种无法分辨幻觉与真实的感觉使得这一体验格外可怕。而对于虚拟阿凡达，我们非常清楚地知道，无论它看起来有多逼真，都并非真实存在的。

但是这两种经历真的如此不同吗？二者的"沉浸感"（虚拟技术中常用的衡量用户体验的词汇）究竟会相差多少呢？神经科学方面的证据表明，二者的"沉浸感"其实差不多。研究表明，我们的大脑其实很难区分虚拟体验和真实体验。比如，在一个男人看到一个具有曼妙身姿的女人时的神经活动情况与他看到这个女人的虚拟形象时的活动情况是相似甚至相同的。[10] 如果你看到一把锤子砸向你虚拟的手，那种恐惧感与看到一把锤子砸向你真正的手毫无二致，尽管你其实知道那并不是你的手。事实上，在进行过十几个类似这样的实验对虚拟和真实经历进行比较后，科学家拜伦·里夫（Byron Reeves）和克利福德·纳斯（Clifford Nass）得到了这样的结论：我们的大脑并没有进化出能够区分现实与虚拟现实的功能。[11]

越来越多的证据表明，虚拟世界的经历甚至能够影响真实世界。比如，在一次研究中，网络科学家尼克·伊（Nick Yee）和他研究小组的同事们将被试者分成两组，一组人使用有吸引力的阿凡达作为他们的虚拟形象，而另一组则使用不具吸引力的阿凡达作为他们的虚拟形象，这些被试者都集中在一个被叫作"协作虚拟环境"的虚拟空间中，在这个虚拟现实里，他们以各自被赋予的形象站在同一个屋子里。之后，这些阿凡达一男一女两两配对，配对的两个人将在接下来的20分钟里互相交流各自的个人生活。虽然这些阿凡达并非与被试者自己一模一样，但人们还是很快就适应并且认同了自己这一虚拟身份。在交谈中，那些更具有吸引力的阿凡达讲述了更多他们自己的个人信息，并且更加友善、外向、健谈，而且更加自信，他们的肢体动作也显得信心满满。他们甚至主动"走"近与自己交谈的异性阿凡达。换句话说，外貌出众的阿凡达在虚拟世界中的举止与外貌出众的人在真实世界中的举止非常相似。

接着，伊又有了更加重要的发现。在这一虚拟实验结束25分钟后，这些被试者们被邀请参加另一个"无关的"实验。在这个新的实验中，被试者首先需要填写一张相亲网站使用的个人简介，然后再在网站上浏览其他人的个人简介并选择一个匿名交往对象。结果表明，那些曾经具有好看阿凡达的人在个人简介中对自己的个人评价也更高，同时也会选择外貌更加出众的交往对象。也就是说，他们在现实世界中的表现受到了虚拟世界中阿凡达的影响，虚拟世界中的自信被带到了现实世界中，并附在真实自我身上。[12]

许多研究也发现了与之类似的现实与虚拟现实之间的交叉影响。比如：

使用比自己身高更高的阿凡达进行虚拟商业谈判的人会在接下来的真实谈判中更加强势并获得更好的结果。[13]

使用身材健美喜爱锻炼的阿凡达会让人在现实中提高锻炼频率。[14]

看到自己在虚拟世界中销售某一品牌的产品后，这些人会变得更喜欢这一品牌。

年轻人尤其容易被虚拟现实影响：

当年轻人使用比自己年龄更老的阿凡达后会变得更加小心谨慎，他们会开始考虑更现实的问题，比如未来的生活保障等，也会对存钱更加感兴趣。

看到过虚拟替身的儿童更容易认为自己在现实生活中真的有个替身。虚拟现实在他们的脑中建立了虚假的记忆。

新技术正在消除虚拟与现实之间的鸿沟。要不了多久，虚拟现实就会和现实具有完全一样的物理体验。其实现在已经有一些触觉辅助装备能够将你的身体与电脑相连，将虚拟世界中看到的触摸场景转化成真实的触觉感受。通过这种设备，你能够真切地感受到来自阿凡达的握手和拥抱。[15]

然而即便是这样听起来炫酷的技术也会很快过时。现在，科学家们正在开发更加先进的设备来构建人体神经/骨骼/肌肉系统的细节图谱，这张图谱包含你在三维空间运动时每块肌肉的每一次小小抽动，声带运动的微小变化，甚至单个神经元的兴奋。从现阶段的虚拟现实技术到三维图谱技术，其更迭如同从X光透视成像到核磁共振成像(MRI) 那样显著。

在更加长远的未来，虚拟技术带来的可能性则更加无法限量。要不了几十年，我们就可能发明出这样的设备，它不仅能够捕捉到我们的外表和表面上的感受，还能够捕捉到我们更深层的本质。吉姆·布拉斯科维奇(Jim Blascovich) 和杰米里·拜伦森（Jeremy bailenson）分别是加州大学圣芭芭拉分校和斯坦福大学虚拟人机交互实验室的主要负责人，他们对这一前沿问题的看法全面深入，科研成果斐然。他们对于虚拟现实的发展做出了这样客观的预测："总有一天，人工智能技术将能够处理人的性格特征和各类癖好习性。"[16] 通过分析你现在的样子，人工智能能够预测你未来的行为。

假设你是一名电影明星。新的人工智能技术能够将你已有的全部表演记录存入数据库。如今的电影早已经数字化，因而数据写入将轻而易举。接下来，这个电子化的"你"就可以扮演新的角色了，甚至即便在你死后，它依旧能够代替你继续出演新的电影——想想这将会带来怎样的商业机会吧。你将能够为你在银幕上的形象收取永久的版权费。

你也可以利用人工智能进一步提升自己在银幕上的形象。其实，人工智能在这方面的应用已经初现端倪了。在我写这本书的时候，你依旧能够在电视上看到奥维尔·瑞登巴克（Orville Redenbacker）为自己的爆米花公司代言。其实奥维尔早在1995年就因突发心脏病去世了，但他依旧活跃在自己公司的爆米花广告中，甚至能够在那些他去世后新制作的广告中说着他在世的时候从未说过的话。这些数字化的奥维尔模型不仅看起来、听起来像奥维尔，更模拟了他的一举一动，让整个片子看起来仿佛就是奥维尔自己在出演新的广告片一样。现如今的技术尚未臻于完美，奥维尔的动作依旧还有一些"动画感"（本来从头到尾那就是动画制作的嘛）。但是，请相信我，再等几年，屏幕上的奥维尔将会更加逼真，甚至会拥有比自己生前还好的演技。

再想象一下，这项技术对于我这样的大学教授又意味着什么呢？我能够创造出一个外表和声音都和我一样的阿凡达。我可以给他穿上像样的衣服，可以将他调整得更加年轻或者成熟，更加瘦削或者更加健壮。当我需要鼓舞士气的时候，我为他换上奥巴马(Obama)的声音，当我想要活跃气氛的时候，我让他使用罗宾·威廉姆斯（Robin Williams）的声音。那些在我为病人们进行精神治疗的时候难以克服的小毛病只要随意点几下鼠标就解决了。更美妙的是，在我的阿凡达讲课或者工作的时候，真正的我可以偷偷溜出去喝一杯下午茶。顺便说一句，这些数字化的永久替身显然是初创公司的宠儿。现在已经有多家制造个性化阿凡达的公司，任何人——演员或者普通人，都可以付费制作自己的阿凡达并永久保存。[17]

人工智能和虚拟现实的未来前景广阔。吉姆·布拉斯科维奇、杰米里·拜伦森以及其他虚拟现实领域的专家相信，三四十年后，阿凡达将如同我们身体的延伸。我们将再也不需要控制器、键盘，甚至声音来操纵机器人或者替身。相反，我们的想法能够直接或自动转换成控制信号，就如同电影《黑客帝国》（*The Matirx*）中所演的那样。"携带替身就如同戴眼镜一样方便。"布拉斯科维奇和拜伦森这样写道。最终，阿凡达将会"与我们融合在一起"。他们就好像全息图一样，但更加完整、更加真实。我们与阿凡达们将完全混迹在一起，在商场里或者大街上擦身而过。更重要的是，只要你的阿凡达活着，你就活着。布拉斯科维奇和拜伦森这样畅想："在一个人去世后，他的重重重孙子可以在全息世界里坐在他早已去世的祖先的大腿上，告诉他如今的时代，而那来自过去的阿凡达也可以讲述当年的故事，给他的后代一个拥抱、一些建议。"[18]

你可能会认为我有些不切实际，的确，我所展望的未来需要科学技术的极大变革，但这场技术革新正蓄势待发，一旦成功，你的阿凡达将立时成为另一个你，活生生地站在你的面前。

西格蒙德·弗洛伊德（Sigmund Freud）对分身鬼魅极端痴迷。他认为一个人如果潜意识里具有压抑的需求和记忆，尤其当这些需求和记忆极端痛苦以至于让他们无法面对时，他们就会将这些负面情绪投射为另一个自己。对于那些被替身幻觉困扰的病人而言，弗洛伊德的解释很可能是正确的。

但是在我们所设想的未来里，病理性的幻觉替身变成了现实中的阿凡达。这一次，你不再需要将你的痛苦幻化为替身，而可以建立一个全新的更好的自己——没有做不到，只有想不到。你能够随心所欲地调整、更改这些替身，就好像出门前换件衣服那样容易。也许在不久的将来，多重人格不再是异常，而是日常，另一个你召之即来，挥之即去。从这个角度看来，幻觉是祸，替身是福。

10. 思想从哪里来?

不要打扰,诗人正在工作。

——法国超现实主义诗人圣波尔·鲁(Saint-Pol-Roux)每晚睡觉前挂在卧室门口的免打扰告示

几年前的一次课堂上,我的一个学生打断我并向我提了一个问题,对我的论点提出了质疑。他虽然有些咄咄逼人,但想法很有见地。并且我立刻意识到,他所提出的问题实际上挑战了我整个课程的基础。我停下来整理思路,可大脑中除了恐惧之外,只剩一片空白。然后忽然不知道怎么回事,我听到我自己回问了一个问题,质疑他的逻辑。从他的回答中我找到了他的论述中更深层的缺陷,从而提出更加有力的反驳。这听起来也许有些牵强,但事实确实如此。我紧接着又进一步解释了为什么我最初的论点是正确和重要的。而与此同时,我忽然想到了一系列之前并未想到过的新思路。从这一刻起,我的思想就开始像车轮般飞快地滚动。我开始抛出一个又一个精妙的想法,比我课前准备了一早上的还要好,甚至直到下课20分钟后我依然意犹未尽。在走向办公室的路上,新的思路依旧不断涌入我的脑海。回到办公室,我立刻将我能想起来的所有这些思路写下来,因为我知道,如果不写下来,这些思路我要不了多久就都会忘记。

我一整天都沉浸在早上的思想突破中。我先是想,我简直太聪明了,不过紧接着又想到：我，那个具有主观意识的"我"，那个知道自己在做什么的"我"，其实并没有做出任何突破。当这些想法涌入我的脑海的时候，我甚至没有在思考。有意识的"我"在那个时刻几乎不存在，事实上，那时候我脑子里好像有一个非常聪明的家伙，想出了那些我自己想不到的好点子。而"我"在其中又充当了什么角色呢？最多只是个书记员罢了。

我们的想法从哪里来？让我们做这样一个简单的练习：闭上眼睛，试图在接下来的30秒内什么都不要想。练习结束之后，告诉我结果如何。如果你和大多数人一样的话，早在半分钟结束之前，各种想法就开始接二连三地进入你的头脑了。你根本不想去想它们，但是它们却不由自主地往你的脑子里钻。社会心理学家艾瑞克·克林格（Eric Klinger）和他的同事们想要系统调查一下一天里这种情况发生的频率。他们让被试者随身携带一个便携装置，这个装置能够在固定的时间发出嘟嘟声。听到嘟嘟声后，被试者要立刻回答几个有关他们此时此刻正在想什么的问题。通过这些数据，克林格估测出一个人一天里会出现两千个新的想法。[1]

一天两千个新想法！假设一个人一天睡8个小时，这就意味着每32秒就会有一个新想法进入你的头脑。再想一想一天中你自主去想的想法有多少吧。比如，在一天里，你有几次会有意识地去想："让我来想一想这件事？"我认识的所有人里，这个数字大于10的寥寥无几。在繁忙的一天里，这个数字甚至可能是0。很显然我们的头脑里住着另一个非常活跃的人，这个人每天想的事情比我们有意识的自己多多了。那么这另一个人住在哪儿呢？它又是谁？

或者，换一种更尖锐的问法：这个有意识的你真的有能力创造出这些想法吗？这个问题，哲学家们已经追问了上百年却毫无头绪，但是最近，来自科学家们的一些新发现开始揭开这一问题的面纱。研究表明，当我们被迫做出迅速决断时，自主意识的速度明显比下意识的脑活动慢多了，人类的思维可能没有我们以为的那样卓越。比如，在1985年的一项被广为引用的研究中，神经生物学家本杰明·李贝特（Benjamin Libet）设计了一个精巧的实验来比较自主意识与下意识的脑活动的速度。研究人员要求被试者完成一个非常简单的任务：让他们在自主意识的支配下弯曲手指。李贝特想要借此测量被试者有意识地决定进行这一动作与大脑相关活动出现之间的时间差。为了测定自主意识做出决定的时间，李贝特让被试者盯着一个时钟，这个时钟上有一个圆点围绕着时钟中心旋转，就好像秒针一样。李贝特要求被试者在这个圆点到达某一特定位置时立刻弯曲手指，这一时刻就记为意识决定动作的时刻。而为了记录大脑相关活动，研究人员通过脑电图（EEG）记录"准备电位"出现的时刻，也就是人脑发出动作指令的时刻。你一定猜到了，准备电位会先于肢体动作出现，大脑发出动作指令五分之一秒后，才能观察到手指弯曲，这并不奇怪，但令人瞠目结舌的是，李贝特从被试者的脑电图中发现，大脑中准备电位的出现竟然也早于意识决定动作的时间点约半秒钟。也就是说，在被试者决定弯曲手指前半秒钟，大脑就已经发出弯曲手指的指令了。[2]

不仅如此，李贝特测量的准备电位出现在大脑的感觉运动区(SMA)，这一脑区负责控制肌肉运动。有没有可能其他脑区的活动出现得更早呢？在李贝特观察到这一惊人现象20多年后，马普研究所人类认知与脑科学中心的科学家约翰-迪伦·海恩斯（John-Dylan Haynes）和他的研究小组发现，其他脑区的大脑活动可能也早于意识做出决定的时间。[3]他们对李贝特的研究进行了更加精确的重复。研究人员首先要求被试者盯着一块显示屏，显示屏上会依次显示一系列字母。与此同时，被试者要决定他们要用左手还是右手按动面前的一个按钮。为了确定被试者做出决定的时间，被试者需要记住他们做出决定的时刻屏幕上正在显示的字母。同时，研究人员通过功能核磁共振成像（fMRI）来确定大脑活动，这一方法与23年前李贝特使用的脑电图相比更加准确，能够记录更多细节。

海恩斯和他的研究小组的结果表明，许多脑区的大脑活动都比控制肌肉活动的动作电位提前很多，尤其是位于前极和顶叶皮质的大脑活动。李贝特发现准备电位比意识做出决定早半秒钟，海恩斯则发现，早在意识做出决定前10秒钟，前极和顶叶皮质就已经开始出现大脑活动了。事实上，他们通过前极脑区的脑活动图谱能够准确预测被试者将要用哪只手按动按钮，这一预测比被试者自己意识到他们的选择还要早7秒钟。通过这些研究，海恩斯得出结论：意识是一系列深层大脑活动的最后一步。海恩斯保守估计："当意识出现的时候，大部分大脑活动已经完成了。"[4]

那么，究竟是谁在控制大脑活动呢？朱利安·巴恩斯（Julian Barnes）的小说《凝视太阳》（*Staring at the Sun*）中说："你可能认为人一生的走向是他通过不断行使个人意愿而决定的，但真实情况可能并非如此。你先做出行动，然后才知道自己为什么这样做，甚至永远不知道为什么。"[5] 灵感通常来得突然而且出乎意料，甚至让人一下子难以消化，几乎只有尖叫才能表达情绪，就如同阿基米德在跨进浴缸看到水面上升后高喊"我懂了"那样。以斯拉·维格布雷特（Ezra Wegbreit）通过一系列实验对人的顿悟过程进行了研究，他发现人们在灵光一现时常常"一下子从椅子上弹起来，眼睛睁得圆圆的"，就好像一下子接收到了来自上帝的讯息。[6] 心理学家将这种灵光乍现称作"顿悟时刻"。还有，千万别搞错，你真正的顿悟时刻其实发生在你骄傲地喊出"我懂了"之前。在我们意识到自己有了个了不起的想法之前，大脑中早就发生了一系列脑电活动了。[7]

究竟思想从哪里来？我们倾向于相信意识的力量，以为我们越是集中精力于当下，就越有可能产生突破性的想法。但事实上，虽然意识确实与想法的产生有关，但通常是先有了想法，才有了意识。就好像我们在不小心碰到滚烫的火炉后会立刻缩手，手缩回来后才开始感觉到疼。当一辆车迎面撞来时，我们会下意识地躲开，而躲开后才会意识到刚才情形的危险。我们的自主意识只是大脑活动的诸多观众中的普通一员。

还有一个火车的比喻十分形象。一些哲学家认为，人的自主意识就好像老式火车行进时的蒸汽蜂鸣。它反映了火车内部正在进行的机械运动，但对于火车前进的影响微乎其微。[8] 无意识思维的频率究竟有多高呢？认知心理学家约翰·巴格为我们提供了一个精确的估计："我们每时每刻的心理活动中，99.44%都是自发的、无意识的。"[9] 巴格的估计是否准确另当别论，但他的观点无疑是清楚的。

不要绝望，人的自主意识仍有一线生机。如果能够合理利用留给它的那余下半个百分点，它仍能发挥巨大作用。你能够骗过你的无意识思维，让它为你的自主意识服务。

请允许我讲一个自己的经历。在我刚刚开始做教授的时候，每一次开始写一篇新的研究论文时都会自责不已。因为我总会花费整整一个早上的时间痛苦地纠结第一段怎么写，而第一段的第一句话更是最难的。我会试着写几句，再都删掉，再写、再删，反复很多次，最终还是完全删掉。要不了多久，我就会如坐针毡，不停地站起来再坐下，整理整理书桌，想想是不是应该再买个新的收纳盒什么的，最终我总会绝望地开始想要不要转行算了。自我折磨整整一个早上后，我都写不出来一句让自己满意的开头，一次都没有过。

这么多年以来，我的表现并没有什么提高，我仍然会先写出很多个拙劣的开头。但是我渐渐从一次次类似的经历中领悟到，这是写作中必须经历的过程。因此，我现在不再自责自己的低效，而是开始将它当作新论文写作的头脑热身。我一早起来就坐在桌前开始写写删删。当经历了足够的痛苦后（现在一般两到三个小时就足够了），我就结束当天的工作。第二天早上起床的时候，第一句话几乎就在那儿等着我。我将它写下来，第一段的剩余部分也就随之行云流水般地在脑海中涌现出来了。虽然有点怪异，但我的经验就是这样的，毫无建树的"第一个早晨"是必需的。如果我这一天早上真的写出了一句话，这句话通常也只是勉强能用，但第二天早上我就只能将这句话改得稍微好一些，而再也不能想出其他更好的开头了。

我知道这听起来有些违背直觉，仿佛奥威尔（Orwell）的小说《1984》中的花言巧语"失败即成功"，但其实仔细想想，好像也有些道理。大量的研究都表明，如果你被一个难题困住，千万不要试图强求一个答案。这听起来与我们一直以来接受的教育截然相反：师长们总是教育我们要越挫越勇，要全神贯注，更要坚持不懈。但解决难题最聪明的方式其实是：告诉自己不要再想这个问题。

"回顾一下科学发展的历史。"心理学家乔纳森·斯库勒（Jonathan Schooler）

说，"最伟大的灵光乍现通常都是在人们走神的时候出现的，或者在他们做与研究完全无关的事的时候忽然冒出来的。"[10] 比如数学家昂利·庞加莱（Henri Poincare）的著名轶事。庞加莱是在休假时登上公共汽车的一瞬间忽然灵光一现，想出非欧几何革命性突破的。庞加莱在回忆此事时写道："在我将脚踏上公交车台阶的一瞬间，那个想法忽然从脑海中冒出来。而在此之前我在想的事情与此完全无关。"他当时对这一新的想法非常自信，甚至等休假完成之后才对其进行仔细的研究。"在休假结束回卡昂的路上，我觉得自己实在拖延了太久，出于内疚，就在闲暇时从数学上论证了这一思路是对的。"庞加莱说。庞加莱发现，当你在某个难题上卡壳时，最好的解决办法是将注意力从这件事情上转移开。他自己的方式是"去散个步或者去旅行"。[11]

其实，绞尽脑汁地思考一个问题甚至有可能起到反作用。我们都经历过这样的挫败感：你试图想起一个熟人的名字却怎么也想不起来。那个名字"就在嘴边"但怎么都抓不住。你可能按照百家姓的顺序想一遍他的姓，然后又将一遍你的地址簿，但不管怎么努力还是想不起来这个名字。最终你放弃了，转头做其他的事儿。可是忽然，正在你专心做其他事情的时候，那个名字一下子从脑子里冒出来。就是这样，只有不想时才能想起来。

这些经历都告诉我们，意识并不是万能的。笛卡儿（Descartes）的名言"我思故我在"无疑是西方认识论的基石，认识论者们也认为这就是意识（cogito）。但我们对神经生物学了解得越多，就会越清晰地发现："我"并不是头脑中唯一进行思考的个体。也许笛卡儿的哲学命题应当改为"我们思，故我们在"才更确切。

西方人热爱独创性。无论是一本新书、一个新理论，还是一个新设计的红酒开瓶器，我们崇尚这种新鲜的、有创造性的东西。如果一个人只是简单地改良了某个经典理论，我们会说他"聪明"，但如果一个人有一个全新的想法，我们则认为他"富有创造力"。那些从无到有、开疆拓土做出原创中的原创工作的人，我们则叫他"天才"。但是很多富有创造力的人和几乎所有的天才却都因为意识到自己的局限性而痛苦万分。我们为他们的洞察力喝彩，而他们却言辞

　　　　　　　　　　　　　　　镜子里的陌生人

闪烁，好像不愿承认那些成果是他们的功劳似的，就好像我不认为我在课堂上即兴说出的那些想法是自己想出的一样。作家亨利·米勒（Henry Miller）曾经形容过一位艺术家，说他好像拥有一对灵敏的触角——你会想到这可能才是天才原创性的源泉吗？

每日都要进行大量原创性工作的作家们更是对这一神秘的过程有过诸多记述。那些善用文字、精于修辞的文学大家们在试图解释自己笔下那些生动的文字是从何而来时却总是口拙词穷。有些时候他们甚至会说，整个段落不知道怎么就写下来了。比如，威廉·布莱克（William Blake）曾经说过，他曾经产生过幻觉，并在产生幻觉时听到别人说话的声音。布莱克说自己的诗《弥尔顿》（*Milton*）是这样写出来的："这首诗是完全口述出来的，每一次大概口述十二行，也有时候二十或者三十行，我从未打过草稿，有些诗句甚至与我的本意截然相反。"[12] 查尔斯·狄更斯（Charles Dickens）也说过，某个"仁慈的神"告诉他该怎么写。早年，一位传记作家曾经讲述过狄更斯在创作《圣诞颂歌》（*A Christmas Carol*）时的经历："小说勾住了他的魂……他为之哭泣，为之大笑，也为之欣喜若狂……他在伦敦布莱克街头一边散步一边构思，有时候会步行15~20英里。"[13]

当代作家亦如此。儿童作家伊妮德·布莱顿（Enid Blyton）这样形容她的灵感之源：

我闭上眼，将便携打字机放在膝盖上，将大脑放空，然后等待——忽然，我能清楚地看到几个孩子站在我面前，他们正是我故事的主人公……我所谓的创作几乎就是将面前"私人影院"播放的内容记录下来……我不知道电影的下一幕会怎样，我写作的过程也是我第一次阅读这个故事的过程，我享受其中……有时候故事中的某个人物讲了个非常有趣的笑话，连我自己都被逗笑了，我一边敲着键盘将它记录下来，一边想："天哪，这么有趣的笑话我想一百年想破脑袋也想不出来！"然后我忽然意识到："咦，那这个笑话又是谁想出来的呢？"

布莱顿并不孤单，她的一位朋友也有这样一个灵魂伴侣默默陪伴。布莱顿的一位插画师，艺术家范·德·比克(Van der Beek)，也说他有过类似神奇的经历。范·德·比克回忆道，当他在为布莱顿的"诺迪"系列丛书作画时，"小诺迪会出现在我眼前，在我的书桌上或蜷或立，或走或站"。[14]

也有些作家声称他们会被自己笔下的人物要弄。"我真的想不起来一个人物是怎么在我的脑海中被创作出来的。"哈洛·品特(Harold Pinter)这样对记者回忆，"我只对故事可能的走向有个大概的想法——有时候我的想法是对的，但很多时候故事并不按照我原先设想的方向发展。有时候我写着写着，发现自己写下'他走过来'。我其实并不知道他要走过来，但可能他这个时候就应该走过来。就是这样。"[15]品特说，他的剧作《回家》(The Homecoming)基本上是自动写成的。他说"那戏剧性的情节和纷乱复杂的家长里短"都在他面前一点点自动出现。[16]

歌手兼词作家汤姆·威兹(Tom Waits)也说过，有时候他不得不静候幸运之神带来灵感。畅销书作家伊丽莎白·吉尔伯特(Elisabeth Gilbert)曾经对威兹进行过一次深入采访，在访谈中威兹详细讲述了当一句精妙的旋律和歌词忽然在脑海中响起的时候自己的战栗。这句话后来成为他一首经典歌曲中的第一句："太阳升起，金黄而忧郁(Sun come up. It was blue and gold)"。[《照片》(Picture in a Frame)]然而问题是，这一灵感出现的时候他正开着车，陷在拥堵的车流中进退两难。他没有带任何录音装置，甚至连一张纸一根笔也没有。威兹开始恐慌起来，他怕自己一旦忘记这一灵感，就再也捕捉不到了。"接着，"吉尔伯特描述道，"威兹妥协了。他只是看着天喃喃自语：'老天啊，你看不到我在开车吗？我现在看起来像能坐下来写歌的样子吗？如果你真的想出现的话，我每天有八个小时都坐在工作室里等你，求你在我坐在钢琴边上的时候再来。如果你不是认真的，那就别再来烦我，去找伦纳德·柯恩(Leonard Cohen)吧。'"[17]作家罗伯逊·戴维斯(Robertson Davies)用一句话总结了类似这样的经历："我听到来自上帝的声音，然后记了下来。"[18]

类似这样的经历不仅作家们有，也存在于其他艺术家、科学家以及诸多从事创造性工作的学者身上。这些事件无不清晰地显示了原创性工作与事务性工作之间的区别。

但是，会不会这些艺术家只是在自谦呢？诚然，他的灵感源于自己意识以外的某处，但这灵感却并非随便冒出来的，更不是无根之木、无源之水。一切带来新思路的顿悟都一定有它背后的故事。同时，别忘了，尽管有意识的思考只占了大脑活动可怜的0.5%，但我们对它的深入开发利用却意义重大。罗伯特·路易斯·史蒂文森（Robert Louis Stevenson）就是一个活生生的例子，他不仅将上天赐予的灵感转化成不朽的文学艺术，甚至将自己异于常人的多重人格成功地改造成了一间为他服务的创意工厂。

史蒂文森最著名的小说《化身博士》（*The Strange Case of Dr. Jekyll and Mr. Hyde*）无疑是对他自己分裂性格的写照。"杰奇与海德（Jekyll and Hyde）"现在更是成为心理学中对双重人格的代称，用来形容那些外表善良而内心丑陋的人。同时，《化身博士》也成为历史上被改编成电影次数最多的小说。从1908年第一次改编开始，这部小说在接下来的12年中至少六次被改编成电影并上映（1920年这一年里就有三次！）。这之后每隔几年，电影就会被重制或者拍摄新版，直到今天。从约翰·巴里摩（John Barrymore）、斯潘塞·特雷西（Spencer Tracy）到巴德·阿伯特（Bud Abbott）、卢·科斯特洛（Lou Costello），许多男演员都扮演过这一角色。

《化身博士》是虚构小说中的名篇。但是，如果你对作者的真实生活有一定了解，你就会开始怀疑究竟这篇小说是否单纯来自于想象，或者是否源于作者的想象。有一句有关写作的格言说"写作应源于生活"，《化身博士》可以说是对这句话教科书般的例子。对于分裂人格的双重生活，史蒂文森简直太熟悉不过了。

从幼年起，史蒂文森对于角色扮演就有着特别的兴趣。比如，他和他的朋友查尔斯·巴克斯特（Charles Baxter）就曾经扮演过与自己的真实生活迥然不同的人格，并称呼他们"强森"和"汤姆森"。根据一位史蒂文森传记作家的描述，尽管真实生活中的史蒂文森和巴克斯特都是相对保守温顺的孩子，强森和汤姆森却"奔放、酗酒、叛逆、不拘世俗"。[19]当然，你可能会说，角色扮演在儿童中十分常见。但史蒂文森的人格分裂比一般儿童的角色扮演严重得多，更加黑白分明——事实上，的确"黑""白"分明：在他清醒时，是我们认识的史蒂文森；而在他睡觉时，则完全是另一个人。

史蒂文森的梦境，也就是他的第二重生活，常常激烈而怪诞。在他的短文《关于梦的一章》中，史蒂文森用第三人称描绘了他的梦："他的梦总是激烈而令人不适。他在夜晚感觉身上发烫，屋子时而膨胀时而收缩。他的衣服原本挂在墙上的钉子上，现在却忽然模糊起来并变大，直到大如教堂，然后又在他无限的恐惧中变远变小，消失于无形。这个可怜的人知道接下来将要发生什么……这个梦魇中的恶婆婆迟早要扼住他的咽喉拉扯，一边尖叫一边死死地掐住他，直到他从梦中醒来。"[20]

现在，我们管这种梦叫作"夜惊（night terrors）"。我的一位同事曾经长期饱受夜惊困扰，他向我描述过，有一次他忽然在梦中跳下床，因为觉得床上有一只短吻鳄要吞掉他和他的家人。然后他会在屋子里围着床边尖叫边跑，同时将周围的东西都扔向那个想象中凶残的入侵者。为了将他带回现实，他的妻子开始轻轻对他讲话，告诉他没有短吻鳄，那只不过是他的又一次夜惊。但是那只短吻鳄的样子简直太真实了，让我的同事觉得那绝不可能只是梦境，他坚持不肯回到床上，生怕会被吃掉。[21]

大多数夜惊都发生在眼快动（REM：Rapid Eye Movement）睡眠期，也会在眼快动睡眠期结束的时候立刻消失。夜惊者在醒来的时候最多只会记得当时自己的感觉或者梦境最终的场景，而梦的其他部分都模糊不清。史蒂文森最初也是这样的。然而，从他在爱丁堡大学读书开始，他开始"做连贯的梦"，也就是说，他的梦相互联系形成一个完整的故事，具有叙事性。并且当史蒂文森醒来后，竟然能够记起来全部的情节。[22]

也正是从这个时候开始，史蒂文森开始说"有一些小人儿"掌控着他的"头脑剧院"。这些小人儿在他睡着后在他的脑子里自编自导自演——编剧、道具、导演、演员，以及一切需要的演职人员都共同出动参与演出。这些小人儿的原创故事"可能结构松散，一些故事可能缺少必要的线索，一些冒险的起承转合可能不够抓人眼球"。史蒂文森发现，写作对于他来说更像是对另一位作家的作品进行批评和改写。

史蒂文森并不仅仅在这一点上与众不同，他敏锐地发现这些小人儿在创作上简直是璞玉浑金，只是需要一些引导，而他正是那个指导他们的人。史蒂文森回忆道："我要为那些故事的发展设定条条框框，精炼、缩减，还要让他们从头到尾符合生活逻辑。"他甚至教这些小人儿营销学，让他们留心"愚笨粗俗的大众"和"吹毛求疵的文学评论家"。这些小人儿学得又快又好。史蒂文森说他被他们创造的故事折服了。他们甚至在他的梦里留下几本书，书里的故事"极其鲜活动人，比真实世界里书中的故事强多了"。史蒂文森说，读了这些故事后，再去读现实世界中的文学故事你会觉得非常失望。[23]

也是从这个时候开始，史蒂文森开始既像个CEO，又像个中士教官，同时又是一名患有妄想症和精神分裂症的病人。他开始用"淘气鬼精灵（Brownies）"来称呼他头脑中的小人儿，在苏格兰传说中，这些小精灵通常皮肤黝黑、头发浓密、性情温和。他们与人共同生活，做力所能及的事情来帮助人类。淘气鬼精灵喜欢在人们看不到他们的时候做事情，因此常常夜晚行动。他们不求回报，但如果能从人类那里获得一些燕麦蛋糕或者浓牛奶（或者如果主人愿意的话，偶尔分给他们一两口拉格啤酒），他们会大喜过望。但是不要试图付给他们钱，"因为这样会惹他们生气，他们会永远离开，再也不回来"。至少苏格兰传说中是这么说的。

当史蒂文森缺钱的时候——或者说在他生活的大部分时候，因为他总是缺钱——他会让自己头脑中的小人儿为他创造出一个能够卖得出价钱的故事。史蒂文森这样形容自己："当银行开始不停给他发账单时，当卖肉的小贩堵在他家后门催他结账的时候，他不得不敲着脑袋想出一个故事，因为这是他来钱最快的方法。但是，你等着瞧，一旦那些小人儿行动起来开始创作，就会整晚工作，他催促的小鞭子还来不及落到这些小精灵的剧场上，他们就已经将整个故事创作好了。"[24]史蒂文森指导小精灵们创作的流程极富仪式感。当史蒂文森准备睡觉的时候，他会躺在床上，将两只脚悬在床垫外。然后他闭上眼，举起一只胳膊。这是他给头脑中的小精灵的信号。（在史蒂文森长长的心理疾病列表上，我们大概可以再加上一条"强迫症"。）他说这是在运行他的"故事加工厂"。[25]

史蒂文森与这些小精灵之间的合作无疑是十分成功的，他们一起创造了《化身博士》这一巨大的成功之作。在史蒂文森的首位传记作家格雷厄姆·巴尔福尔（Graham Balfour）于1899年对史蒂文森的太太范尼（Fanny）进行采访时，她这样描述史蒂文森的创作之梦："史蒂文森在梦境的基础上飞快地创作了《化身博士》。有一天清晨，我醒过来的时候听见他在睡梦中害怕地哭泣。我觉得他一定是做噩梦了，于是叫醒了他。他醒来后生气地问我：'为什么要叫醒我？我梦到了一个绝妙的恐怖故事。'"[26] 后来范尼知道，她叫醒史蒂文森的时候，他正梦到一处非常关键的情节，正是《化身博士》第一章中杰奇变身成海德的一幕。史蒂文森叫范尼不要打扰自己，然后又重新回到梦中继续观看这一幕变身，就好像一个看电影的人在电影放映中短暂地离开了一下又立刻回去了。在早晨醒来后，史蒂文森用最快的速度写下了《化身博士》的第一章草稿。

在这场梦之前，史蒂文森已经开始根据自己的亲身经历创作一篇有关双重生活的小说了，但这些小精灵创作的版本与他自己创作的版本完全不同，并且更好。范尼是史蒂文森的忠实读者和评论者，这两个版本她都读过。她很喜欢小精灵创作的故事，但她认为史蒂文森做梦前创作的版本更好一些。但史蒂文森不允许任何人对小精灵创作的故事进行任何批评。他告诉范尼，他"不可能完全忘记小精灵创作的故事而再进行自己的创作，因为在梦里那个故事简直太清晰了"。当范尼离开一会儿后再回来时，史蒂文森"用自己长长的手指指着壁炉旁的一滩灰烬给她看"，他将自己最初的手稿付之一炬。[27]

《化身博士》发表于1886年。小说发表后立即大受欢迎，取得了巨大的成功，其影响力完全超出史蒂文森的想象。在最初的6个月，仅仅在大不列颠当地就卖出4万份，如果将合法出版与盗版印刷都计算在内，这本小说在北美地区共卖出25万份。"从来没有读过小说的人都争相传阅，布道者在讲坛上引用其章节，各个宗教报纸也将其作为头条报道。"一位史蒂文森传记作家这样写道。[28]这本书不仅成为史蒂文森第一本畅销书，更使他享誉海内外。

这些从梦境而生的灵感究竟算不算我们的呢？让我们再看一下唐·纽曼（Don Newman）的例子。在19世纪50年代，唐·纽曼还是一个年轻的数学家，在麻省理工学院任教。纽曼的同事里有当时名噪一时的天才少年约翰·纳什——是的，就是《美丽心灵》（A Beautiful Mind）一书和同名电影中描述的那个纳什，那个既得了诺贝尔奖又得了偏执妄想和精神分裂症的纳什。当时的纽曼正在为解决一个非常复杂的数学问题发愁。"我……尝试过不同的方法，但无论怎么样尝试都无法解决。"纽曼这样说。[29]有一天夜里，纽曼做了一个梦。他梦见自己正在绞尽脑汁思考这个问题的时候，纳什忽然出现了，并且问他是否需要帮助。纽曼将这个数学问题告诉了纳什，梦中的纳什很快告诉了纽曼如何解决。在醒来的一瞬间，纽曼意识到自己知道了答案，并立刻将它写了下来。这一解答后来成为该领域十分重要的一篇论文。

这个故事中最有趣的一点是，纽曼一辈子都坚定地认为纳什对于这个解答至少有一半以上的贡献。"唐甚至在论文的脚注中特意致谢了我。"纳什回忆说，"并且他一直对我十分感激，好像我真的进入他的梦里帮了他。"如果细想想这件事儿你会发现很有意思：纽曼认为自己梦中的一个比他聪明的人帮他解决了这个问题。"那不是我想出来的解法，我自己不可能想出来。"对于这件事情，纽曼始终这样说。[30]（顺便说一句：约翰·纳什人生中的大部分时间里都被严重的幻听困扰。我们在下一章将会专门提到这一问题。他坚信自己的想法是其他人告诉他的。这样说来，纽曼是不是也得谢谢那些"其他人"呢？）

史蒂文森也想过类似的问题。《纽约先驱报》（New York Herald）的记者曾经问他，那些他头脑中的小人儿们对于他的文学作品有多大的贡献。史蒂文森一开始说，估计他们"在我睡觉的时候替我做了一半的工作"，但之后又开始怀疑醒着的自己对于这些作品究竟是否有任何贡献。他说："很有可能它们把所有的工作都替我做了，而当我醒来的时候，还乐呵呵地以为这些都是我自己做的。我睡觉时候的工作都是那些小精灵做的，这毫无争议。而我醒着时候的工作却不一定都是我自己做的，那些小家伙们很有可能在我醒着的时候还用一只手操纵着我。"[31]

类似这样的边界问题并非一直这样让人困惑不解。尤其在古罗马时期，确定谁做出了贡献从来就不是一件困难的事情。因为古罗马人认为，每个人的想法都是由一个跟随你一生的灵魂以一种神秘的方式传达给你的，这个灵魂同时也是你的人生向导、保护者，以及你与上帝交流的中间人。他们将它称作天才（genius）。

这个古罗马"天才"与我们现在定义的聪明绝顶的天才完全不同。古罗马天才更像是一个个人助理——更确切地说，一个能够在关键时刻跳出来帮助你，愿意为你万死不辞的个人助理。关于这个保护神究竟藏在哪里，学界仍有争论。一些人认为它就游荡在我们周围。比如，在你的卧室或者办公室里。也有些人认为它住在我们的脑袋里。还有一个我自己觉得非常有趣的流行理论认为，它住在你的膝盖（拉丁语中，膝盖叫作genua）里[32]。在古罗马，没有人认为自己是天才，你只是非常幸运地拥有一个天才。你的天才是一个超一流的助理，它知道从哪里才能拿到你要的信息，以及怎么才能拿到——有点像老版本的 Siri（苹果手机的旗舰软件）[33]。你与你的天才同甘共苦，一同分享胜利的果实，也一起分担失败的责任。

我总在想，如果罗伯特·路易斯·史蒂文森活在古罗马时代的话也许会觉得轻松些。在情绪低沉的时候，史蒂文森会痛苦地自我怀疑。他曾经形容自己"跟早市上卖菜的人没什么两样"，根本就没有能力创造出那些富有想象力的故事，史蒂文森总是认为自己是个庸人，是一个"被世俗琐事从脚埋到耳朵根的庸人""我所有出版的小说都是某个小精灵的举手之劳……是那个你们看不见的、被我禁锢在阁楼里的合作者的作品，我在这里接受了全部赞扬，而他却什么都没有得到。"[34]

《化身博士》中被引用最多的句子大概是杰奇的一句话："人并非只有一面，而是两面（Man is not truly one but truly two）！"大部分人并不像杰奇与海德那样被痛苦而彻底的分裂所折磨。但我们其实都是一半自己、一半别人；一半自控、一半受控。我们是写故事的人、讲故事的人，同样也是听故事的人。实现所有这些角色的都是同一个你吗？阿根廷著名作家奥尔赫·路易斯·博尔赫斯（Jorge Luis Borges）在他的短文《博尔赫斯与我》（*Borges and I*）中对这一难题有过一段深刻的陈述：

　　"一切事情都发生在另外那个人，那个叫作博尔赫斯的人身上。我此时此刻正漫无目的地走在布宜诺斯艾利斯的街头，呆呆地停下来看着一座建筑的拱门和大门旁的火炬。我知道博尔赫斯这个人，我读过他的邮件，在教授名录里看到过他的名字，也看到过他的传记。我喜欢沙漏、地图、18世纪的排版风格，我喜欢咖啡和史蒂文森的散文；博尔赫斯恰好也喜欢这些，但他却不自量力地用这些标榜自己的风格。我和他之间并没有什么敌意。我活着，自己活着的同时也让博尔赫斯能够从事他的文学创作，这也是我活着的意义。我当然承认博尔赫斯写出了几页好东西，但这几页好东西也救不了我……几年前我试图从他的影子里挣脱出来，为此我不再构思乡间的神话而开始思考时间和无限的游戏。而如今连这些也是博尔赫斯的了，我只好再继续想别的东西。就这样，我的生活成了一种大逃亡，我丢失了一切，一切都归于遗忘，也归于博尔赫斯。

　　我不知道是我还是博尔赫斯写下了这篇文章。"[35]

11. 声音

如果我早些知道那美妙的声音从何而来，我一定会更频繁地光顾那里。

——莱昂纳德·科恩（Leonard Cohen）在阿斯图里亚斯亲王奖颁奖典礼（Fundacion Principe de Asturias）上的发言（2011 年 10 月 21 日）

赫伯特·穆林（Herbert Mullin）在人生的前 20 年是一个聪明上进、讨人喜欢的男孩子，心理状态也一切正常。他参加了童子军，同时也是校足球队队员。他在学校里朋友众多，甚至还被高中同班同学推选为"最有可能成功的人"。但是，就在高中毕业后不久，他一位最好的朋友在车祸中不幸丧生。美国联邦调查局前官员罗伯特·K.雷斯勒（Robert K. Ressler），也是创造并开始使用"连环杀手(series killer)"这个词的人，在与汤姆·夏希特曼(Tom Shachtman)共同撰写的书中描述了穆林是如何坠入深渊的。[1]根据他们的描述，穆林在好友车祸丧生后不久就开始出现异常表现。他在自己的房间制作了一个神龛来纪念他的好朋友，并经常接连好几个小时地盯着它发呆。同时，他在公众面前的举止也越发怪异起来。1969 年，穆林 22 岁，他的父母将他送到一所精神病医院。在医院中，穆林被诊断为妄想型精神分裂症。接下来的几年里，穆林不断地更换工作，也在多家精神病院进进出出。

大约正是从这段时间开始，他开始感觉有声音进入自己的头脑。这些声音命令他做这做那，而那些命令通常都非常奇怪。有时候这些声音会要求他把头发剃光，有时候又会让他用打火机烧自己的阴茎。穆林听到这些声音后对命令言听计从。从1972年10月开始，这些命令开始变得可怕起来。穆林住在加利福尼亚州圣克鲁斯市（Santa Cruz），这里距离地球上最具威胁性的地震断层非常近。他听到那些声音告诉他，地震将近，而加利福尼亚州要想逃过一劫只有一条路：穆林需要到外面杀几个人。那些声音告诉穆林，阿尔伯特·爱因斯坦（Albert Einstein）亲自选择了他去完成这项工作。

这一年的10月13日，穆林用棍子将第一位受害者打死——一名55岁的流浪汉。那些声音赞扬了他的行为并且告诉他他还得继续杀人，不然地震就要发生了。两周之后，穆林选择了一名搭便车的女性旅行者，用刀将她刺死。不仅如此，他还按照声音的指示将这名受害者的肠子取了出来，用细绳挂在树枝上，以此检查其是否"污染"。4天后，穆林到教堂忏悔，声音又告诉他，教堂的牧师亨利·托梅（Henry Tomei）自愿献身成为他的下一个目标，以此阻止地震的发生。穆林事后说："我看到一束光从忏悔室的顶上照下来，那个声音同时说：'目标就是他。'"他先打晕了牧师，然后用刀刺死了他。在接下来的两个月，穆林继续着他的大屠杀，杀死了自己的一个高中同学及其妻子，四个到野外露营的男孩子，一个默默在自家前院除草的老人。穆林总共杀死了十三个人，最终被指控对其中的十项谋杀负责并因此被处以死刑。

我们每个人都有可能会听到本不存在的声音。但是幻听的与众不同之处在于，幻觉与现实相互交织，难以区分。严重的精神分裂症患者可能会坚信他真切地听到了来自另一个人的声音，但每个人具体的幻听经历又不尽相同。一次在英国进行的调查对100位具有幻听症状的精神分裂症患者进行了采访，采访发现他们的症状五花八门。比如：

音调方面：大部分人报告说他们听到的声音具有正常说话的音调。但还有13%的人称他们听到的声音几乎是在喊叫，而另外14%的人则说他们听到的是喃喃细语。

声音来源：大部分人称他们听到的声音是从外界进入自己耳朵的。但是也有38%的人声称他们听到的声音来自他们自己的脑袋里——通常是前额中央。还有一些人认为声音来自于身体的其他部分，比如胸腔或者腹部。

说话人数：一半以上的人说他们有时候会听到"一群人一起吵吵嚷嚷"。

幻听持续时间：大约四分之一的人表示他们听到的声音只持续几分钟，而另外42%的人则称声音一次会持续半个小时以上。[2]

很明显，精神分裂症患者所经历的幻觉不应该一概而论。尽管如此，难以区分幻觉与现实却是所有患者共同具有的症状。在最严重的病例中，来自幻听的声音强度大、持续时间长，这使人完全无法区别脑中所想究竟是来自自己的还是那个声音。这也就是为什么有时候你会看到幻听者好像在和自己说话或者对着空气喊叫。

幻听对人的干扰是可怕的。有时候，说话的人仿佛就在几英寸之外。比如，有一位名叫多利（Dolly）的女性曾被幻听折磨多年，她曾在访谈中说过，当那声音出现的时候，"仿佛都能感觉到那张嘴呼出的气吹到耳朵里"。而与幻听相比，那些在大银幕中被夸张演绎的诸多视觉幻觉反而并没有那么常见。尽管幻听者"看"不到说话人，但他们却很容易将幻听逐渐想象为头脑中存在的陪伴者。这一想象的陪伴者可能仅有一个大致的轮廓。"你大致能感觉出来说话的人是高挑还是矮胖，黑人还是白人，穿着什么。"多利说，"一些声音仿佛穿着西装，而另一些则没有。这就好像你在一辆公交车上，另一些乘客坐在你的边上，你看不到他们，但却能从他们的言谈话语中大致猜测他们是什么样子。"[3]

亚当（Adam）也被幻听困扰了大半辈子。他知道这些声音都是他脑子里产生的，但是，由于其中最常出现的一个声音极具特点和干扰性，亚当难以抑制地将它想象成一个生动鲜活的形象："他是第二次世界大战中的一名潜艇舰长。"亚当这样说，"他长得跟我有点像，但留着邋遢的大胡子。他是一名老海军，穿着第二次世界大战中德国海军制服。我每次提到他是个德国潜艇军官时，他就会带出愚蠢的德国口音，比如现在。"这个潜艇舰长控制了亚当的生活。他一天到晚干扰亚当，不断地批评他。"这种感觉就好像有个教练整天跟着你，但这个教练讨厌至极，整天对你说'哼，你就是个没用的废物，你活在世界上是浪费粮食。'而你在和别人交谈的时候，他会不断对对方品头论足，他会一刻不停地命令我注意对方穿的衣服、体重、长相、发型等，不遗余力地打乱我的思路。就好像你正在跟一个人说话，身后却有个讨厌鬼对你说：'快看他的鞋，快看。'"[4]

约翰·纳什（John Nash）是一名天才的数学家。我们在上一章中讲到过，他在约翰·纽曼（John Newman）的梦中帮他解决了一个重大的数学问题。很多人都知道，约翰·纳什从中年起就开始受到幻听困扰，《美丽心灵》（*A Beautiful Mind*）一书对此有过详尽的描述，如果你对纳什的故事不太熟悉的话，以下是一个简短的版本。纳什是一位极其聪明又无比自信的天才少年，从1948年他20岁起就在学术舞台上大放异彩。从20~30岁的10年里，纳什用无数学术成就证明自己是"半个世纪以来最杰出的数学家"——这是另一位声名显赫的数学家，也是纳什的同事米哈伊尔·格罗莫夫（Mikhail Gromov）的原话。[5]纳什20岁时就被普林斯顿大学录取攻读博士学位，23岁时被麻省理工学院（MIT）破格聘为正教授，对于一般人而言，在这个年纪可能连大学还没有读完。

然而，从纳什30岁起，他开始听到一些别人都听不到的声音。这种幻听很快转变为妄想型精神分裂症并伴随他的一生。纳什开始幻听后，MIT随即要求他辞去终身正教授的职位。在这之后，纳什接受了许多不成功的治疗，包括药物治疗、电击治疗，以及一系列在美国和欧洲精神病专科医院的住院治疗。尽管在治疗期间他的病症有过短暂的缓解，但最终仍无法痊愈，纳什成为"一个在普林斯顿大学校园里游荡的忧郁的幽灵。他曾在这里度过了辉煌的博士生时代，而如今，他穿着怪异，喃喃自语，在黑板上写下一些没人能看懂的文字，年复一年。"纳什的传记记者西尔维亚·纳萨尔（Sylvia Nasar）这样写道。[6]

讽刺的是，在纳什精神异常、与社会隔绝之前，他曾被认为是极度理智、想法现实的人，在日常生活中举止完全正常。纳萨尔说："纳什在生活中喜欢做决定——无论是乘坐这班电梯还是下一班、去哪里存钱，还是接受哪里的工作邀请、要不要结婚，他都会将个人感情、惯例习俗统统抛开，利用数学方法和公式仔细计算优缺点。"数学天才的工作通常阳春白雪、曲高和寡，一般大众难以理解，但纳什有关博弈论和代数几何的贡献却与每个人的日常生活息息相关。他的理论能够捕捉到人类在彼此争斗和竞争中流露出来的每一点天性。也正是依靠这一工作，纳什最终获得诺贝尔经济学奖。

也许纳什精神状态的恶化也与他的数学工作有关。无论是开创性的博弈论还是在幻觉中时刻尾随着的跟踪者，在纳什的脑子里，一切想法都要绝对符合理性和经验。哈佛大学教授乔治·麦基（George Mackey）曾经问过纳什："作为一个数学家，一个信奉理性和逻辑的人……你怎么可能会相信有外星人在给你发送讯息？"纳什恍惚地抬头看看天空，用极低的声音说："因为得出'外星人找到我'的推论和产生博弈论的思路没什么两样，所以我是很认真地对待它的。"像是在回答麦基，又好像是在对自己说话。[7]

无论是学术人员还是普罗大众，幻听可能都是判断精神异常最明确的症状。如果一个人抱怨说自己的情绪起伏不定，我们可能很难确定这个人究竟是喜怒无常还是躁郁型精神分裂症。但是如果一个人说他听到从自己的脑袋里面传出声音，同时又无比坚定地认为这个声音是别人发出的，那我们几乎会立刻肯定他患有精神分裂症。

在20世纪70年代，斯坦福大学的心理学家大卫·罗森汉恩（David Rosenhan）为了证明精神卫生机构的诊断存在缺陷，进行过一个轰动一时的实验，这一实验现在已经成为这一领域的经典之一。为了进行实验，罗森汉恩首先招募了八位助手，包括一名心理学系研究生、三名心理学家、一名儿科医生、一名精神病学家、一名画家和一名家庭主妇。他们没有任何精神疾病史，却要伪装成精神病人将自己送入不同的精神病院，而为了达到这一目的，他们唯一需要伪装的症状就是假装自己具有幻听。他们在不同的精神病院预约了面谈，面谈的时候则谎称自己听到了不熟悉的人的声音。他们抱怨这个声音不太容易听清楚但好像在不停地重复地说"塌了""空的""砰！"，除此之外他们称自己一切正常。这八个"假病人"在全美国五个州十二家不同的医院重复这一相同的说辞，这些医院既包括陈旧衰败的乡村医院，也包括名声极好的一流大学附属研究型医院，甚至包括一家收费昂贵的私人医院。

所有这些"假病人"都极为顺利地被医院接收，而接下来发生的事儿则更加令人瞠目结舌。根据罗森汉恩的要求，这些假病人在被收治入院之后立刻恢复正常行为，不再表现出任何症状。当医生询问他们的感受时，他们告诉医生他们感觉"很好"，不再有包括幻听在内的任何症状，他们也不断向每位医护人员表示他们听不到那个声音了。但是问题在于，医护人员并不相信他们。这些假病人平均在精神病院中呆了三周，其中一位甚至用了长达52天才被允许出院。没有任何人发现他们最初是在装病。他们在精神病院中的任何行为，即便是再正常不过的行为，也会被认为是心理疾病的某种表现。比如，当一位好心的护士看到其中一个假病人在楼道里踱步时，问道："先生，您觉得紧张吗？""不，我只是觉得无聊。"假病人回答道，但护士对此毫无反应。

在这些案例中，幻听不仅被当成精神异常的可靠诊断依据，并且在这些"假病人"的病史中留下了无法抹去的印记。当这些病人最终从精神病院中出院时，他们的病例中无一例外地写着"精神分裂症恢复期"。罗森汉恩在《科学》（Science）杂志发表了他的这一实验结果，文章以"疯人院里的正常人（Being Sane in Insane Places）"为题，惹人深思。[8]

罗森汉恩的实验有力地显示了我们将幻听者诊断为精神异常的速度之快，态度之武断。但这一刻板印象其实是最近才形成的。从古至今，幻听在各国的历史文献中均有记载，但很少被认为是精神异常的征兆。相反，这些声音被认为是非常重要的启示。比如，在古希腊，人们认为这一声音是神对他们的指引；在几个世纪之后，遵从一神教传统的信徒依旧如此。其实仔细想想，听觉幻觉的确像是为"神谕"量身定做的。幻听中的语言元素保证了它能够比视觉或者其他幻觉传递更加精确的信息，另外，如果你相信这一声音是上帝发出的，那么你势必会信任并遵从它的指示。

许多著名人士都曾经有过幻听，包括毕达哥拉斯（Pythagoras）、默罕默德

（Mohammed）、梅林（Merlin）、圣女贞德（Joan of Arc）、马丁·路德（Luther）、圣奥古斯丁（St. Augustine）、洛约拉（Loyola）、帕斯卡（Pascal）。我们通常认为幻听与宗教对话有关，但其实它们可能在各种各样的场景中出现。比如，伽利略（Galileo）就曾说过，自己在丧失爱女的悲恸中听到了来自已故女儿的声音。

一些历史学家相信，在公元前1000年前，幻听存在于每个人的日常生活中。其中一个至关重要但富有争议的论点是由普林斯顿大学心理学教授朱利安·杰恩斯（Julian Jaynes）在他的重要著作《二分心智的崩塌：人类意识的起源》（*The Origins of Consciousness in the Breakdown of the Bicameral Mind*）一书中提出的。杰恩斯认为，我们的祖先可能经历过与当代人类似的幻听而不自知。杰恩斯举出了大量历史学、考古学、文学、神经生物学的证据证明，直到大约3000年之前，我们的祖先始终相信这些幻听的声音来自于外界。杰恩斯认为，与我们今天幻听的内容相似，古老的幻听中也包含批评、警告，以及对未来行为的指导。但是，由于早期人类大脑的神经回路和逻辑思维都还未进化完善，尚不能相信或者不愿承认这些听到的讯息是来自他们自己大脑内部。再加上这些声音仿佛来自外界却找不到来源，祖先们就为它们赋予了神圣的意义。杰恩斯相信，这一观点解释了为什么在古希腊、古埃及、两河流域文明中都有类似的记载，称上帝会直接与人对话。他们询问上帝并听从来自上帝的回答。9

苏格拉底的例子可能是支持这一论点最著名的证据。苏格拉底是逻辑和理性思维之父，他认为自己的许多想法都是源于他的"守护神（daemon）"的指引，"daemon"一词正是希腊语中的"神"。他一生都信奉他的守护神。在苏格拉底因对神不敬而获罪时，其中一项指控就是他的守护神并不被国家法律允许。然而令人唏嘘的是，也正是这个守护神"指引"苏格拉底不为自己辩护，并且在苏格拉底最终被判处死刑后，"指引"他不要逃跑。可以说，正是对于幻听的极端遵从最终送了苏格拉底的命。10

"幻觉（hallucination）"一词存在于拉丁语，但最初的含义要温和得多。它是指一个人滔滔不绝或者东拉西扯，描述的是一种正常行为而非异常的精神症状。"幻觉"的现代定义直到苏格拉底去世2000多年后的启蒙时代（The

镜子里的陌生人

Enlightenment）才出现。从这时开始，哲学家和科学家才开始对幻觉的生理学基础进行研究。[11] 奥利弗·萨克斯在他的著作《幻觉》（*Hallucinations*）中写道，在启蒙时代之前，"幻听并非一种病态。如果这些声音是私密的、不为人所知，那么就仅仅是一种正常的自然现象，是一些人正常的生活方式而已"。[12]

即便在今天，幻听在一些文化背景中的普遍程度和接受程度也比在另一些文化背景中要高一些。在英格兰地区进行的一项大型调查中，精神病学家路易斯·约翰斯（Louise Johns）和研究小组的同事们对超过八千名盎格鲁人（Anglo）和其他少数民族个体的幻听经历进行了调查。他们对于每个人的心理健康都进行了评估，并排除了所有具有心理问题的人。在剩下的"正常"个体中，加勒比人具有幻觉的比例是盎格鲁人的2.5倍，而盎格鲁人具有幻觉的可能性则是南亚人的两倍。[13] 想想吧，这就是说，一个来自加勒比的人具有幻听的可能性是来自印度等南亚地区的人的五倍。这又是为什么呢？神经生物学上，没有证据表明加勒比人的脑神经回路比其他民族的人更复杂。那么答案更有可能藏在文化价值方面。对于某种文化而言过于疯狂的行为举止有可能在另一种文化中完全可以接受。

而在心理异常的个体中，幻听症状也因各自文化背景的不同而不同。对此，下面这个研究具有深远影响。心理学和人类学家坦尼亚·鲁尔曼（Tanya Luhrmann）带领她的研究小组访问了来自阿克拉（加纳）、金奈（印度）、加州圣马迪奥（美国）的许多精神病人，这些病人的主要症状都是幻听。

鲁尔曼发现，来自美国的病人倾向于听到暴戾、恐怖的声音，这些声音告诉病人们，他们是多么的无助和无用。这些病人的症状与在英国进行的精神分裂症病人的研究是一致的，在英国的研究中，幻听中的声音会咆哮地提出要求（"去拿牛奶"，"去医院"）、批评（"你真蠢"，"你就没有做对过一件事"）、侮辱（"你个娘娘腔"，"丑婊子"），甚至恐吓病人（"我在盯着你"，"我要杀了你"）。一些美国病人认为这些声音是他们精神分裂症中最痛苦的症状，其中一个女性将这种感觉描述为"持续不断的精神强奸"。

然而在加纳的阿克拉，大约一半的病人说他们听到的几乎都是"好"声音，大多数时候是来自上帝的仁慈的忠告（"当我听到声音的时候，那个声音叫我做的我都会去做"），态度也更为亲密（"这些声音一直陪伴着我"）。加纳病人的幻听中即便有"坏"声音，也是夹杂在"好"声音之间偶然出现，而那些"好"声音会告诉病人不要理会这些邪恶的声音，或者帮助他们解决那些邪恶声音带来的情绪问题。

与其他地区病人们相比，金奈病人倾向于听到来自熟悉之人的声音。有至少一半接受采访的病人称他们听到了来自亲人或者祖先的声音，这对他们来说喜忧参半。一方面，这些声音通常会带来安慰和陪伴，许多人都称他们与这些声音之间有丰富的交流和联系；但另一方面也会带来一些烦恼。比如，许多金奈病人说这些声音有时候爱管闲事或者控制欲太强，就好像一个啰嗦的亲戚不停在耳边要求他们收拾屋子或者换衣服。换句话说，这些声音就像是来自一个唠唠叨叨的亲戚一样。[14]

我并不想将任何文化背景下的幻觉体验浪漫化。鲁尔曼的所有调查对象，无论来自哪里，都无疑受到幻觉的严重困扰。但是，这一研究告诉我们，幻觉是一个人头脑中想法的产物，也会被这个人所处的文化环境所影响。了解这一点十分重要，也从这个观点看，一个人的幻听体验正是其内在心理和外在感受无比生动的体现，也为我们了解一个人提供了极好的切入口。

毫无疑问，幻听与精神分裂症有着千丝万缕的联系。总的来说，大约70％的精神分裂症患者听到过来自想象的声音。[15]诚然，听觉幻觉是精神疾病的常见症状，但这并不意味着所有经历幻听的人都患有精神分裂症。在一项被广泛引用的科学文献中，心理学家托马斯·波西（Thomas Posey）和玛丽·洛西（Mary Losch）列举了十四个幻听者听到的内容，其中大部分来自精神分裂症患者的病例报告。然后，他们向375位健康成年被试者询问他们是否有过与这些例子类似的经历。需要强调的是，研究人员并没有询问被试者是否听到自己的脑子里发出这些声音，而是询问他们是否听到"好像别人在对自己说"这些话。结果表明，71% 的被试者称他们曾在完全清醒的状态下经历过短暂的语言类幻听。其中最常见的幻觉是听到有人叫自己的名字，有 57% 的人有过这样的经历。[16] 但其实这个估值有可能偏低，听觉幻觉的普遍性可能更甚，因为波西和洛西只调查了听到有意义的词语的情况。如果我们将想象中敲门的声音或者幽灵电话铃声也加到列表中，经历过听觉幻觉的人的比例无疑还会再提高。

这些"正常的"幻觉可能非常真实。比如在一次调查中，一位工程师讲述了一次在电影院的经历。一天，他坐在电影院中思考一个困难的职业抉择问题，一个声音忽然响了起来："你不能这样做，你知道你不能这样做。"事后这名工程师说，这声音"非常清晰，甚至还有回音，我赶紧四下看看我周围的人，可他们都平静而专注地盯着大银幕……我惊讶极了，当我意识到我是唯一一个听到这个声音的人时才稍微放松下来。"[17]

正常人经历幻听的频率比精神分裂症患者要低。一项大型研究发现，大约 45% 经历过语言类听觉幻觉的正常人称他们大约一个月出现一次幻听。[18] 这个数字显著低于精神分裂症患者的幻听频率。根据那雅尼（Nayani）和大卫（David）在英国进行的调查，48% 的精神分裂症患者的幻听频率是每天一次到"若干"次。[19] 同样，这些对幻听普遍性的估值也可能偏低。

如果这些对于正常人的统计数据听起来有些夸张，让你不太相信，那么来看看下面这个研究吧。1964 年，心理学家西奥多·巴伯尔（Theodore Barber）和大卫·卡尔弗利（David Calverley）招募了七十八位学生，他们让学生们闭上眼并准备欣赏本·克洛斯比（Bing Crosby）的《白色圣诞节》（*White Christmas*），这是当时最流行的一首歌曲。然而当学生们闭上眼后，研究人员并没有按下播放键。大概 30 秒的沉寂之后，巴伯尔和卡尔福利问这些学生听到了什么。54%的学生说，他们清晰地听到了克洛斯比的声音在演唱《白色圣诞节》。他们其实心里很清楚，研究人员并没有播放乐曲，但是不知道为什么，他们还是听到了。[20] 你也可以用自己最喜欢的歌曲尝试一下这个实验。很多人都有过"耳虫"现象：一首歌仿佛驻扎在我们的脑海中挥之不去。如果你试图压制住耳虫会怎么样呢？大多数情况下，你越努力想忘掉一首歌，那首歌的乐曲反而变得越清晰。我建议你别再管那无害的耳虫了吧，否则你会因此患上强迫症的。

不仅对于耳虫现象如此，对于任何微小想法的强制性忘记都可能会导致强迫症。让我们再来做这样一个思维练习。找一个无人打扰的僻静之所坐下来，闭上眼。现在，努力不要去想象一只白熊，再说一遍，要是有种你就别去想白熊！请坚持5分钟，然后算算白熊在你的脑子里出现了几次。我相信，你的体验与相关研究的结果是一致的，而这一结果也是十分显然的：被要求"不要想象白熊"的人比被要求"想象一只白熊"的人想到白熊的次数要多得多。而且你越是试图压抑自己的念头，结果反而越坏。比如在一次研究中，被试者首先被要求不要想象白熊。5分钟之后又被要求想象白熊。结果表明，与直接被要求想象白熊的对照组相比，这些被试者想到白熊的次数大大增加，甚至到了强迫症的地步。[21]一句简单的暗示就能达到这样的效果，与之相似，你也有可能很轻易地沉迷于某一想象图景无法自拔。

不过还是让我们回到幻听上来吧。有许多人除了幻听症状之外其他一切正常，但幻听对他们的困扰极为严重。他们创建了各种互助协会来互相安抚、彼此支持、共渡难关，其中包括众声喧哗（Intervoice）国际幻听协会——这是一家在全球范围内帮助幻听患者的国际组织[22]，以及天籁之音（Hearing the Voice）幻听协会，一家由英国杜伦大学（Durham University)的心理学家查尔斯·费尼霍（Charles Fernyhough）创立的以科研为核心的协会。这一国际化协会利用多学科交叉的方法，从信息处理、心理疾患、公众观念、文化刻板印象、现代神经生物学等多个角度对幻听进行探索。费尼霍总结了自己的研究和其他多个幻听相关研究项目，从中得出一个值得仔细思考的重要结论："幻听本身并不是一种病。在许多情况下，与幻听紧密联系的心理压力以及对幻听经历的负面理解和错误应对才是导致痛苦的真正根源。"[23]大卫·罗森汉恩的观点无疑也与之一致。

如今，许多研究人员都认为幻听是"一种正常而且常见的现象，是大多数人意识活动的一部分"。[24]它有可能是心理疾病的一种症状，但也有可能是一种正常的经历，这两者之间并没有一条清晰的分水岭。

听到声音和想到声音之间的边界也同样微妙。举个例子，比如我典型的一天通常是这样开始的：闹钟响起，可我还没有太睡醒，但我的脑子里已经有声音在说话了：第一个我："哦……被窝里太舒服了。我不要起床。"第二个我："起床，要开始干活了。"第一个我："再躺两分钟。"第二个我："昨天你也这么说的，然后就直接睡过头了。"第一个我："我上个闹钟，行了吧？"这样的争论要持续好一会儿，直到我的身体将自己拖下床。究竟我的身体什么时候决定起床，又是怎么下床的仿佛都并不由我决定，我也是在自己离开床之后才知道。这部分对白只发生在我的脑海中，我从来没有听到过声音。

但这两个小人儿的争论只是序曲。这之后不久，我大脑中的媒体总监醒了过来，决定开始今天的大脑每日播报。首先是重放昨天经历的部分事件。也许我又会再次听到我儿子扎克在电话里对我甜言蜜语。当然，我对于听到什么有一定话语权。比如，我可以"决定"多播几遍某一句话，每次听到我都会会心一笑。然后"磁带"忽然就停了，我也不知道它什么时候要停、为什么停或者怎么停的，我只听到我自己的声音说："好了扎克，走吧。"就好像新闻播报员在新闻播放后对其发表评论。

这之后，我的大脑会稍事休息，而这几分钟里，我也会不动脑子地忙这忙那。忽然我发现自己开始想我两天前与一位同僚之间的激烈争论。我又一次听到那个人的声音批评我所做的，然后是我自己支支吾吾、毫无说服力的回答。就在这时，我大脑里的另一个声音——那个新闻播报员一样的我——插嘴进来告诉我那个人有多蠢，而我居然如此懦弱毫无还手之力。那个对话中的我则高声回答"我同意"，并再次回到对话中。然后我发现对话中的自己在不断演练一个表达清晰、论点明确、完美无瑕的反驳。"我今天就要把这些话摔到他脸上。"沉浸于对话中的我扭头告诉新闻播报员的我，然后又回过头来继续推敲斟酌反驳中的措辞是否精准。忽然这个我又想："算了吧！随他去吧，就让那个蠢货自己陶醉其中吧。"而新闻播报员的我听到这句话立刻狠狠地高声骂道："你这个没用的废物、懦夫！"（哎呀，"懦夫"这两个字我好像说出了声，好像还挺大声的。我赶紧四下望望，确定没有人听到。）

你可能会说，这不算幻听，因为我没有真的听到声音。它们是想法，而非声音。但这两者之间的区别真的很大吗？天籁之音幻听协会的一个研究小组最近进行了一项目前为止规模最大也是最为细致的幻听者调查。研究人员招募了153名被试者，他们中的大部分具有心理疾病史。研究人员要求这些被试者用自己的话形容他们的幻听经历。根据他们的描述，只有大约一半被调查者的幻听经历是纯声音性的，就好像"有什么人在屋里说话一样"。[25] 其余一半被调查者"听到的"声音则部分甚至全部是想法。但是这些正常的大脑活动对我们的影响有时可能与病理性的听觉幻觉相同甚至更加严重。比如其中一位被调查者称："我其实并没有真的听到什么声音，但它们比外界的声音更深入、更无法摆脱。我无法形容我是怎么'听到'这种无声的声音的，但那个声音里充满了仇恨和厌恶，每一个词都清清楚楚、明确无误，甚至可能比真实听到的声音还要清晰。"

无论通过声音还是想法，一个"运转"着的大脑是人类生存的基础。"人类曾经是稀树草原上大型动物眼中最可口的食物，正是不停歇地思考的能力让我们从濒临灭绝一跃成为这个星球上最伟大的物种。"神经生物学家巴里·戈登（Barry Gordon）如是说。他继续解释道，如今我们不再需要面对祖先们时时刻刻面对着的那些生死考验：比如，路上的那个东西是个树枝还是只蛇？沙沙作响的树叶是被风吹动的还是被豹子拂动的？等等。但是我们作为灵长类动物的警惕性一直保留到了现在。"作为社会动物，我们必须要时刻注意谁掌握着局势，谁能够帮助我们，谁又会伤害我们。为了了解和掌握这些信息，我们的大脑一刻不停地对各种可能的局势做出假想和推测。'此时此刻的危险因素是什么？''机会又在哪里？'"[26] 因此，一个发育正常的大脑中始终充满了各种画面和情境。

大脑整日不停地嘀嘀咕咕。有些人觉得这很烦，就好像那些你无法控制的外界噪声，比如车流的声音、别人吵闹的音乐外放或者狂躁的狗叫。但是你至少可以堵住耳朵减弱这些外界的噪声，而那些你脑袋里面叽叽喳喳的闲聊却是耳塞堵不住的。这也是为什么一些人会去试图依靠冥想自我缓解。"冥想背后的逻辑十分简单：如果你脑子里的那个自我太吵、太烦或者太惹是生非，可能最简单的办法就是将它关小一点。"社会心理学家马克·利里（Mark Leary）这样说，他对于人类自我的研究领先世界。[27] 利里继续说："如果人类的自我在建立的时候能够设置一个静音按钮，它就不会像现在这样是一块通向幸福的绊脚石了。"

如果你还没有试过的话，我强烈建议你每天用几分钟时间认真地听一听头脑里面自我的声音。找一个安静的地方，闭上眼，仔细听。最开始你也许会听到自己无声的独白，它可能在说"回去工作"。但很快，其他人的声音就会开始传来。也许你的老板会告诉你"回去工作"，或者你会听到来自母亲或者幼儿园老师的声音。这些人的声音充斥在频道里，仿佛话筒被劫走了一样。你可以留心一下这些声音之间以及它们与你自己的声音是多么天衣无缝地融合在一起的。

当然，这些来自头脑的声音也并非总是令人厌恶，也有可能会鼓励或者夸奖你，甚至像一个优秀的心理治疗师一样帮助我们理解自己内心深处的挣扎。比如它可能会告诉你："你太累了。别忘了，昨天你几乎没睡。"这个声音也可能会救你的命。奥利弗·萨克斯说过，曾经有一次他被困在了山上，还拖着一条受伤的腿，情况十分危险，"我听到一个声音，这个声音与我平时听到的来自头脑深处的声音全然不同。那时候我刚刚艰难地横跨过一条小溪，拖着我因为受伤而缠着绷带的膝盖。这让我精疲力尽，麻木地呆愣了几分钟。这时，一种强烈的倦怠忽然袭来并笼罩了我。我想：为什么不休息一下呢？打个盹什么的？而这个想法立即被一个强硬而严厉的声音压住了，这个声音清晰地说：'你不能在这儿休息，在任何地方都不能休息。你必须要继续走。慢一点，用一个能够坚持的速度前进，但绝不要停下来。'这个生命之音围绕着我，安抚着我。在这之后我不再犹豫，也不再胆怯"。[28]

萨克斯的经历绝非个例。登山家乔·辛普森（Joe Simpson）在他根据亲身经历所写的书《冰峰暗隙》（*Touching the Void*）中描述过这样一件事。当辛普森在秘鲁安德斯山脉攀登一座21000英尺（约6400米）的高峰时，他不幸从一座冰架垂直地掉了下去并摔断了腿。在接下来的三天里，他被困在狭窄的缝隙里动弹不得，腿部受伤，断水断粮，严重冻伤，没有任何能够获得救援的迹象。

"我从未感到如此孤独……我被抛弃在这片美丽而荒芜的地方，这让我忧虑但也给我力量……这里一片寂静，白雪皑皑，天地之间除了我之外没有任何生命。我坐在那儿，让自己拥抱并接受这一切，思考我该怎么办……那个时候我的头脑里好像有两个人同时存在。其中一个有着清晰、强硬、尖锐的声音。它总是正确的，当它做出什么决定的时候，我言听计从。另一个则仿佛自由散漫的图像，不断抛出一系列不相关的场景、回忆和希望，在我按照第一个声音的命令行动的时候，就将自己沉浸在这些片段组成的白日梦中。我要下到冰川上去……那个声音详细地告诉我要怎么做，我遵循它的指示行动，而与此同时我的另一半大脑则漫无边际地在一个个想法之间跳来跳去……"

"每当来自冰川的温暖让我陷入精疲力尽的眩晕，几乎昏昏欲睡时，那个声音的我和画面的我会敦促我继续前进不要停歇。那是下午3点——距离太阳落山还有3个半小时。我艰难地移动着，进展缓慢。但那时候我好像并不担心自己像蜗牛一样缓慢的速度，仿佛只要遵从那个声音的指示就够了。"[29]

即便不是在这样极端的场景下，来自你头脑的声音也可以是有益的。比如它会告诉你一些有用的信息，通常会是一些细节信息——比如一个你正在绞尽脑汁试图回忆起来的名字或者地址。又或者它会提醒你某个举动的后果，比如："如果你把整块蛋糕都吃完，一晚上胃都会不舒服。"心理学家埃莉诺·郎登（Eleanor Longden）曾经在很长一段时间与自己的幻听作斗争。她描述了在她从内心深处接受幻听的存在后，这些声音是如何变得善意起来。"有时候它们甚至会帮我。"她写道，"在一次考试中，我脑子里的声音告诉了我答案。"（"这算不算作弊呀？"她问。）[30]

很多幻听者说，来自头脑里的声音会向他们提问，这些问题通常与幻听者正在思虑的事情相关，比如他们的精神状态（"为什么你会为此如此羞愧？"）或者行为活动（"你今天早上准备做点什么？""你要不要去找份工作？"），而很少会问天气怎么样或者今天是礼拜几之类的问题。很多幻听者还说，他们也会对那些声音发问。而那些声音，就如同几千年前的二元心智一般，会回答他们的问题。[31]

一些声音也会带有娱乐性。最常见的例子是音乐。尽管它们与其他难以抑制的幻觉一样，有可能给人带来不快，但也可能带来欢乐，比如一些幻听者会跟着听到的音乐一起唱歌。奥利弗·萨克斯曾提到过一个病人，他自称具有一个"大脑点唱机"，这个"点唱机"能够按照他的意愿从一张"唱片"换到另一张"唱片"。[32]

"想法"与"声音"之间的界限并不清晰。事实上，我们通常认为想法的本质正是位于脑内的讲话。也许你走路时或者入睡前在思考明天要做什么，你所有的想法都是通过语言进行的，不是吗？你听到大脑里的独白，尽管它并不真的发出声音。我们在上一章提到过一个研究，一台机器在一天中的任意时间随机地询问被试者他们在想什么。实验结果引人深思：大约80%的时间，我们都在用语言进行思考。[33]一些人会说听到很响亮的词句，少数人会听到其他人在对自己说话，比如赫伯特·穆林和约翰·纳什。但是，无论能否听到、音量大小，这些独白、对话、群体讨论都不可避免地存在在我们每个人的脑子里。

即便思考没有声音，你也"听"到了那些话。我想起我的同事英文教授杰克·麦克德莫特（Jack McDermott）曾经对我的忠告："你在修改文章的时候应该大声的念出来，因为阅读是听觉活动。"他说得对。有证据表明，大脑中主观语言处理的布洛卡脑区（Broca's area）在我们读书的时候会将看到的词语在头脑中"朗读"出来。[34]你在阅读这句话的时候大概也是如此。你在阅读的过程究竟有没有真的出声对于大脑并没有什么区别。我们的大脑日以继夜地进行着类似的内在叙事，我们不仅使用语言相互交流，更使用语言与自己交流。如果没有语言，也许我们依旧能够感知，但一定很难进行思考。

让我们回忆一下儿童是如何学会思考的。利维·维果茨基（Lev Vygotsky）是苏联极负盛名的发育心理学家和博学家，由于他在心理学领域做出的重要贡献，被称为"心理学领域的莫扎特"。在维果茨基最著名的理论中，他提出这样一个假设：我们最私有的活动——内在思考——起源于"人与人之间的交往"，是人生最早期人际交往的延伸。"在儿童的发展中，所有的高级心理机能都两次登台：第一次发生在社会层面，是个体之间的心理机能，而第二次则发生在个人层面，是内部心理机能。"维果茨基这样写道。[35]

儿童在人生的最初阶段是毫无自立能力的，他们在父母和老师的语言指导下小心地探索这个世界："宝贝，'上'字这样写。""骑自行车的时候你要不停地踩踏板，不然就会摔倒。""过马路之前要注意观察左右。"儿童在最初完全依赖这样的外界语言的指导。而当他们发展出自己的语言能力后，就会自己重复他们曾经听到过的指导。如果你走进一间幼儿园的教室里，你会听到孩子们在做事情的时候不停地与自己说话。"先从上到下画一竖，再在下面画一条长线，中间画一条短线，就是'上'。""一直蹬，不要停。""看看左，看看右，好，可以过了。"听起来是不是有点像走进了一间疯人院。

随着小孩慢慢长大，大人们会要求他们想事情的时候不要说出来。渐渐地孩子们就学会了将声音内化。这一过程可能分几步发生。最初老师可能会对正在高声自言自语的小孩子做"嘘"状，而小孩子则会将声音降低。再经过几次，低声地自言自语就会变为无声地动嘴唇。而最终，儿童会学会将这些语言完全保持在自己的脑子里，发育心理学家将这一时期称为"私语（private speech）"。维果茨基认为，思考正是从私语期开始建立的。[36]

根据维果茨基的理论，每个人最私密的内心思维活动实际上都起源于与他人的对话，也许是与你的父母或者其他在你牙牙学语的时候与你交流的人。思考并不是私人行为，而是社交活动。"（它是）人与人之间发生的事，"查尔斯·费尼霍（Charles Fernyhough）说，"如果我们渐渐地能够独立地思考，这只是因为曾经有人与我们一起做过这件事儿。"[37] 从这个角度看来，我们的大脑里原本就充斥着声音——自己的、别人的。这些声音也许会带来一些问题，但与此同时，它们也是我们得以生存的重要工具。"你每一句话中都有一半是属于别人的。"哲学家米哈伊尔·巴赫金（Mikhail Bakhtin）这样写道。[38] 我觉得这个说法不无道理。如果你觉得自己头脑中的想法只属于自己，那就太天真了。这样想当然是人之常情，但那只是幻想。

在医学领域，正常与病理之间有着明确的界线。无论是细胞癌变还是骨头断裂，都确定无疑地代表着一个人的身体出了某些问题。然而在心理学上，对"正常"的理解则可能有很多种。你听到的话语是有声的还是无声的？是从你自己的脑子里发出来的还是通过别人的嘴说出来的？其实这些问题的答案可能并不重要，真正重要的是，你听到的内容究竟是什么。

另外，也许要不了多久，我们每个人都能够与神对话了。科技的发展将使我们能够将芯片植入耳朵内。这一芯片能够接收指令并将信息通过语音告诉我们，比如路怎么走，哪里的餐馆最好吃等。然而最终，直接进入大脑的虚拟声音将会取代语音。这些虚拟声音能告诉我们在当下该说些什么，或者指导我们一步一步解决问题。这一过程与我们每个人小时候都经历过的学习过程相似，只是这一次，我们将听到来自专业咨询师、医师以及各个领域专家的指导。虚拟声音与真正的声音类似，但更加智能。比如，我们也许都不需要开口询问，在我们开口之前，系统就已经知道我们要问什么了。

这想起来颇有些讽刺意味：科学的发展将会带我们再次回到古老的二元心智时代。我们将与我们的祖先一样，获得智慧的引导。他们的声音将无比清晰，就好像真的站在我们面前一样——而这一次，他是我们真的智慧之源。

12. 牧猫

我的身上有一半爱尔兰血统和一半英格兰血统。这意味着每隔一段时间我就要被自己打败一次。

——罗宾·威廉姆斯（Robin Williams）

未来主义工程师雷·库茨韦尔(Ray Kurzweil)曾经有一个轰动一时的预测。他认为几十年之后，扫描人的大脑并将头脑中的全部信息都上传到电脑中将会是一件稀松平常的事情。事实上，库茨韦尔甚至说，这件事儿在技术上已经可行，目前最大的困难是成本，而成本问题将会在几年内得到解决。这项技术的完善将使人类脱离躯体的限制，换句话说，我们将能够在计算机芯片上永生。[1]

然而库茨韦尔的展望实际上引发了许多问题。其中一个让我始终耿耿于怀的问题是：究竟哪一个版本的我将会被储存？我不知道你的答案是什么，但对于我来说，生命不同时期的我绝不仅仅是不同的有机物拷贝。与几十年前的我相比，现在的我与同龄的大多数朋友之间的相似度可能要高得多。我很喜欢回忆自己年轻的岁月——5岁时第一天上幼儿园的场景，与我的高中同学第一次约会等。但是，如果让现在的我真的与当时的我相遇，我却不知道要和他说些什么。我恐怕会像个老父亲唠叨儿女一样啰啰嗦嗦地说这说那，令他不胜其烦。所以，库茨韦尔先生，当我的意识被上传并永远储存的时候，保存的会是哪一个我呢？假设我活到95岁的时候这一技术得以实现，我是不是只能将当时

镜子里的陌生人

那个半截入土的老头子永远地存起来呢？

没有生物能够在时间之外生存。在时间尺度上，每个人都在不停地更迭。回顾过往，过去有无数个我；如果活得足够长，未来也会有无数个我。前面两章里，我们集中讨论了我们与自己的关系：思维从何而来又去向何方，以及我们如何与自己对话。现在，让我们转换一下视角，讨论一下多个自我之间的关系：过去的我、现在的我，以及未来的我。我们知道，这些自我之间血脉相连，也自然会认为它们之间相互统一、关系和睦，是我们自己的小"彩虹联盟"[1]。然而事实上，这些不同的自我却会为了各自的利益而有着不同的思虑。想想看这太可笑了，我们每一个人在时间尺度上都是分裂的。

让我首先讲一个我自己的例子。我有个坏习惯，有时候会一时兴起安排一些社交活动，没过两天又会后悔。比如，大约几年前，我在纽约出差时出席了一场聚会。在聚会上我即兴和一对来自罗马尼亚的夫妻闲聊了起来。他们自称奥雷尔·爱明内斯库（Aurel Eminescu）和埃琳娜·爱明内斯库（Elena Eminescu）。我们聊起了各自的家庭和家乡，我向他们介绍了加利福尼亚州中部，他们也给我讲述了他们在布加勒斯特（Bucharest）的家乡。我还向他们热情地描述了美国几个壮美的国家公园 [优胜美地（Yosemite）、红杉国家公园（Sequoia）、国王峡谷（King's Canyon）]，并告诉他们这些国家公园离我家只有几小时车程。爱明内斯库夫妇对此兴趣盎然，不断向我询问有关这些旅游胜地的详细信息。

在我们即将分别之际，我将我的电话号码留给他们，并告诉他们如果去弗雷斯诺的话，可以顺便到我家坐坐。我说我们的别墅很大，儿女们搬出去后有两间卧室一直空着。我没有仔细想过他们会不会真的来拜访，只是觉得这样的邀请显得我十分慷慨。那一刻我甚至觉得自己像个大人物一样。这之后，我们相互握手告别。

---

[1] 译者注：彩虹联盟（Rainbow Coalition）是美国一个非营利组织，成立于1971年，以推动社会平等、公民权利以及政治行动为宗旨。

几天后，我飞回位于弗雷斯诺的家。在离开家四处旅行了两个星期后，此时此刻的我一门心思就是想回到家里，见到我的太太，继续我那"躲进小楼成一统"的宁静生活。我基本上是个内向的人。虽然我喜欢旅行，也喜欢与别人交流，但社交活动很容易让我疲倦。当飞机降落在弗雷斯诺的机场跑道上时，我唯一想做的就是查阅一下收件箱里无数的未读邮件，静下心来好好想想自己的课题，并在家里好好休息一下。然而打开手机，我发现了两条留言。第一条来自我的太太，她欢迎我回家并且告诉我，她已经按照我的要求推掉了今后几天的所有社交活动，保证我可以踏踏实实休息几天。而第二条留言则来自一个口音很重的男人，我几乎都听不出来他说的是什么。我第一次播放的时候，以为他在说"你好，我来自MM豆。"我以为是广告或者欺诈电话。然后我忽然想起来爱明内斯库，是那个我在纽约的聚会上认识的男人。我重新播放了那条语音留言。留言中说，他和埃琳娜告诉了他们的三个儿子——帕切、迪米特、拉杜——他们认识了我这个像王子一样高贵的人，他们告诉儿子们，我家周围有好几个特别漂亮的国家公园，他们全家还可以留宿在我家。他们决定接受我的邀请，并且已经做好计划，就在这个周末到旧金山游览，然后顺路到弗雷斯诺拜访我。也就是说，明天他们就到了。语音留言的最后是他们的航班信息，他们还请求我去机场接他们，当然，这也是我在聚会上慷慨承诺过的。他们准备用几天的时间分别去这几个国家公园看看，希望我届时能够当他们的向导。如果可能的话，他们还希望这5天都能住在我家。

我真想给自己一拳。当我回家将这件事告诉我太太之后，我太太也想揍我一顿。"让我捋一捋。五个你除了知道叫什么之外一无所知的罗马尼亚人要来咱们家住5天，是吗？你知道我不喜欢招待陌生人，而你也清楚你自己更不喜欢这件事儿。那么你哪根筋搭错了要在聚会上跟人家这么说呢？"而我唯一能说的只是："我错了，我是个白痴。"我是认真的，我真觉得自己太蠢了。我太太最后说："好吧，我这几天搬出去住。爱明内斯库的麻烦你自己解决。"她也是认真的。

我想说，犯下这样的错误是因为我被算计了。你在旅行中与刚刚认识的同行者客气地寒暄"回头一起吃饭啊",这不是很正常的事儿吗？难道他们不明白你这样做只是客套，而不是认真的吗？难道他们也不读读《孤独星球》(Lonely Planet) 旅行手册吗？弗雷斯诺根本不是所谓的什么旅游胜地。但这些都是借口，事实是我永远会犯这样的错误。我喜欢做计划，我总是不假思索地安排早餐会、午餐会、晚餐会、下午茶，一切的一切。我答应出版社交稿、答应系里开会、听报告、做演讲。这些计划在当时听起来总是对的，但是问题是，我总是无法预料当这一天真的到来，当这些事情真的发生的时候，我自己会有怎样的感受——事实上，每一次我都觉得陷入了圈套里，我意识到自己做出这样的安排和承诺的时候有多蠢，可下一次还是不长记性。

我自认为是个善于筹谋的人，常常为自己富于计划性而暗暗自豪。但是我渐渐发现，"给未来做计划"这件事儿让当时的我产生了愉悦感，而正是这种当下的快乐驱使我筹划将来。我想这就是我为什么常常将自己陷入困境的原因。我愿意享受当下的愉悦，却不想面对未来的现实。我并非想要给将来的自己出难题，只是在此刻，那个"将来的自己"并不在我的优先考虑范畴。

细想想，我真是对自己太残忍了。对我的邻居或者朋友，我肯定不会问都不问就为他安排一项他不喜欢的工作。我不可能会说："奥雷尔，欢迎你们全家来弗雷斯诺玩儿，你们可以住在我的邻居凯(Kay)和理查德(Richard)家，多长时间都可以。"但是这恰恰就是我对未来的自己做的事。现在我不得不为3天前那个愚蠢短视的我收拾残局。一个多么混蛋的人才会为别人制造这么大的麻烦？这个人简直害惨了我，他却仍毫无羞愧，从未道歉。

为什么伤害朋友比伤害自己更让我难受？为什么我会对自己如此冷酷无情？我不敢说自己了解这些问题的答案，但我相信，造成这些问题的核心因素是时间。我们每个人在本质上都被时间分割成许多部分。这一刻的自己永远也不会遇到下一刻的自己。而根据进化心理学，人类的一个最基本天性就是：如果我们预期会再次遇到一个人，对他的态度会更友善。"一个人现在对别人的态度将会在将来得到同等的回报"，社会交换的整个概念——互利合作——正是由人的这一特点驱使的。[2] 尽管"己所不欲，勿施于人"也同样是被人广为推崇的美德，但对于我们来说，未来的自己注定是绝对的陌生人。你又如何能够信任和体谅一个从未谋面的人呢？他仿佛是隐藏的人，又好像是《绿野仙踪》(*The Wizard of Oz*) 里"躲在帘子后面的人"[1]。这个人你看不见、摸不着，也想象不到。

我自认为自己在犯了错误后是个勇于道歉的人，但是我的措辞有时候会比较微妙。比如，我会这样说："不好意思，我刚才不是这个意思"，或者"原谅我，我刚才没有过脑子"。我的的确确在表达悲伤的情绪，但同时也是在暗示，做错事的并不是现在这个我，现在这个正在道歉的我是不会做出那样的蠢事的，做错事的是另一个人。我的口气听起来就好像一个首席执行官（CEO）在为公司里某个蠢货做的丑事道歉，但却并不自责。当一个人说"我为这场事故负责。我是公司的CEO，问题止于我"的时候，他其实是在说他很抱歉，但其实他也是个受害者。他在暗示："对那个真正的罪犯，我和你们一样愤怒。"

我们并非只在道歉的时候会以第三人称称呼自己，当我们提到自己的时候常常会使用类似的表达方式。比如如下的句子：

"我喜欢自己。"

"我痛恨自己。"

"我迷失了自我。"

"我吓着自己了。"

就好像有一个陌生人与我们共用一个头颅，是我的室友。这个室友叫作"我"（废话，还能是谁呢？），但同时他又并不被我支配。他有他自己的想法，按自己的想法行事。正是因此，我们常常又说出这样的话：

"你这不是睁着眼睛说瞎话吗？"（自我欺骗）

"哥们儿，你要控制你自己。"（自我控制）

"我在想自己昨天的行为。"（自我反思）

---

[1] 译者注：《绿野仙踪》中奥兹国的魔法师，躲在屏风后面用道具操纵幻象。

"别对自己太狠了。"（自我惩罚）

"你应该为自己骄傲。"（自我尊重）

如果外星人能够听见我们的对话，一定会觉得我们疯了。"地球人，请解释一下，难道你们都是两个人住在同一个身体里吗？也就是说每个人都是你们所说的什么'连体双胞胎'？或者难道说你们每个人都有精神分裂症？"可是我们确实就是这样的。《我为喜剧狂》（30 Rock）里曾经有这样一个很有意思的片段，亚力克·鲍德温（Alec Baldwin）对蒂娜·菲（Tina Fey）说："不要认为现在这个你就是你，你比现在的自己更出色。"如果外星人也有临床心理学家的话，他们一定会把我们这些人都抓走治疗的。但是他们错了，至少在我们看来，他们错了，因为这才是这个星球上的"正常态"。

今日事，今日毕。——本杰明·富兰克林（Benjamin Franklin）

能拖到明天做的事情永远不要在今天做。——亚伦·伯尔（Aaron Burr）

能拖到后天做的事情不要只拖到明天。——马克·吐温（Mark Twain）

外星来客们如果看到我们是如何对待未来的自己的，恐怕会更加迷惑。你的直觉一定认为我们会尽一切努力来使未来的自己变得更好，是吧？然而事实上，我们对于这个继任者将会处于何种境地却相当麻木不仁。

"延迟满足（delay of gratification）"一词是指一种甘愿为更有价值的长远结果而放弃即时满足的行为，这种能力十分重要。心理学家沃尔特·米歇尔（Walter Mischel）曾经针对"延迟满足"进行过一项著名实验。在实验中，一名研究人员给一群4岁的儿童每人发了一颗棉花糖，然后友善地提醒他们，如果他们能够忍住15分钟之后再吃的话，他会再奖励他们一块，这样他们就有两块糖吃了。你能够想象，尽管有着第二块糖的诱惑，一些孩子还是在15分钟之内就忍不住把糖吃了。[3]这一结果本身平淡无奇，但重要的是，米歇尔发现这一行为竟然与这些孩子多年之后的表现有很强的相关性。棉花糖实验进行了16年之后，米歇尔重新对当年的被试儿童进行了回访，当年的四岁孩童如今已经是

20岁的青年。他发现那些当年忍住诱惑在15分钟后才吃糖的孩子的高中成绩更好，高考分数更高，并且在情商和社会适应性等方面都更加出色。这些孩子的成功甚至延续到更多年之后。在棉花糖实验进行了40年之后，米歇尔对这些被试者又进行了回访。那些在4岁时禁得住诱惑的人与没能禁住诱惑的人相比，取得研究生学位的比例更高、收入更高、更少遭遇困境，在人生的各个方面都收获颇丰。[4]

自我控制的价值已被多个研究证实。[5]这件显而易见的事儿其实并不需要心理学家来告诉我们。如果一个你信赖的人告诉你，你可以选择现在拿到薪水，或者几天后拿到双倍薪水，那你显然应该等。然而事实却是，很多四岁儿童却很难为了第二块棉花糖忍耐15分钟。

行为经济学中专门有一个名词形容这种思维方式——"双曲贴现（hyperbolic discounting）"：我们倾向于认为当下能够得到的满足比未来的满足更有吸引力。[6]"二鸟在林不如一鸟在手"说的正是这个意思。这一思维方式对于我们祖先的生存具有重要意义，他们时刻都在为"下一顿吃什么"而四处奔波，根本无暇考虑什么未来。然而，虽然我们如今的生存环境与远古时代相比早已不可同日而语，这一思维方式却保留了下来，成为我们根深蒂固的本能，这一本能促使我们忽略长远结果的价值，做出错误的抉择。

当我们这样做时，其实是对未来自己的不负责任，仿佛当下的"我"比未来的"我"更重要。但是这仅仅是我们扭曲的逻辑的开端。当下满足明显会为我们带来好处，只是较为短视罢了。下面你将会看到，我们也会在没有短期好处，甚至完全没有好处的情况下损毁未来自己的利益。更为费解的是，与此同时，我们会因为伤害了未来的自己而在当下倍感挣扎。我们为未来的自己创造的困难越大，在做这件事情的时候就越痛苦。这种痛苦并非那种"令人愉悦的忧伤"——比如在失恋的时候将自己整个沉浸在忧伤的歌曲中，或者徜徉在故乡的小路上尽情恣意回忆过往。我所说的就是单纯的痛苦。

想想人类的通病拖延症吧，将一件必须要做的事情一拖再拖其实半点好处也没有。[7]病人明知自己身体出了问题却拖着不看医生，报税者宁可交罚款也无法在截止日期前提交报税文件，作家宁可先做一些可有可无的小事儿也一定要拖到交稿日期之后才能写完书稿。拖延症最令人匪夷所思的一点，也是人类思维最令人惊奇之处在于：你在拖延中感到的痛苦比起做那件该做的事情时经历的痛苦更强。拖延得越久，痛苦就越强烈。比如你拖着不去洗碗，你清楚地知道无论如何你最终还是要去做这件事儿的，而且拖得越久，碗就越难洗，但偏偏还是要拖延。你将脏碗留给未来自己的同时，也将一个肮脏的厨房留给了现在的自己。[8]

作为一个教授，我被拖延症患者围绕着。每个学期我都会看到一些学生在学期论文交稿截止日期即将到来前无比痛苦的样子。我问他们，你们为什么不能对自己好一点，早点动手呢？反正这论文你迟早得写。他们都会说，是啊教授，你说得对，然后转头继续折磨自己。人类的拖延症简直已经病入膏肓了，以至于对这一课题颇有研究的经济学家乔治·安斯利（George Ainslie）将拖延症称为"构成时间的基本要素"。安斯利甚至说，拖延"是人类的基本脉搏"。[9]是的，我们也可以告诉远道而来的外星朋友："拖延，也是这个星球的常态"。

认知心理学家丹·艾瑞里（Dan Ariely）和他的同事克劳斯·维顿布洛克（Klaus Wertenbroch）针对拖延症进行的一个实验引人深思。艾瑞里在MIT教授一门课程，这门课的最终成绩通过学生提交的三篇论文来计算。在上课的第一天，艾瑞里宣布，这一次他为学生们提供了额外的选择权：学生们可以自主选择三篇论文的提交日期。但是与此同时，他们必须要遵守如下的规则：第一，三篇论文最晚要在课程结束前提交；第二，所有学生要在下次上课时自行确定自己三篇论文的提交时间；第三，一旦论文的提交时间确定，就不可更改；第四，论文一旦逾期提交，每迟交一天会在最终成绩上减去一个百分点作为惩罚；第五，学生们可以为自己设定较早的论文提交时间，但提前提交没有奖励。

显而易见，最理性的决定是将三篇论文的截止日期都定在课程的最后一天。由于提前提交没有奖励，而逾期提交却有惩罚，因此将三篇论文的截止日期都定在最后一天将给你最大的灵活性：你可以在任何一天提交论文，但如果需要，也可以拥有更长的时间。这样的策略最大化地利用了规则并且毫无缺陷，任何一个人不需要思考就应该做出这样的决策。那么，艾瑞里的学生们在拥有这样的自由度之后会作何选择呢？他们只将三分之一的截止日期设定在了最后一天——也就是说，大部分人只将一篇论文的提交日期设定在最后一天，而这正是循规蹈矩的一般课堂上的通常要求。只有27％的学生将三篇论文的提交日期都设定在了最后一天。[10]

我们很难说这些学生是愚蠢的，毕竟他们都是MIT的高材生。那我们如何解释为什么四分之三的人做出这样不理性的决定呢？答案也许是，他们并不信任自己。他们都清楚，拖延症不但会给他们造成短期的痛苦，更会影响他们长期的表现。他们不仅会为拖延而愧疚，更会为自己最终的成绩而焦虑。拖延得越久，愧疚感就会越强，最终成绩也会越低。同时他们更清楚，即便道理都懂，一旦轮到他们自己掌控进度的时候，他们还是会拖到最后一刻。

"我不信任自己。"这是一句多么有趣的话。说出这句话的"我"相信，另一个"我"会在未来的某个时刻控制局面，并且确信那个"我"的所作所为将会同时损害两个"我"的利益。这就是所谓的没有自控能力吗？更精确的说法是否应该是"一个自我不能控制另一个自我"？新闻记者詹姆斯·索罗维基（James Surowiecki）正是这样的观点："对付拖延症的第一步并不是承认自己有问题，而是承认'某一个自己'有问题。"[11]

我们常常对自己说，拖延症产生的原因是不够"自律"。拖延症的普遍性让"自律"这个词几乎成了日常用语，好像控制自己就像控制孩子或者宠物一样稀松平常。然而事实上，自控却是极为奇特和错综复杂的。"控制"的基础是权威和力量，"自控"则意味着我们对自己有着至高无上的权威和绝对的掌握。但别忘了我们在对抗什么：我们的对手是意识层面之外的黑暗幽灵，它的手中掌握着王牌。意识使自我能够决定做什么："我要走上前去跟那个美丽的女人介绍自己。"但是更大的问题在于，你是否真的会去做。有时候答案是肯定的："请原谅我的鲁莽，但我真的没办法不注意到你，我想认识你。"但有时候，你能够真切地感受到由内而外来自自身的抗拒："我简直太害怕了，没办法去做。"你这样告诉自己。换句话说，意识做出的决定被打败了——内部决策者使用了一票否决权。

现实如此，你如何"控制"自己？教导人们如何自律的书籍文章汗牛充栋，这其中很多都是想方设法帮助人们变得更有毅力或者更加顽强。如果这种增强意志力的方法对你有效的话，恭喜你。但对于大多数人，这一招并不奏效。而当我们失败的时候，总会自责，告诫自己下一次要更顽强地坚持下去，而真的到了下一次，一切也并不会有什么改变。如果你发现自己陷入了这样的循环，可能要改变一下方法。就如同股神沃伦·巴菲特（Warren Buffet）说过的：如果你发现自己始终陷在同一个洞里，可能最该做的是停止挖洞。

我的建议是，你可以和那些MIT的学生学习一下：不要相信自己。承认自己的缺陷并寻找一种能够接受并容忍它的办法。更准确地说，承认并接受"你们"的缺陷：那个意志力不够坚定的"你"以及那个足够坚定但懒于改变的"你"。最好的办法是想象你在试图改变另外一个人，实现这一点有许多种策略，比如你可以通过一些巧妙的小伎俩取得微妙的心理学效应。你可以把它想象成胡萝卜战术，这个战术的最终目的是偷偷地溜过你内心的防御线而不引起它的抵抗。你可能听说过"结构性拖延（structured procrastination）"，它的原理正是利用了这种战术。"结构性拖延"认为，拖延并不等于什么都不做。事实上，许多重度拖延症患者犯拖延症的时候也正是他们忙得最不可开交的时候。比如，我的一位作家朋友斯坦顿（Stanton）曾经告诉我，通过他办公室的整洁程度就可以知道他的进度如何：办公室越干净，就说明他写出的东西越少。但是反过来想想，如果整理办公室是他待办事项上的第一项的话，他恐怕就会拖延着不去做了——而这也正是"结构性拖延"的关键。

斯坦顿并不懒，他只是不想做他应该做的事儿。结构性拖延正是将你的注意力集中到那些在你的观念里没那么重要的任务上。哲学家约翰·佩里是结构性拖延的提出者和推广者，他建议我们开发一种任务拣选法。首先，确定你需要完成的任务都有哪些，将它们按照重要性由高到低排序。你当然知道自己的拖延症一定会阻碍你完成这个列表上最重要的第一项，但排在它下面的第二项也许值得一做，不但如此，"做这些相对次要的任务变成了不做那些更重要任务的一种方式"。佩里这样写道。如果你精心地设计你的任务列表，"你就依旧是个有用的人。事实上，正是利用了这种方法，许多人甚至以为像我这样的拖延者是个高效的人，能够完成许多工作。"[12] 这是一种柔术，越拖延，越高效。

但是有时候，微妙的心理学效应也许并不够。这种时候，可能就要将"胡萝卜"换成"大棒"了。就像《教父》（Godfather）中黑手党老大兼心理学家柯里昂（Corleone）那句著名的台词所说的那样："我们要给自己开出一个无法拒绝的条件，甚至得威胁自己。"我知道这听起来有些不近人情，但是《教父》电影中另一个角色说过："老弟，别放在心上，就事论事而已。"艾瑞里班里的高才生们正是利用了这样的策略，他们自行在这份工作协议中去掉了自由度，然后强制自己接受它。签字，封口，提交。

这听起来不像是一种非常积极向上的思考方式，但你可能想不到，它其实有着悠久的历史和传统。在荷马（Homer）史诗《奥德赛》（Odyssey）中，女巫喀耳刻（Circe）告诉尤利西斯（Ulysses），他将会听到海妖塞壬（Siren）无比美妙的歌声，但同时警告他，所有听到塞壬歌声的船员都会被歌声迷住，寻声而去，最终撞在岩石上船毁人亡。听到这个信息，尤利西斯做了两件事情。他首先让他的所有船员用蜂蜡将耳朵堵住，然后他又让船员们将自己绑在船的桅杆上，这样一来，他虽然能够听到歌声，但不能操纵船的行进。在这样的安排下，自由度被规则代替。如今，这种自我设限的方案在法律界被称为"尤利西斯契约（Ulysses contracts）"。

契约里任何看似荒谬的条款都有它存在的道理。举个例子，据说著名作家维克多·雨果（Victor Hugo）曾经对自己毫无自制力不能专心工作大为失望。为了克服这一缺点，他决定一丝不挂地写作，防止自己中途开小差。这还不够，为了进一步确保这招起到效果，雨果让仆人将他的衣服藏起来，如果当天的工作计划没有完成就不要告诉他衣服在哪里。[13]

这种自我威胁还可以进一步升级为自我勒索。博弈论的相关文献中常常会引用这样的案例。诺贝尔经济学奖得主托马斯·谢林（Thomas Schelling）曾在他1971年撰写的论文中描述过，在位于丹佛的一个药物成瘾诊所中，高级客户可以选择将自我折磨加入治疗过程："病人们首先写一封承认使用成瘾药物的认罪信交给诊所保管。诊所在接下来的日子里会随机对病人进行抽查，一旦在抽查中发现病人在使用可卡因或者其他成瘾药物，就会将这封认罪信寄给相关的收件人。比如，如果病人是一名医师，他的认罪信会被寄给州立医学考试委员会（The State Board of Medical Examiners），由于违规使用可卡因的罪名违反了州法律和医师执业道德，这名医师将会被吊销行医执照。这一执行过程相当正规，毫无转圜余地，因而对于病人而言，这不仅是一种强有力的威慑，更是表达决心的一种郑重方式。"[14]

再让我们讨论一下塞尔达·甘姆森（Zelda Gamson）的例子。甘姆森是一名政治活动家，穷其一生都在与社会不公平抗争。甘姆森的烟瘾很大。在经历了许多次不成功的戒烟之后，她决定最后一搏。她公开宣称，如果自己再吸烟，就给三K党（Ku Klux Klan）[1]捐赠5000美元。并且为了确保自己不会反悔，甘姆森恳请她的一位密友监督实施：她签了一张支付给三K党5000美元的支票，然后将支票交给她的密友并且告诉她，如果抓到自己抽烟，就立刻将支票寄出去。从此之后，甘姆森再也没有抽过一支烟。[15]

从上面的例子来看，最有效的策略可能是让其他人（或者叫第三方？）介入一个人的自我抗争中，扮演支持者或者裁判的角色。一项非正式的研究发现，当有其他人查看和监视一个人的进度时，这个人坚守承诺的可能性会增加接近一倍（从37%增加到62%）[16]。因此，如果条件允许的话，你应该雇一个个人助理。我曾经与一个叫作路易斯（Lewis）的学生一起尝试过这一方法。那天他到我的办公室向我咨询学期论文的事儿，他告诉我，曾经有一个学期他在写一篇论文，而那个学期他整个人都憔悴不堪。他的典型症状是这样的：每天一大早

---

[1] 译者注：三K党（Ku Klux Klan）是美国不同时期风行白人至上主义和基督教恐怖主义的民间团体，也是美国种族主义的代表性组织。

他都会确定好今天的写作计划，然后一整天都在想尽各种办法拖延、无视，甚至重新确定今天的计划，直到上床睡觉为止；而在夜晚他又会辗转难眠，不停地懊恼自己又搞砸了一天。第二天精疲力尽地醒来，又开始新的循环。换句话说，路易斯简直是教科书般的拖延症患者。我询问路易斯，你的拖延症如此严重，又是如何能够取得现在的成绩的？他将满肚子的牢骚噼里啪啦地都抖露了出来，他说他有一个唠唠叨叨的母亲，整天在他耳边提醒他回去干活。几年前他觉得自己受够了，于是告诉母亲不要再烦他，而正是从那时候开始，他一步一步陷入现在的境地。

我建议他尝试一种我从耶鲁法律和管理学教授伊恩·埃尔斯（Ian Ayres）的一本书中学到的策略：雇佣一个人专门在你耳边唠叨。[17]我希望这样一个人能够代替路易斯妈妈的角色，而并不引起他情绪上的反感。路易斯觉得这个想法很有意思，并且真的开始尝试。他找到一个"超级烦人的婆娘"[他叫她丸达（Wanda）]，丸达同意"不管路易斯怎么咒骂抱怨"她都按照约定的规则行事。路易斯和丸达约定每天至少写350字，并在当天晚上9点之前将稿子用电子邮件发给丸达。路易斯第一次迟交的时候会收到丸达一封温和的催促邮件："路易斯，我今天还没有收到你的邮件。"但是，如果他继续迟交的话，丸达的骚扰就会开始升级。第二次错过截止时间，丸达会打来一连串电话并且不断发短信催促他。如果这不管用，她就会将路易斯未能完成计划的内容发在脸书（Facebook）上让所有人都看到。如果路易斯依旧死不悔改，丸达就会寸步不离地跟着他在他的耳边唠叨——"我妈妈之前就是这样做的，"路易斯说，"那感觉简直生不如死。"幸运的是，路易斯后来告诉我，情况并没有发展到这一步。他确实迟交过几次，但从来没像过去两年那样完全失控。路易斯说，这并不是唠叨本身的功劳，而是对唠叨的恐惧起了作用，而这正是伊恩·埃尔斯在书中的推测。最近路易斯又告诉我，这个方法确实很管用，他后来又在许多其他场合重复使用过。

如果对于你来说，找一个真人来监督自己不太现实的话，你也可以考虑使

　　　　　　　　　　　　　　　　　　镜子里的陌生人

用功能类似的网站。比如，一群精通电子技术的拉比（Rabbi）[1]建立了一个叫作"终极方案（The Resolution Solution）"的网站，用来帮助教徒们坚持他们在岁首节（Rosh Hashanah, 犹太新年）定下的新年计划[18]。你在网站上写下你的新年计划，网站会按照你的要求每天、每周，或者每个月发电子邮件提醒你曾经的承诺。"它可能每天、每周，或者每个月都烦你一次，唯有安息日（Shabbat）除外。"网站的共同创建人之一莫蒂·塞利森（Motti Seligson）这样介绍他们的网站。[19]

还有一些方法更加视觉化。比如在一些网站上，你可以为自己建立一个可视化的唠叨者。一个日本网站允许超重的男人们设计一个老婆的形象来监督他们，从简单的注意饮食（比如"多吃蔬菜"）到许多其他更加复杂的生活习惯。这一网站的订阅者能够在四种老婆形象中选择一种：调皮的女仆、严厉的女职员、温柔的小护士或者时尚的美甲师，然后再个性化设置所选形象的长相和声音。这个唠叨的老婆会在订阅者违背约定的时候给他们发送不同的信息，从温和的催促到暴躁的怒吼。这个网站显然有些性别歧视，但它背后的心理学机制却可圈可点。如果这样的机制能够与未来更加先进的技术相结合，无疑会起到更加惊人的效果。[20]

你可能会觉得使用类似这样自我管理的方式毫无自尊，或者至少也是一种意志力薄弱的体现。但你也可以从另外一个角度理解它：它是我们意志力的延续和辅助。我们在许多脑力活动中都需要利用辅助，比如，假设我要求你不使用计算器计算 $14 \times 18 \times 13$ 等于多少，你恐怕会需要借助纸笔打个草稿。这能算作弊吗？记忆也是如此。我去超市之前会简单地列一个购物清单，我的手机里存着无数联系人的名字，还有我的电脑——当我写作的时候，屏幕上显示的文字能够帮助我梳理思路。

我不认为使用这些"设备"代表了人类的失败。我利用这些设备所取得的成绩依旧属于我，我依旧为之骄傲。这就好比盲人的拐杖——它并非取代了主

---

[1] 译者注：拉比（Rabbi）是指犹太人中的智者，在宗教中担当重要角色，为许多犹太教仪式做主持。

人的胳膊，而是他胳膊的延伸。在盲人的意识中，拐杖的末端就是他触觉的最外沿。纸、笔、电脑也是如此，只是由于电脑的功能已经被高度集成化了，以至于会造成这样的假象，"我们以为只有在用手指敲击键盘的时候才是在使用电脑。"哲学家约瑟夫·希斯（Joseph Heath）和乔尔·安德森（Joel Anderson）如是说。[21]

我承认，个人意愿的辅助物听起来有些古怪。但是，反过来想一想，你设计并且实施了这一辅助措施，为什么会觉得这一辅助措施带来的成就不是你的呢？那么，为什么使用拐杖听起来稀松平常，而让你的管家藏起你的裤子或者使用结构性拖延法会让你觉得难以接受呢？你自己决定了使用各种策略增强意志力，这就是意志力的体现——至少我是这么觉得的。盲人之所以能够自由走动，这本身因为他们知道如何移动拐杖，这是他们自己的功劳，而不是拐杖尖的功劳。同理，我不知道自己会不会中途因意志薄弱而放弃，但我在想方设法降低这种可能性。

但是话说回来，我依旧不觉得"意愿"或者"意志力"究竟有什么区别。在大多数情况下，我们并非"意愿"做一件事儿，而是"决定"去做。尤利西斯的方法简单粗暴，斯坦顿的方法则更加迂回温和。胡萝卜和大棒，哪一种更好？答案并不重要。真正重要的是："你成功了吗？"同样重要的还有：即便这件事情是你使用种种策略"哄骗"自己去做的，与"意愿"去做相比，你获得的成功具有同等分量，甚至更加珍贵。我们总说"新方法弥足珍贵"，为了实现有效的自我控制，我们殚精竭虑地开发出各式各样的创新方法，难道不应该为之骄傲吗？

如果有时候我们看起来荒谬地与另一个自己争辩，像街头的无赖混混儿一样相互哄骗、利用，不要惊讶，那只是人间喜剧的一个篇章。伊恩·麦克尤恩（Ian McEwan）在他的小说《追日》（*Solar*）中有过非常精辟的描述："在我们做出重要决策的时刻，头脑就好像议会的辩论厅：不同派系此消彼长，短期和长期利益互不调和，一些方案掩盖了另一些，而新的意见还在被不断提出、讨论，然后否决。整个过程波诡云谲，腥风血雨。"[22]

又如同作家杰·麦克伦尼（Jay Mclnerney）所言："你的思想组成了一个共和国……然而不幸的是，这个共和国叫作意大利。"[23]

13. 一群演员

台上的他简单、自然、直率；台下的他却在演戏。

——奥利弗·高德史密斯（Oliver Goldsmith）《报复》（*Retaliation*）（1774）

先找一份工作，再成为胜任这份工作的人。

——博比·巴雷特（Bobbie Barrett）《广告狂人》（*Mad Men*）

我永远不会忘记我第一天在大学课堂教书的情景。对于一个普通人的普通生活来说，这应当是一个值得庆祝的时刻。能够走到这一步无疑是一件值得骄傲的事情。为了这一天，我整整打拼了10年——4年本科、2年硕士、4年博士。我遭受了无数折磨和打击：无休无止的测验、资格考试、综合考试、论文、毕业论文，做助教时被学生抱怨，做科研时又被导师压榨。我着实是从无比激烈的竞争中侥幸胜出才得到这样一个学术界的工作。我是幸存者、完赛者、成功者。当我离开位于纽约的简陋的研究生宿舍，准备启程到加利福尼亚州做一名体面的大学教授时，所有人都在对我表达祝贺。"我们为你骄傲，小伙子。"我的一位导师这样说，"你的未来有无限可能。"

但是现在，坐在新办公室里等待讲第一堂课的我能够感受到的只有恐惧。我问我自己，我明知道自己这辈子最怕的就是当众讲话，为什么还要选择这样一个成天需要当众讲话的职业呢？我的确是想成为一名教授，从记事开始，这就是我的梦想。但是此时此刻，我有点怀疑我一直以来的所谓梦想会不会只是愚蠢的"叶公好龙"？

随着上课的时间越来越近，我开始在小小的办公室里来回踱步，经历着冠心病患者的典型症状——心跳加速、呼吸短促、汗如雨下，我感觉自己仿佛陷入了某种奇特的圈套。而更加奇特的是，我的大脑此时此刻仿佛也被套住了。我不停地对自己说："往好的方面想。"但是，说出来你可能不信，我这样一个刚刚拿到心理学博士学位的人，此时此刻脑子里唯一能够想到的只是那些老套的耐克标语什么的："全力以赴（Be all you can be）""放手一搏（Just do it）""梦想没有终点（There is no finish line）"。天哪，我不仅是个蠢货，还是个毫无新意的蠢货，蠢货中的蠢货。

长久以来，我印象中感到最害怕的一次是在布鲁克林上高中时做口头报告。那个超级恐怖的场景这些年来一遍遍地在我的脑海中回放：十年级的英语老师让我们每个人准备一个演讲来对经典文学书籍进行评论。我很不明智地选择了《鲁滨逊漂流记》（*Robinson Crusoe*），R开头单词的发音对我来说有些困难，这导致我整个演讲过程都结结巴巴的。这还不算，老师还要求我整个演讲过程必须使用英式发音。这对于我来说更是极大的挑战，因为我不久之前才刚刚被学校的演讲辅导老师诊断为"布鲁克林口音严重"。（拜托，这不是很正常嘛，我可是在布鲁克林上学啊！）我当时的演讲糟糕得一塌糊涂。十几年之后的今天，同样的噩梦又一次笼罩了我。我仿佛能够看到那个15岁的我在全班同学面前战战兢兢地分析《鲁滨逊漂流记》，尽力不使用"鲁滨逊"这个R开头的词。与此同时，我努力地使用英式口音，这让我听起来好像个口齿不清的脑中风患者。

作为教师，这第一堂课显然只是给无休止的公开演讲起了个头。我真的要在接下来的35年里每天都如此折磨自己吗？我一直以来究竟为了什么一心想成为教授？那一刻，我真的想立刻撂挑子不干了。是的，立刻。因为如果真的决定不做这个职业，我何苦要上这第一堂课。

然而，不知道为什么，我还是鬼使神差地走进了教室，上了这堂课。对于这段经历，我的记忆非常模糊。事实上，我对于整个第一周的印象都非常模糊。

但是神奇的是，在有了这第一次令人抓狂的经历后，我好像变了一个人：一个全新的我，一个大学教授，破茧而出。这个新我——我叫他L博士——在课堂上镇定自若、自信健谈。我首先注意到的一件事儿是，L博士说话的方式显得很睿智。他和我平时的说话方式不太一样，甚至连布鲁克林口音都少了很多。学生们明显很吃这一套，而奇怪的是，连我自己也很喜欢这样的新自己。甚至有几次当我听到自己说的话时都会在心里偷偷地想："哦，说得太好了！"有一次我听到自己在课堂上建议学生设计一个很精巧的实验去验证一个我之前讲过的概念。而下课后，我自己立刻就像个听话的好学生一样按照"L博士"的建议在纸上勾勒出了实验设计的草稿。

我一直以来都是个笨嘴拙舌的人，以至于在我的记忆里，童年的我每次开口都不会超过两三句话。但是几年前的一堂课上，我居然设计了一个小故事作为开场白。而当我讲完这个小故事后，学生们的兴趣明显被激发了，他们开始接二连三地提问，想要知道更多。于是我翻过头来把故事又讲了一遍，这一次我加入了更多的细节，一个场景接着下一个场景。当我无意中抬头看到墙上的挂钟时才意识到半堂课已经过去了。从那时起，L博士成功地蜕变成为一名能说会道的人，我从来没有想到自己能够做得这么好。

还有幽默感。以前，我一直试图变得有趣一点，但我内心深处的不苟言笑总会难以抑制地冒出来（至少试图要冒出来）。而现在我发现自己经常即兴发挥讲一些幽默的小段子。一个学生甚至抱怨说他交了那么多学费可不是来听单口相声的——说实话，这在我听来更像是称赞。我有时候还会和台下的学生们一唱一和彼此配合，真的好像在做一场即兴脱口秀。这些东西都是从哪里来的？

在一些我认识的人身上能够找到这些新个性的蛛丝马迹。但是有意思的是，我在当时却丝毫没有察觉我是在模仿他们。曾经有一次，我的一位老朋友主动提出在上课风格上帮我提些意见建议。我于是邀请他旁听了我的一堂课。课后我询问他我上课时的肢体动作和手势是否恰当，他说："我很喜欢你在提出观点的时候模仿约翰·列侬（John Lennon）的样子，真的棒极了。"我听到后一脸茫然，因为我一点也没有觉得自己在模仿列侬。然而第二天上课的时候，我发现我的朋友说得对。我甚至带着摇滚腔跟一位帮我捡笔的同学说："谢啦，哥们儿。"

从那时起，约翰·列侬的影子就一直盘旋在我脑海中。几周之后，我对约翰·列侬的模仿达到了荒谬的程度。那段时间我正在讲文化对于童年发育的影响。我想在课堂上加入一点自己的亲身经历，因此讲了一个小时候的玩伴阿兰（Alan）戏弄我的祖母，让我大为震惊的故事，学生们听得十分入迷。这激发了我内心的表演欲，我感觉到自己越讲越热情高涨，在故事的结尾，我说："这就是一个在利物浦乡下破碎家庭里长大的孩子的故事。"这个结尾听起来倒是恰如其分，但其实无比荒谬：我明明来自纽约布鲁克林区，在一个温暖的东欧犹太裔家庭长大。呃，我那个时候大概列侬附身了[1]。

类似的事件不止一桩。还有一次我在给学生们讲爱利克·埃里克森（Erik Erikson）的"人类发展的八个阶段"理论[1]。当讲到成年中期阶段，也就是埃里克森所说的"繁殖—停滞阶段"时，我讲到追求一个不仅有利于自己，而且能够对别人产生影响的人生目标是多么重要。为了说明这一观点，我举了我的朋友的例子。我的许多朋友人到中年已经赚得盆满钵满，却总在抱怨这些钱不能给生活带来一点意义。讲到这些的那一刻我觉得自己睿智极了，我对学生们说："当我在你们这么大的时候，也觉得金钱和成功就是我应当追求的全部。但是当你们到了我这个年纪时才会明白，为别人做出贡献、创造价值的感觉是多么重要。你需要将时间花在你的家人、朋友和其他你在意的人和事情上。生活是最好的老师，这么多年来我学到的最重要的一课就是：时间永不会倒流。"听起来不错，是吧？但是仔细想想，我究竟在说什么？"当你们长到我这个年纪"？我当时不过也才27岁。正如我祖母常常用她的母语意第绪语[2]念叨的：还是个雏儿呢（nothing but a pisher）。还有，"生活是最好的老师"？我也才离开学校两周时间，未免学得也太快了。更重要的是，我在说的时候就觉得这段话熟悉极了——我离开加州老家的时候父亲对我说了几乎一字不差的一番话。看吧，

---

[1] 译者注：约翰·列侬在利物浦出生长大，早年与父亲长期分离，并长期寄居在姨妈家。

一夜之间，我又具有了编剧的才能。

著名生物学家罗伯特·萨波尔斯基（Robert Sapolsky）在他的著作《睾酮之灾》（*The Trouble with Testosterone*）中描述了一个自己的类似经历。当萨波尔斯基的父亲去世后，他发现自己的身上不知不觉地出现了许多父亲的影子。他的行事作风开始有了父亲的样子，会去穿父亲的衣服，甚至还会跟父亲一样随身带一瓶硝酸甘油，尽管他的心脏比父亲好多了。萨波尔斯基对父亲的模仿在他第一次上课时达到了顶峰。萨波尔斯基本来想要在课堂上讲一段纪念父亲的话，然而，穿着父亲的法兰绒旧衬衫站在讲台上时，萨波尔斯基发现自己更像是在以第一视角扮演自己的父亲。回顾自己在课堂上讲述"耄耋老人的人生忠告"时，他这样形容：

"我告诫他们，在对抗人生困境之时，在图谋获得成功之际，要时刻准备面对挫折，更要时刻清醒地意识到，每一点成就的背后都必然有着无法避免的牺牲——比如缺席子女的成长过程等。这并非我的想法，因为那时候的我仍然对于平衡家庭和科研工作抱有一丝乐观的期望。这是我父亲的观点，他在人生的最后几年常常表达出对于早年间自己忙于工作而忽视家庭的愧疚和悔恨。我告诉他们，我了解他们想要改变世界的雄心壮志，但他们应当做好准备，总有一天他们会感到疲倦——尽管他们现在绝不相信。"[3]

我完全理解萨波尔斯基。这种感觉就好像一位演员完全沉浸在角色中，而无法分辨自己与角色之间的分界线。女演员安南·彼得森（Annan Peterson）就曾告诉我："有很多次我完全沉浸在那个场景中，情绪完全被角色控制，让我觉得自己就是那个角色，就处在那个场景中。"她还有可能迷失在剧本中，对与自己演对手戏的演员产生真的爱恨情仇。彼得森回忆起一段非常奇怪的遭遇，当她在爱尔兰一个农场里拍戏时，"一只大苍蝇落到我的膝盖上，我狠狠地将它拍死了。做这件事儿的既是角色中的我，也是真实生活中的我。那一刻我觉得我就是一个生活在爱尔兰农场里的当地人，周围是四处走动的家畜。那种感觉很真实，绝非演戏。"[4]

但是演员总归有剧本可以参考，而我呢，我不清楚那些从我嘴里说出的词究竟从何而来。也许那就是我的父亲在说话，而我只是双簧表演中坐在前面对口型的那个人？或者我确实是在按照剧本念台词？如果是这样的话，剧本在哪里？何时算是开机？编剧是谁？导演又是谁？

毫无疑问L博士就是我。但是他的风格跟我有天壤之别。他富有生气、善于表达，他能滔滔不绝地讲话，有时候甚至能够连续讲一个半小时（比如在那种90分钟的大课上），这一点我绝对做不到。有时候我还会暗暗揣测L博士接下来要说什么。但我的新身份也并非完全取代了我的旧身份，他只是在上课的时候出现。我很快意识到，L博士的"片场"其实很有限。就在我刚入职开始上课的那几周里，我有一次去参加一位同事的讲座。我坐在观众席的一个学生座位上。在讨论环节，我翘着脚希望像个大人物那样提个问题。然而尴尬的是，L博士并没有出现，相反，高中文学课堂上的那个蠢货却冒了出来。可是就在第二天，我在同样的教室里给我的学生们上课时，L博士就又回来了。

那一阵子我非常迷惑。我喜欢这个新的自己，甚至有点爱上他了，但他又是如此陌生。与此同时，我讶异于自己的善变：一个新身份就能够让我将旧的自我全部藏匿起来，居然就这么简单。那我究竟是个什么样的人呢？

就在我为之百思不得其解的时候，距我150英里（1英里=1.609千米）远的地方有一位名叫菲利普·津巴多（Philip Zimbardo）的社会心理学家恰巧发表了一篇相关的学术文章，这篇文章完全改变了社会心理学领域内对此问题的理解，而津巴多本人后来也成了我的合作者和朋友。津巴多在斯坦福大学心理学系的地下一层建立了一个模拟监狱，并在学校的校报上刊发了这样一条广告："招募男性学生有偿参加心理学实验体验监狱生活，报酬每天15元。"就这样，津巴多在报名的人中挑了24名在校大学生参与实验，这些被试者都来自中产阶级，是头脑聪明的高学历人群，他们也都在心理学临床测试和人格测试中被认定为"正常平均水平"。津巴多用掷硬币的方法从这24人中随机挑选出12人扮演狱警，而另外12人则扮演犯人。这两组人在实验开始前的心理学测试中成绩相似。津巴多强调："你一定要记住，在实验开始前，扮演狱警和扮演犯人的两组男孩没有任何区别，这一点很重要。"[5]

这个模拟监狱是由实验室和办公室匆忙改造而成的。三间实验室被改造成"牢房"，相邻的办公室则被改造成十二名狱警、副监狱长（由一名斯坦福研究生扮演）以及监狱长（津巴多本人扮演）的居所。一间又小又黑的壁橱被改造成禁闭室，一个狭窄的过道则用来放风，除了自己的牢房和楼道最深处的厕所外（犯人们上厕所的时候要被蒙上眼，"以防止他们了解监狱外的情况"），这是犯人们唯一允许去的地方。实验计划进行两周。

1971年8月14日的早上，帕罗奥图（Palo Alto）警察局的警车闪着警灯、拉着警笛呼啸着穿过城市，在大庭广众下将这些"犯人"逮捕了，实行抓捕的都是真正的警察和警车。逮捕他们的警察将他们控制住，告诉他们有保持沉默的权利，并将他们逐一按压在警车上搜身、戴上手铐，然后被推搡到车厢后部。这些"犯人"先是被押送到警察局，然后转移到位于斯坦福大学心理系大楼地下室的"斯坦福监狱"。"犯人"在到达后被要求脱掉所有衣服，搜身、消毒，然后换上专门的监狱服——包括一件罩衣和一顶用呢绒女袜做成的帽子，没有内衣。他们还必须24小时带着重重的脚镣。罩衣前后都印着编号，在整个实验中，狱警都使用编号称呼每个人，而不叫他们的名字。

为了使"狱警"们也在心理上有真实感，他们也要穿着专门的制服。为了让他们忘掉自己的本来身份——津巴多称之为"去个性化"，每个人都要穿着完全相同的卡其布制服；为了避免目光接触〔由电影《铁窗喋血》（Cool Hand Luke）引发的灵感〕，所有人都要佩戴银色反光太阳镜；为了强化权威感，他们都装备警棍、手铐、警哨，以及牢房的钥匙。实验之前，没有人知道如何扮演狱警的角色，也没有受到过任何训练。"狱警"们"完全自由，无拘无束，他们可以做任何他们认为必要的事情来要求犯人听从命令，维持监狱的秩序"。津巴多这样记录。[6]

总而言之，实验设计就是这样的：一间简陋的监狱，一位大学教授扮演监狱长，一群心理正常的学生自告奋勇地扮演犯人和狱警。在实验最开始，所有人都以为他们面对的最大挑战是——无聊。

实验的第一天风平浪静。然而第二天的早晨，一切开始有了变化。一位犯人不服管教，这一行为迅速扩大并引发了群体暴动。犯人们摘掉帽子，撕掉囚服上的编号，拒绝服从命令，并且取笑狱警。当早班的狱警赶到，看到这样的情境后，认为他们需要采取一些行动来控制局面。接下来发生的一幕让津巴多惊呆了："一开始他们坚持说需要更多的人来维持秩序，三个在家待命的狱警被叫来了，前一晚值班的狱警也自愿留了下来。这些狱警简单地开会商量了一下，决定以牙还牙。他们找来了一个干冰灭火器，把刺骨冰冷的二氧化碳气流喷向犯人们，将他们从监牢门口驱赶到屋子深处⋯⋯他们闯进每个囚室，扒掉犯人的衣服，将犯人的床铺移走，将为首闹事的几个犯人关进禁闭室，并开始不断威胁恐吓其他犯人。"[7]

在高压手段下，犯人们开始屈服，甚至认为自己受到的虐待是应得的。录音带记录下了犯人们之间的私人谈话，谈话中他们对闹事犯人的评论中有85%是贬损性的，暗示是他们造成了自己现在的局面。一些犯人甚至完全崩溃了。在接下来不到36个小时里，研究人员不得不将8612号"犯人"释放，因为他"极度抑郁、思维混乱、无法控制地不停哭泣甚至发狂"。狱警们对于这个决定有些不愿接受，因为他们怀疑8612号的表现是装出来的，用以蒙混过关。津巴多后来回忆道："在那个时候，我们很难想象一个自愿在模拟监狱'服刑'的人竟然会陷入那样痛苦不堪的境地。"但在接下来的三天里，他们不得不因为同样的原因又释放了三名"犯人"，这三人与第一个被释放的人一样表现出极度的焦虑和痛苦。第五位"犯人"在申请假释但被假释委员会拒绝后产生了巨大的心理压力，甚至发展成心因性全身麻疹，直到此时"狱警"们才同意将他释放。

几乎所有的狱警都以这样或那样的方式滥用着他们的权威。他们强迫犯人做一些毫无意义的重复性工作，比如将一个柜子里的纸盒子都移到另一个柜子里，或者将毯子里扎着的小松针挑出来（一个狱警拉着一条毯子扫过矮灌木，让毯子上布满松针，这是他设计出来的惩罚性工作）。犯人们还被强迫按照要求唱歌、大笑、停止大笑等，还被要求公开相互谩骂诅咒。"狱警让犯人们做俯卧撑、立卧撑，以及一切他们能够想到的，而且这些活动的时间还在不断增加。"津巴多这样记录道。[8] 其中一次，犯人们甚至被要求空着手清洁马桶。

一些狱警仅仅将他们显示权威的行为局限在一些无害的事情上，但是随着实验的进行，另一些狱警发展出了邪恶的念头。一个格外凶狠的狱警这样解释他最终是如何测试自己权威的极限的："我把它当成自己的一个小实验。我想知道人们能够接受多强烈的语言凌辱而不反抗…… 我很惊讶整个过程中没有人阻止我。没有人跟我说'喂，你不能说这些话，这些话不该讲'…… 比如我会骂：'你就是个没用的社会渣子，去死吧！'（然后对方真的表现出一副自己不配活在这个世界上的表情。）他们会毫无反抗、顺从地做俯卧撑，会乖乖地蹲坐在禁闭室，会按要求互相咒骂……整个过程中没有人质疑过我是否有权这样做。这真的让我很震惊。我最开始只是欺负那些犯人们，但慢慢变成了毫无底线地侮辱他们。然而所有人依旧无动于衷。"[9]

这些狱警们由善到恶的转变如此迅速，让整个实验的研究人员震惊了。这一极端转变从这位狱警的日记摘录中可见一斑：

实验前："我是一名和平主义者，毫无暴力倾向，我难以想象我自己会去监守或者虐待任何其他人甚至其他生命。"

实验开始前的培训会议后："培训后他们要求我们购买制服，这一举动明显表明整个实验就是一场游戏。我有点怀疑可能我们很多人都并没有那些研究者所要求的'认真态度'。"

实验第一天："……我学会了第一条基本策略——不管那些犯人们说什么或者做什么，都不要笑，否则就是在承认这是一场游戏了……我在三号牢房压低声音厉声问5486号：'你嬉皮笑脸的做什么？''啊，没什么，教官大人，只是觉得你一点都不笑的样子很好笑。'（我一边走远一边觉得自己蠢极了。）"

实验第二天："5704号向我要香烟，我没有理他……在晚点名结束熄灯之后，我和（狱警乙）大声谈论说回家见到女朋友要好好亲热一番。"

实验第四天："……心理学家在离开办公室之前指责我不应该将犯人拷住、蒙上眼，我气愤地回答说这是为了安全起见，再说这是我的职权范围，关你什么事儿。"

实验第五天："……真正的问题在晚饭的时候爆发了。新来的犯人（416号）拒绝吃分给他的香肠……我们把他扔进禁闭室，让他两只手都抓满香肠。我们的权威受到了威胁，这一反抗行为在某种意义上挑战了一直以来我们对他们的完全控制权。我们决定利用犯人们的集体利益跟那个新来的谈判。我们告诉他，如果他不将分给他的晚饭吃光，所有人都将会被剥夺探视权……对这个新来的小子给我们造成的麻烦我气愤极了。我决定强喂他，但是他还是不吃。我于是就把那些吃的都抹在他脸上。我简直不敢相信我真的这么做了。一方面，我觉得我不该强迫他吃东西；但另一方面，看到他不按我的要求吃东西我又真的十分愤怒。"

实验第六天："实验结束了，我很开心。但我发现其他很多狱警显得非常失望，因为他们不能得到剩下的酬金，更因为他们享受实验的过程，这让我无比震惊。"[10]

对于所有参与实验的人——犯人、狱警，甚至涉及和参与实验的心理学家本身，角色扮演与真实之间的界限在这几天里变得极其模糊。所有人都完全沉浸在自己被安排的角色里。压死牛的最后一根稻草来自于819号犯人的情绪失控。他先是发狂，然后无法控制地哭晕过去。津巴多决定提前释放819号，可这时一个狱警执意要求一组犯人站成一排并一遍遍诵唱："819是叛徒，819害我们受苦。"当津巴多意识到819号能够听到他们的诵唱时，他连忙冲进819号所在的屋子。马上就要被释放的819号正坐在那儿哭泣，并要求回到监狱里，只是为了向狱友们证明他并不是叛徒。"我们不得不尽力说服他，他并不是一名犯人，他们所有人都是学生，这仅仅是一个实验，这里也不是监狱，所有的警官和管理人员都是在做研究的心理学家。"津巴多回忆道。[11] 很明显，这个实验到必须停止的时候了。

就这样，原本计划两周的实验在进行了六天六夜后就不得不草草结束。"真的只有六天吗？"津巴多在事后依旧难以置信。事实上，津巴多自己的转变对于结束这一实验起着至关重要的作用。"我渐渐变成了监狱长，"津巴多说，"随着实验进行，监狱长的职责变成了我最重要的职责。这是'我的监狱'，我必须要防止犯人们反叛出逃，或者被监狱外的朋友劫狱救走。我的言谈举止越来越像个死板的行政官员，我将监狱安全看得比这些青年人的需求更重，我辜负了这些男孩子对我这个心理学家的信任。我提前终止了斯坦福监狱实验（Stanford Prison Experiment），因为我与那些狱警们一样，完完全全地陷入了自己所扮演的角色而忘记了自己本来的身份，更忘记了这场实验的初衷。"这位总是热情洋溢的社会心理学家发现自己"正逐渐变成门格勒（Mengele）医生[1]，正慢慢被环境锻造成魔鬼的样子。"津巴多后来回忆道。然而津巴多是幸运的，他"在被锻造成魔鬼前毁掉了模子"。[12]

斯坦福监狱显示了人性中最丑陋的部分，而我刚刚开始上课的那段经历则将我最好的一面展现了出来。但是在心理学上，这两者没有什么不同，新的角色带来新的人格。当这一角色对于你是全新的时候，没有人知道什么样的你会冒出来。

一些心理学家试图用"被操纵的老鼠"来比喻我们的人格建成——斯金纳[2]主义者认为我们所有的行为都是曾经强化学习的产物。另一个心理学派则更倾向于将人格建立比喻成"被操纵的科学家"——他们认为人们将不同的科学方法应用在生活的形形色色的情境中。而现在，"被操纵的计算机"可能是更时髦的比喻——我们每个人都是按照某种流程进行数据处理的机器。

我无意贬损以上任何一种观点，但我相信对人格最好的比喻可能是另外一种："被操纵的演员"。我们可以将社会行为想象成剧场中的演出。在后台，我们准备剧本、熟悉角色；而在舞台上，我们的一举一动便组成了社会行为。社会学家厄文·高夫曼（Erving Goffman）将这个过程称为"日常生活中的自我呈

1　译者注：约瑟夫·门格勒(Josef Mengele)是德国纳粹党卫队军官和奥斯维辛集中营的医生，负责裁决将囚犯送到毒气室杀死，或者强迫囚犯劳动，并负责对集中营里的人进行残酷的人体试验。人称"死亡天使"。

2　译者注：博尔赫斯·斯金纳(Burrhus Skinner)，美国心理学家、行为学家、社会学者。他发明了斯金纳箱，并创立了实验性分析行为学。斯金纳箱中的老鼠在按压一个杠杆后能够获得食物，通过这样的方式，老鼠学会了不断按压杠杆。斯金纳认为，有机体做出的反应与其随后出现的刺激条件之间的关系对行为起着控制作用。

现"[13]。如果你技巧娴熟，你就知道如何根据观众的喜好表演他们喜欢的片段，让正确的演员演出正确的剧本。

说人格是一个人"出演"某个角色听起来有些肤浅，但12世纪时，"人格（person）"这个词刚刚发明时，其意思就是"戏剧中的角色"，或者更确切一点："演员所带的面具"。角色扮演并非只是一场游戏，它包含了我们是谁、我们与其他人的关系等诸多要素。面具告诉其他人我们认为自己是谁，或者说，我们希望别人认为自己是谁。事实上，在真正的社会关系中，我们就是我们扮演的角色。

菲利普·罗斯（Philip Roth）在他的小说《反生活》（*The counterlife*）中敏锐地捕捉并描写了这样的"表演人格"。小说中的主人公祖克曼（Zuckerman）对他的情人说：

"玛利亚，你不是你，我也不是我，这几个月以来我们只是表演'在一起'的一场戏，而我们所谓的彼此合适也与'我们'无关，只是在表演中配得比较好罢了——可能因为我们都是不太跟得上时代的人，所以表演的也都是老一套。我对情人这个角色的要求是什么？我表达不出来，也不必表达出来——你是个天才的表演者，在毫无指导的情况下，你的表演恰到好处，充满诱惑力……然而这一切都只是表演——在没有自我的情况下模仿自我，随着表演日益成熟，模仿的自我越来越像真的……我只能确定地告诉你，我没有自我，我不愿意也不能够给自己强加一个自我，我觉得那是在犯罪，也是在耍弄自己。我只会模仿，不止一个角色，而是一系列内化于我身体里的角色，我的身体里住着许多演员，在我需要他们的时候随叫随到，我的剧本也在随时更新。但是在这些角色之外，我并没有一个独立的自我，我也不想有。我是个戏子，也只是个戏子。"[14]

然而事实上，你以为你只是在表演，殊不知表演却会真的改变你。两本著名心理学教科书的作者戴维·迈尔斯（David Myers）曾经说过："社会心理学在过去这25年里教会我们最重要的一点就是：不仅我们的想法会改变行动，行动也会改变想法。"[15]人类非常擅长自我说服，举个例子：有研究证明，我们会对自己帮助过的人有好感，而会越来越讨厌自己伤害过的人。[16]一个人越频繁地做某件事情或者越经常地谈论它就会越相信它的真实性。事实上，我们不正是通过这样的过程了解自己的吗？正如作家E. M. 福斯特（E. M. Forster）所言："如果不听到自己是怎么说的，我又如何知道自己是怎么想的呢？"[17]

演员们有时会在自己身上使用这种心理学效应。尤其是英国演员，他们崇尚一种"自外而内"的表演理论——他们相信要想演好一个人物，要首先从外在入手，人物的内在性格将慢慢地从外在模仿中浮现出来。"我在英国剧院学习过，他们教我要首先从外表入手。"托尼奖[1]获奖演员吉姆·戴尔（Jim Dale）解释说，"你先去按照你所扮演的角色特点买一双鞋，一直穿着它，直到完全适应它。一旦你的大脑能够看见你所扮演的角色，你也就自然而然地进入了角色并能够演好它。"[18]劳伦斯·奥利维尔男爵（Sir Laurence Olivier）也曾使用同样的手段。他从角色的着装入手，渐渐体会角色的体态、步态、嗓音和习性。奥利维尔男爵说，在外在特点形成之后，内在的性格特征会自发地出现。正如匿名戒酒协会（Alcoholics Anonymous）的口号说的那样："假装成功，直到成功（Fake it until you make it）"。

斯坦福监狱实验中的"演员"仿佛都听过奥利维尔的课一般。扮演狱警的赫尔曼（Hellman）在回忆时说："一旦你穿上制服开始扮演一个角色，或者开始一份工作——比如'让这些人排好队'，那你绝对不再是平时那个穿着休闲装做其他事情的那个你了。你就成了那个角色，你穿上卡其布制服，戴上眼镜，拿上警棍，表演就开始了。"[19]

最终我们所做的与我们所想的合二为一，用文绉绉的术语来说：它们相互强化，形成正向反馈调节。行为改变了想法，想法又反过来指导行为，一旦这个循环建立，二者就会成为一个不可分离的整体。12世纪以来，自我（self）的定义其实并没有发生多大变化：人格、面具、角色——其实很难明确区分开，

---

[1] 译者注：托尼奖（Tony Award）又叫东妮奖，是美国戏剧节最高荣誉。

因为一个人扮演的角色并不仅仅影响他的外在表现，也会影响他的内在自我，所谓"自我"正是这些角色构成的"小自我"的总和。如果这是真的，有件事情我得提醒你，正如库特·冯内古特（Kurt Vonnegut）所言："你表现成什么样子就会变成什么样子，因此你要格外小心自己每时每刻的表现。"[20]

我们天生就是演员。舞台剧的演员们还可以在台下熟悉剧本，一遍遍排练，而在真实生活中，你被安排了一个角色——犯人也好、狱警也罢，抑或是父亲、母亲、学生、大学教授，然后一把被推上台，没有机会排练，马上开始高强度即兴表演。但是，无论表现得好坏，我们几乎都顺利地完成了被安排的角色。我们塑造角色、自编、自导、自演，我们是多面手，是生活舞台上的"达·芬奇"。

人类在表演上的这种天赋是难解的奥秘。这一天赋之下其实有着一整只强大的创作团队在支撑，父母和老师的言传身教，看过的电影、读过的书，以及常常会被我们遗忘的——头脑的力量。你会发现，有时候你需要扮演的角色明确而丰满，剧本就好像从哪个神秘图书馆的哪本书中直接上传到大脑皮层中一样。而也有些时候，剧本就好像挤牙膏一样一行一行地出现，就好像有个编剧被紧急抓来坐在那儿临时创作。这一24小时待命的创作团队是谁？藏在哪里？在我的想象中，他们就好像斯考特·菲茨杰拉德（F. Scott Fitzgerald）临时顶替好莱坞编剧的情形一样：大部分时间他在米高梅（MGM）的简易别墅中无所事事地打发时间，但随时都有可能接到来自大卫·塞尔斯尼克（David Selznick）或者其他哪位大牌编剧的紧急讯息让他帮忙，小到修改一小段对话，大到创作一个全新的人物。

一个人内心住着多少个角色？蜚声赫赫的心理学家威廉姆·詹姆斯（William James）曾说过："有多少人认识你、对你有印象，你就有多少种社会角色……你在乎多少人对你的看法，就有多少种社会角色。"[21]假如我的所有角色——以前的、现在的、未来的统统算上，一起出现在一间屋子里，能装满一间教室吗？或者也许能够装满整个麦迪逊广场花园（Madison Square Garden）？

无论这个确切数字是多少，我们穷极一生也难以知晓。也许这就是"个人潜力"的真实含义吧。毕竟要想成为一个更好的人，先要成为另一个人。

　　回想我走上讲台第一天无比顺利的情形，我打心眼里觉得幸运。我知道很多同事向教师角色的转变并不像我这样轻松。我最近对那些对自我表示"焦头烂额"的老师们进行了一些不太正式的访谈调查。一位同事告诉我说，教师的角色将他变成了控制狂。他说他痛恨这样的自己，但努力了这么多年，他依旧没办法将这个角色"辞退"。他说，变成控制狂这件事儿让他很讶异，因为一直以来他在各种场合表现出的都是一种亲切、温和又有些懒散的形象。另一位同事则说，她自己都觉得对学生太挑剔了，意识到这一点后，她又因为自己对学生过于挑剔而挑剔起自己来。很多人都说，他们觉得在登上讲台的一瞬间，所有的自信都瞬间消失得无影无踪了。一个刚刚退休的教授告诉我说这么多年以来，他每一次上课前都极度紧张，以至于每堂课前都要预留几分钟时间做心理准备，生怕自己会紧张得吐出来。他在达到退休标准后立刻就退休了。另一位功成名就荣誉缠身的老教授则告诉我，无论他获得了怎样的成功，都觉得好像是假的。他说："我做成的越多，我的冒名顶替综合征[1]就犯得越厉害。"这样看来，我真的是无比幸运。

　　预测我的职业生涯是否能够成功与橄榄球选秀中的四分卫抉择一样困难。"四分卫难题"源自马尔科姆·格拉德威尔（Malcolm Gladwell），他用这个词来形容历史上专业球队是如何在甄选四分卫新秀时一次次走眼。比如1999年美国职业橄榄球联盟年度选秀大会上，一些新秀看起来极富潜力，五个大学生四分卫明星球员在第一轮就被各个球队挑中。然而这五个人中的四个人让购买他们的球队付出了昂贵的代价：其中一个打了几场不错的比赛后就泯然众人，另外三个更是毫无建树，其中之一甚至因为表现太差被美国职业橄榄球联盟开

---

[1]译者注：冒名顶替综合征(impostor syndrome)，又叫骗子综合征，指出现在成功人士身上的一种现象，他们坚信自己的成功并非源于自己的努力或者能力，而是凭借好运气、好时机而取得的。即便有证据明确地指明他们具有优秀的才能，他们还是认为自己只是骗子，不值得取得成功。

除，后来加入了加拿大橄榄球联盟。这五个人中只有一个人多诺万·麦克纳布（Donovan McNabb）的职业生涯比较成功。换句话说，这些美国顶尖的选秀侦探，富有经验，掌握丰富的数据和资源，却依旧只有20%的正确率。选秀侦探们说，影响他们判断的主要问题是，他们很难判断一个四分卫在水平较低的大学生橄榄球比赛中表现优异是否代表着他能够在专业比赛中脱颖而出。[22]

与四分卫一样，教师的工作有着很强的独特性，要求一个人从根本上转变。一个新教师会变成什么样呢？我渐渐发现，这是个极难回答的问题。他很有可能会成为一个与他之前的角色都迥然不同的人，这是我唯一能够给出的答案，并且对于任何需要突然转变的职业，这个答案都适用。

作为一名教育者，我周围的很多学生都在盘算着自己的长期职业规划。我对他们的忠告之一是，无论你正在考虑的是什么职业，都尽早尝试一下，看看它究竟适不适合你。如果你想当老师，可以试试做个助教。想办法帮助老师管理一下课堂，甚至试讲一节课。我可以保证，这样的方法能够让你发现自己新的一面。如果在我做学生的时候有老师建议我这样试一下的话，我就不需要等到走上讲台的第一天才发现我做教师的时候会是这个样子了。

而更多的时候，我则告诉我的学生们我作为一个社会心理学家认为最重要的两条建议：第一，社会环境无比强大并极具迷惑性；第二，我们的自我都具有许多个侧面，不同的时间下、不同的场合中，不同侧面的自我会显露出来。

你可以试试这个简单的心理学测试。找一张纸，在最上面写下来："我是谁？"然后列出你脑子里闪现的最初20个答案。列的时候速度要快，用简单的几个字词记录下来即可，尽量不要仔细琢磨。[23]当列完这20个答案后，再仔细看一遍——你真的是这样的吗？这个被列在你面前的纸上的人在你的脑子里是什么样子的？好了，现在找两个了解你的朋友，让他们列出形容你的20条答案。比如你可以让你的父母、密友或者另一半做这件事儿，在纸上写下"xxx（你的名字）是谁？"然后让他们列出闪过他们头脑的前20个答案。比较这三组答案（你自己的和两个朋友的），有哪些一样？哪些不一样？你觉得一个陌生人看到这三组答案会认为这是一个人吗？更重要的是，这三组答案的不同在哪里？哪些特征只出现在其中的一组答案中？有没有相互矛盾的特征？

接下来，划掉那些体现评价者预期或者需求的条目。比如，如果只有你的母亲用"聪明"来形容你，那大概你并非绝顶聪明，而是你的母亲这样认为或者希望你如此。再比如，也许只有你的另一半描述你"控制欲太强"，那有可能真正的问题出在他/她的身上。这之后你将得到只与你自己相关的条目。换句话说，这就是你在不同的人面前扮演的不同角色。想象一下，你身体里住着一个剧团，剧团里不同版本的你面对你的父母、各个朋友、爱人、老师，上班的时候一个版本，回家之后另一个版本，初次约会一个版本，家庭聚会又换了一个版本。想象一下邀请所有这些人到你家一起吃个饭，介绍他们互相认识。他们会认出彼此吗？会和平相处吗？他们会聊些什么？

哦还有，你觉得你会喜欢他们吗？这是最重要的一个问题。

14. 自我意识的地域性

吱吱作响的车轮有油加。(会哭的孩子有奶吃。)
——美国谚语
冒头的钉子会被锤下来。(枪打出头鸟。)
——日本谚语

在不同的场合做出不同表现是人类的天性。[1]这是真的，但不是所有人都愿意承认。有人认为性格具有多样性和灵活性是一种美德，而另一些人则认为这并不是什么好品质。这究竟是值得鼓励的好品质还是应该摒弃的弱点？根据不同情况调整自己的表现究竟是一种不坦率的行为还是必需的社会义务？对这些问题的答案会深刻地影响一个人对自己的看法以及生活方式。并且事实证明，你的答案是什么与你是谁无关，但却与你来自哪里有关，与你的文化背景有关。这就是我们这一章将会涉及的内容。

几年以前，我在日本札幌（Sapporo）做访问学者。[2]负责接待我的是一位聪明善良、能力出众的年轻教授，他叫作佐藤卓（Suguru Sato）。与每一个传统的日本人一样，佐藤对待工作极为忠诚。他们系的每一个人都很努力地工作，但是作为系里最年轻的教员，佐藤的努力程度与其他人相比完全不可同日而语。他一周工作6天，每天从清晨干到半夜，一年最多休假两三天。他视工作为爱人，成就自然也是惊人的。

年轻教授比周围已经成名的教授工作刻苦并非只是日本的特例。在美国，我认识的每一个人都自认为自己无论在发表论文、申请基金、教课，还是担负系里的事务性工作方面都承受了比其他人更大的压力。但是佐藤的工作远不止这些，他还需要履行一系列社会义务，这些社会义务之繁重是我这个外国人完全无法想象的。以至于我渐渐觉得，在日本做教授与在美国做教授最大的不同可能就在于这些社会义务。无论佐藤多忙，他都要保证出席所有要求他参加的社会活动。而与此同时，对于同事们组织的各类活动他也要无条件地赞成并且参加，哪怕那只是一场非正式的聚会闲谈。

比如，我不止一次地看到佐藤在聚餐中匆忙离开去赶下一个场，而其他教授则还在悠闲地边吃边聊。在那个学期，即便忙到几乎没有时间睡觉，佐藤也会花一整个晚上陪同事坐在电视机前观看整场垒球比赛。他还会与同事下两三个小时的围棋，甚至只是观看同事下围棋。他们每周至少一次在酒吧狂欢到凌晨，而佐藤从来没有提前离开过。更重要的是，无论他们在一起做什么，佐藤都会表现出一副悠闲的样子，仿佛除了与朋友们在一起消磨时光之外，他并没有什么其他事情一样。他无缝衔接地出现在各类互动中，热情积极地将自己变成同事们喜欢的样子来取悦他们。

佐藤并非不喜欢这些活动，但是他解释说，他自己喜欢或者不喜欢并不重要。他知道，兴高采烈地参加——或者更精确地说，看起来兴高采烈地参加这些活动，是他工作中极为重要的一部分。在我看来，参加这些社会活动完全就是在浪费时间，佐藤有很多正事要做。但在佐藤看来，参与到这些集体活动中，将自己变成同事们喜欢的样子绝非浪费时间。日本社会价值中最重要的部分是"wa"，大致可以翻译成"和谐"。佐藤在这些社会活动中的良好表现是为了整个系的和谐，而全系的和谐则是为了整个学校的和谐。因此佐藤认为，参与社会活动是他工作中很重要的部分。或者换句话说，他在工作中哪方面失误都可以，唯独这方面不能失误。

再举个例子，我曾经留意过佐藤的简历。佐藤所在的系里有三位老教授，这三位老教授都作为共同作者出现在佐藤大部分论文的署名里。我并不想在做客的时候随意评论接待我的人，但这件事儿让我颇有些忿忿不平。"这些都是你的想法，你做了实验，分析了数据，写了论文。"我说，"为什么功劳要分给别人？我们都知道你的贡献究竟是多少。"

佐藤承认，这种习俗不仅仅对于他是有害的，对于每一个牵扯其中的人都有害。但他解释说，在日本，一个人从孩童起就被教育要融入集体。这并不意味着他们自己不重要，但是受到的教育告诉他们，个人利益永远要服从集体利益。个人的成功不仅属于你，而是属于更大的群体——你的同学、朋友、同事，甚至所有日本人。一丁点自私的个人主义行为都会破坏这种"和谐（wa）"，并且会受到集体的责备甚至排斥。在这一集体至上的文化里，被集体排斥可以说是最严重的惩罚。

与日本文化完全不同，在美国文化中，孩子们从小就被教育要特立独行。你敢相信吗，5岁的幼儿园小朋友要去竞争"本月之星"。在日本如果有小孩得了这样的奖，他的父母简直尴尬死了；而在美国，他的父母为了让周围人都知道这个喜讯，甚至会将奖状贴在私家车的后窗上。美国的谚语讲"吱吱作响的车轮有油加（the squeaky wheel gets the grease）"，也就是中国人常说的"会哭的孩子有奶吃"。而日本谚语则说"冒头的钉子会被锤下来（Deru kugi ha utareru）"，换句话说，"枪打出头鸟"。在日本进行的一次全国调查中，"普通（heibon）"是大多数日本人选择的最想具有的品质。

我渐渐想明白了，我与佐藤之间的区别体现了深刻的文化差异。美国人都是个人主义者，我们认为个人利益以及自己小家庭的利益比集体的利益更重要。而日本人都是集体主义者，他们相信个人利益远没有集体的"和谐（wa）"来得重要。

个人主义者就如同莎士比亚笔下所描绘的那样："忠于自己并坚持下去。长此以往，你也不会对别人虚情假意。"个人主义者的典型代表——美国人，则不喜欢自己被认为是个看人下菜碟的"表演者"，因为那听起来特别肤浅，甚至不太道德。如果一个人为了迎合观众，每时每刻都改变自己的表现，你又如何信任他呢？他们就好像变色龙——也许这一刻看起来还不错，但谁知道下一刻他们会变成什么样子？这是伪君子的行事方式，甚至是精神变态。

美国人认为言行如一是一种美德。美国人眼中知行合一的楷模是知道自己想要什么，忠于自己，并且不在意别人对自己的看法。美国艺术家安迪·沃荷（Andy Warhol）绝不会因为收藏家的喜好而在自己的作品上增减一笔。阿尔伯特·爱因斯坦（Albert Einstein）不会根据听众的意见改变自己的相对论理论。马丁·路德·金（Martin Luther King Jr.）更不会因为种族主义政治家的阻挠而妥协对于人人平等的要求。为了纪念传奇的伟大歌手兼哲学家法兰克·辛纳屈[1]（Frank Sinatra），我想将这些人称作"我行我素派"。

与之相反，日本人通常被认为是集体主义者的典型代表。对于同样的行为，他们的看法则完全不同。如果每个人都按照自己的想法行事，所有人不就都会为了自己的利益而相互倾轧了吗？因此，孩子们从小就被教育要知道自己的位置、角色，做好自己的本职工作。在日本文化中，做自己的分内工作不仅仅是应该的，更是美德。如果通过一些违背本心的表演能够换来集体的和谐，那也未尝不可。日本语中有两个独特的词：honne 和 tatemai，它们的意思截然不同：honne 是指一个人真正的想法、感受，而 tatemai 则是一个人为了满足社会要求而必须表现出来的想法和感受。当一个人的真实感受与集体的和谐不一致时，一个成熟的日本人会选择忽略自己的想法而服从集体。在美国人看来的虚伪和虚情假意在日本文化中不仅可以接受，而且值得赞扬。

让我们回到关于角色扮演的话题(参见上一章)。在西方文化中，演员在演出时要放松、自然。好的演员要让观众完全忘记这是在演出。想想那些演技派的演员——比如《愤怒的公牛》(*Raging Bull*) 中的罗伯特·德尼罗（Robert De

---

[1] 译者注：法兰克·辛纳屈被誉为"20世纪最伟大的艺人"，在歌唱、电影等艺术事业上均有卓越表现。他的许多歌曲都具有深刻的哲理。"我行我素"（I will do it my way）出自辛纳屈的著名歌曲《我的路》(*My way*)。

Niro）或者任意一部电影里的梅莉·史翠普（Meryl Streep）。然而在日本，表演理念则完全相反。传统戏剧演员完全不在乎观众是不是看出来自己在"演"。"恰恰相反，在日本文化中，艺术化的演出是被鼓励的。演员们在演出时并不是要尽量逼真和自然，因为演出就是一种'假装'，而'假装'的艺术正是演出存在的全部目的。[3]"对日本艺术和社会研究颇深的作家和历史学家伊恩·布鲁玛（Ian Buruma，中文名马毅仁）这样评论。也许最直接的例子是日本传统舞台戏剧〔日语叫作"kata"（型）〕，比如歌舞伎（Kabuki）等。在这种演出中，完全没有个人表达的空间。[4]

日积月累，这种完全在编排下的演出形式逐渐渗透到了日本人的真实生活中。像佐藤这样性情和善的普通人对于扮演不同角色的重要意义有着深刻的理解。"在日本，'表演'就是有意识地做出预先设定好的行为，这存在于社会生活的一点一滴中。"马毅仁写道，"西方世界中，人们执着于表现得'真诚'，自欺欺人地认为自己并非在表演，而是真心实意。"在一些极端情况下，举止粗鲁、伤害别人都成了"忠于内心"的体现，甚至是值得称道的。而在日本，对这些行为的唯一理解只能是自私自利、傲慢自大。从这一点上看，日本人都是彬彬有礼的，而同时也是最会"演"的。

那么问题又来了：谁说在社会活动中，"演"就一定是不坦诚呢？正如奥斯卡·王尔德（Oscar Wilde）所言："以真面目示人时，一个人往往不会说真话。给他一个面具，他才会吐露真相。"[5]别忘了，王尔德可是个货真价实的西方人。

回到上一章有关"我是谁"的测试。如果你让美国人来做这个测试，他们会很快给出20个答案，这些答案大部分都与心理学特征有关。比如，他们可能会写"我很善良"或者"我很外向"。

然而相同的测试在日本的情况则完全不同。时任日本大学教授的社会心理学家史蒂芬·考辛斯（Steven Cousins）曾经在课堂上做过一次相同的测验，他发现日本学生的答案与美国学生完全不同。日本学生用了很长时间才写出20个有关自己的答案，而且这些答案并不能很好地形容他们。他们倾向于单纯描述自己的角色（比如"我是裕子的妈妈"，或者"我是庆应义塾大学（Keio University）的教授"）或者特定的行为习惯（比如"我周五晚上会玩会儿麻将"，或者"我周末会打网球"），或者干脆描述自己的物理特征（比如"我身高1.67米"），却很少提及自己的特点。[6] 在美国人看来，日本人并不愿意将自己的内心世界表露出来。

考辛斯接着做了另一个测试。他同样抛出"我是谁？"这个问题，但与此同时给出了特定的情境：在家的时候你是谁？在学校的时候你是谁？与密友在一起的时候你是谁？诸如此类。加上特定情境之后，一切都不一样了。日本人对自己的描述甚至会比美国人更加详细和个人化，但这些描述会根据情境的不同而发生变化。

在日本，角色与人密不可分。佐藤对待老板的时候和对待老朋友的时候会表现得判若两人。但对于他自己来说，这并不是虚情假意。二者都是真实、坦诚的佐藤。日本学者浜口惠俊（Esyun Hamaguchi）说，日本人并不认为"行为前后不一致"是自私。[7] 相反，"自私的定义随着时间、环境、人物之间关系的不同在随时变化"。所有社会角色的总体决定了一个人究竟是谁。

另一位伟大的西方哲学家约翰·韦恩（John Wayne，人称"公爵"）说过这样一句话："是什么人，就做什么事。"这句话大概不适用于日本。要想忠于本心，就要学会脱离剧本即兴演出，这件事儿还是留给神经大条而坚韧的美国人吧。在日本，在不同的场合下，人们要以不同的面目出现，所有人都要为"wa（和谐）"而努力。

与日本人相处的时间越长，我就越敬佩他们对环境的解读能力。用跨文化心理学的术语来说，日本文化属于"高情境文化（High-context culture）"。当日本人处于某种环境中时，会试图理解和把握整个情境。比如你给一个日本人看一张照片，照片的背景是一群普通人，前景正中站着一个名人。如果你请这位日本人描述一下这张照片，他既会提到处于前景的名人，也会提到背景中的一群人。然而如果你将同样的照片给一位美国人看的话，他只会注意到前面的名

　　　　　　　　　　　　　　　　　　镜子里的陌生人

人，而几乎不会留意背景中的其他人。不言而喻，美国文化是"低情境文化"。

在美国的时候，我觉得自己是一个挺敏感细腻的人。可是到了日本，我看到了接待我的日本人是如何巧妙地通过不易察觉的点滴细节解读当前的环境，并据此无缝转换身份，在不同情境间游刃有余。与他们相比，我简直像个冷血动物。我都记不清我在日本因为说错话或者问错问题道歉过多少次。（我想，接待我的人之所以一直没有叫我"野蛮人"，是因为他们实在是太礼貌了。请相信我，那种礼貌绝不是美国人之间的礼貌。）

日本人很难脱离社会情境定义"自我"，对于他们而言，自我是社会属性。日本人认为，如果你在意其他人，"自我"又怎么会与其他人无关呢？

日本人的思考方式存在于很多国家。[8]比如，在中国有"削足适履""看人下菜碟"这样的成语。一个人不仅能够适应环境，并且应该适应环境。心理学家赵志裕（Chi-yue Chiu）说过，中国人"是环境导向型，他们认为自己应该感知环境、适应环境，而美国人是个人导向型，他们希望环境能够适应自己"。[9]

与日本相似，中国父母很少关注孩子的个性。最近的一项研究发现，只有8%的中国母亲认为，在抚养孩子的过程中"建立自我意识"是重要的。与之相比，有64%的欧洲和美国母亲有这样的想法。[10]西方人强调个性化和竞争。中国父母则教育自己的孩子融入群体、团结他人、与人沟通的重要性。[11]

印度是无私精神和利他主义的发源地，也同样具有高情境文化。一项研究发现，印度人在描述别人时提及具体情境的比例是美国人的三倍。比如，一个美国人可能会概括地形容一个人"很吝啬"，而印度人则很可能会说"他在给家里人钱的时候总是不情不愿的"。[12]

我和我的学生盖瑞·哈吉（Gary Hagy）、鲁斯·利希滕斯坦（Ruthie Lichtenstein）、米歇尔·法布尔（Michelle Fabros）曾经在许多国际研究者[13]的帮助下对不同国家的人的思维方式进行过比较研究。在其中的一次调查中，我们询问被试者，如果一个人"会在不同条件下面对不同的人改变自己的行为"，你会怎么看待这个人？在我们的研究中，一些被试者来自三个亚洲的传统集体主义国家——中国、印度以及尼泊尔，而另一些则来自两个位于美洲的个人主义国家——美国和巴西[14]，结果大相径庭。来自集体主义国家的被试者倾向于使用"成熟""坦诚""值得信赖"，或者"真诚"这样的词来形容这些顺势而为的人，而来自个人主义国家的人则会使用"不诚实""不可信任"，或者"不真诚"来形容这些人。一些对比的结果甚至截然相反。比如，印度人认为这些人"真诚"的比例几乎是巴西人的四倍（印度人75.2%，对比巴西人19.6%）。

其实真诚一词以前并非用来形容人的品质。事实上，R.杰伊·马吉尔在他的著作《真诚》（*Sincerity*）一书中写过：直到14世纪，"真诚（sincerity）"一词在英文中可能都不存在。这个词被创造出来之后，最初也是用来形容物品的——比如钱币中铜的含量或者水的纯度。又过了200年，这个词才有了现如今的含义——"一个人坚持对自己诚实也对别人诚实"。[15]这一词义转换的分水岭是资本主义扩张。随着资本主义新型城市的形成，人们开始经常性地遇到陌生人，而这一变化造成的结果就是，人们越来越经常地将自己的真实自我藏匿起来。假发、口红、折扇成为时髦，越来越多的规矩限制了人们的行为举止。社会生活变成了"一场精心策划的谎言"。正是从这时起，分辨一个人的外表与实质变得格外重要。

"如果一个人你从来都没见过，怎么可能立刻成为朋友呢？"卢梭（Rousseau）写道，"真正的人类情感，一个朴实高贵的诚实灵魂，绝不会屈从于社会的压力，为了礼貌（或者虚伪的表现）而做出任何不真诚的举动。"[16]又如多年后霍尔顿·考菲尔德（Holder Caulfiled）在《麦田里的守望者》（*The Catcher in the Rye*）一书中所写："我特别痛恨'伟大'这个词，太虚伪了，我每次听到都想吐。"[17]

美国人不信任朝三暮四的人。[18]每一位总统竞选顾问都会告诉候选人，宁可看起来像个死板的教条主义者也不要过于从善如流；口径一致，绝不要朝令夕改。而在中国或者日本，情况则完全相反：一切都要因地制宜、因时制宜、因人而异。在地球一端被认为是心口不一的虚伪行径到了地球的另一端就变成了有道德的得体行为，并且这些观念还会在反馈循环中不断自我加强，从而在社会文化中根深蒂固：人们越是言行一致，越会从中受益，而这样做的人越多，整个群体的受益也就越大，人们也会将言行一致看得越重。当良性循环建立起来之后，这一认知规范就会牢不可破。[19]

在不得已时，当自己和三口之家的利益与你所在的整个群体甚至民族的利益发生冲突时，哪个更重要？这是区别个人主义和集体主义的核心问题。个人主义者不喜欢为了适应环境而改变自己，他们看重一致、真诚和个性。集体主义者不仅在不同环境下会表现出多个自我，更认为只顾自己活得一致、真实、有个性而不顾及环境和他人对社会有害无益。但这并非个人主义者和集体主义者的本质区别，他们的本质区别要追溯到对于"自我"的认定：你是如何区别自己与别人的？二者之间的界限是清晰还是模糊？在前面的章节中，我们已经对于这些问题在生物学和认知学层面上进行了探讨，而现在我们要将文化的因素考虑进去。

在另一项研究中，我和我的学生安·玛丽·克莱顿（Ann Marie Clayton）以及奥兰特斯·阿门德里兹（Arantes Armendariz）一起调查了多个来自不同国家的人，询问他们是如何定义"自我"这一概念的。为了便于比较，我们交给被试者一系列圆形卡片，上面分别写着"自己""父亲""母亲""兄弟姐妹""爱人""朋友""同事"以及"陌生人"。每一种卡片都有四种不同的大小（最小、小、中、大）。也就是说，每一名被试者都有32张大小不一的卡片。我们要求被试者首

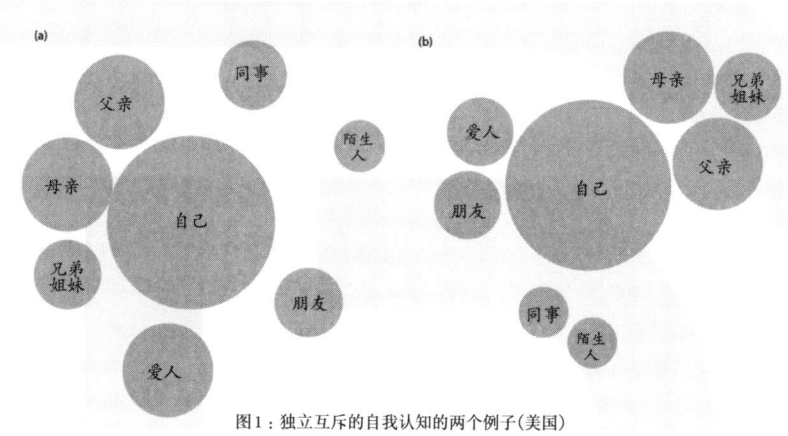

图1：独立互斥的自我认知的两个例子（美国）

先思考这八类关系在他们的社交生活中的地位，并依据它们对于自己的重要性不同来选择不同的大小代表这些关系，然后，我们请被试者在白纸上排列这些卡片，构建出这些关系在他们眼中是如何相互联系的。

　　我们首先对美国白人进行了测试。虽然每个人制作的图都各不相同，但几乎所有的图都有着类似的特征——心理学家称之为"独立互斥"的自我认知。[20]接下来，我们对东亚裔的美国移民进行了同样的测试，这些被试者大多来自日本或者中国。在进行测试之前，我给我的同事倪虹（Hong Ni）看了一些美国白人画的图。倪虹也是我们学校的心理系教授，在中国南京出生、长大。看了这些图后，倪虹对我说的第一句话是："我简直无法相信美国人是这样想的。"我接着问她，中国人会这样想吗？"不不不，绝不可能。"倪虹说。对于倪虹这样的中国人来说，这张图至少有两个问题：第一，"'自己'太大了"；第二，"为什么这些圆圈是相互分开的"。

　　在我们的测试中，东亚人的表现的确与倪虹教授的评论非常一致。与美国白人相似，东亚人画出的图也各不相同。比如，一些人用最大的圆圈代表自己的母亲，这在日本人中尤其常见。而大多数中国人则用最大的圆圈代表自己的父亲。但几乎所有人的图都体现了一种"相互依存"的自我认知。这里我们给出两张典型例子，（a）图来自一名日本女性，（b）图则来自一名中国女性。

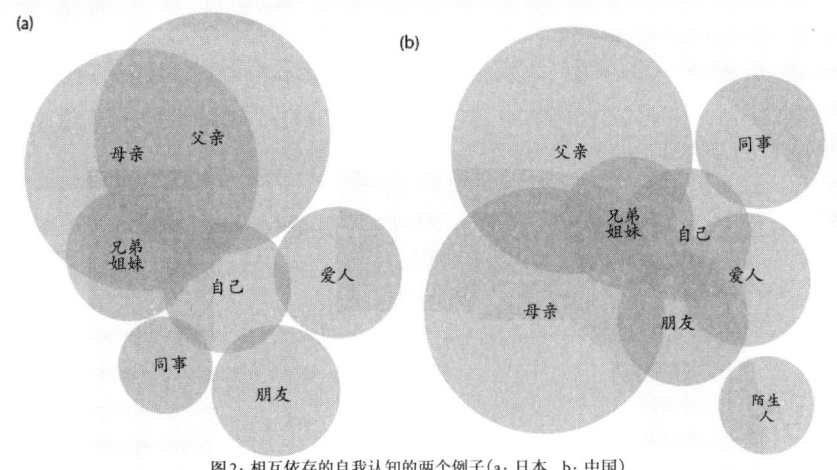

图2：相互依存的自我认知的两个例子（a：日本，b：中国）

想想吧，如果你生长在美国，你可能一辈子都会觉得自己是一个独立的人，是宇宙的中心。但是如果出生在中国或者日本，你则会认为自己只是普罗大众中的某一个，你的一举一动都与周围的人息息相关。这是两种截然不同的价值观，影响着一个人处世为人的全部行为和感受。

一个人从出生的第一天起就开始被潜移默化地灌输这些价值观。在美国，父母恨不得希望孩子从一出生就睡在自己的床上。如果条件允许的话，甚至睡在单独的卧室里。这一点与其他文化完全不同。在世界上大多数地方，婴儿与父母或者自己的兄弟姐妹睡在同一张床上。至于独立的卧室——根据1960年人类学家罗杰·伯顿（Roger Burton）和约翰·惠廷（John Whiting）在100多个国家和地区进行的关于儿童抚养的经典研究，美国父母是唯一在意自己的孩子是不是有独立卧室的人。[21]

造成这种区别的主要原因并不是物理条件的不同，而是出于人们内心深处对于"我是谁"的定义不同。美国父母热切地追求独立自主。美国人相信，我们的孩子"脆弱并且羸弱，因此要鼓励他们晚上自己睡，这样他们才能从中学会克服依赖心理，独立自强，学会照顾自己"。芝加哥大学人类文化学教授罗杰·苏威德（Roger Shweder）这样解释。然而在其他文化中，人们大多认为孩子是脆弱的，需要呵护，需要在相互依存的社会关系中养育才能顺利长大成人。苏威德解释说，在这些文化中，如果要求婴儿自己睡觉，可能被认为是虐待儿童。[22]

日本的情形正是如此。如果一个日本家庭的床不够大，通常父亲会被要求睡到其他地方，而孩子则与母亲睡在一起。[23]日本母亲并非完全不培养孩子的独立性，只是他们试图将孩子包围在自己无条件的爱与支持中，使得母亲与孩子之间心理上的边界越来越模糊——这在日本被称为"amae"（依恋）。母亲将孩子视为自己生命的延伸，正是通过"amae"，母子之间建立了永久的、无法隔断的联系。这对于美国人来说可能无法接受，但是在日本人看来，这却是母亲给予孩子的最重要的礼物：一个人在任何时刻都清楚地知道，自己绝不会孤单。

这种"依恋"会陪伴日本人一生，也会延续到一个人社交和生活中的其他重要的人或者团体身上。成年日本人努力在社交中建立更加成熟的相互依赖机制，但永远不会试图独立于其他人而存在。

几年前，密歇根大学社会学研究所里来自日本和美国的研究人员想要比较一下两国人对于母亲的亲近程度。有趣的是，这一问题的答案在研究开始前就呼之欲出了。研究开始前的第一项工作是设计调查问卷。日本研究人员坚持要在答案中添加这样一个选项："我想要一辈子和我的母亲在一起。"而美国研究人员则认为，这条选项看起来太荒谬了，被试者可能会因此觉得整个调查都不是认真的。[24]研究人员们最终相互妥协选取了一个折衷方案，但研究者们的这场分歧对于回答这一问题提供了重要信息，与调研本身取得的数据一样富有价值。多么有趣啊，在美国的"妈宝男"到了日本却变成了孝顺的好儿子。

这一区别同样也存在于神经生物学水平上。我们的大脑中有一个叫作内侧前额叶皮层（medial prefrontal cortex, MPFC）的区域，当我们处理与自己相关的信息时，这个区域就会活跃起来。那么，如果一种社会文化中自己与别人之间的界限是模糊的，来自于这种文化的人的内侧前额叶皮层活动会是什么样子的呢？心理学家朱颖（Ying Zhu）带领他的研究小组对这一问题进行了研究。他们对一些中国人和西方人（包括美国人、英国人、加拿大人和澳大利亚人）进行了功能磁共振成像（fMRI）检查，在成像过程中，研究人员请被试者描述他们自己以及自己的母亲。显然，无论是中国人还是西方人，当他们描述自己时，内侧前额叶皮层区域都活跃起来。毕竟，恐怕再没有什么比"描述自己"更"与自己相关"了。但是，当描述自己的母亲时，中国人和西方人的磁共振成像完全不同，两组的差异之大就仿佛他们回答的是完全不同的问题似的。当西方人想到和描述自己母亲的时候，他们的MPFC区域几乎完全没有活动。而对于彼此依赖的中国人，当他们描述自己母亲的时候，MPFC区域的活跃程度几乎与描述自己时一样。对于中国人，自己和自己的母亲在神经元水平上不分彼此。[25]

如果你在一个相互依存的社会中长大，这样的观念会跟随你一辈子。对于这一点，蔡美儿（Amy Chua）戏剧性的经历可能是一个很好的例子。蔡美儿来自中国，是第一代美国移民。第一眼看上去，她仿佛已经完全融入美国文化。职场方面，她是受人尊重的耶鲁法学院教授；家庭方面，她嫁给了一位犹太丈夫。但到了养育孩子的事情上，蔡美儿的中国式教育忽然冒了出来，成为主导。

在她所著的畅销书《虎妈战歌》（*Battle Hymn of the Tiger Mom*）中，蔡美儿描述了她养育孩子的方式是如何与自己的中国母亲如出一辙：用严厉、无休止的惩戒性活动使子女达到她提出的要求。[26] 她的两个女儿每天都要练习钢琴和小提琴，之后则是没完没了的家庭作业。不许在外过夜，不许少做作业，成绩必须全A。蔡虎妈不仅全程监督，还会毫无顾忌地奚落、责骂、恐吓女儿们。

比如，蔡美儿在书中提到这样一个典型的例子。有一次，她的小女儿露露（Lulu）不想练一首很难的钢琴曲。因为这件事儿，蔡美儿与她产生了争执。"我将露露的玩具屋装到汽车上，然后告诉她，如果在明天之前她不能将《小白毛驴》（*The Little White Donkey*）这首曲子弹好的话，我就会把这个玩具屋拆了，然后一片片都捐赠给救世军（the Salvation Army）[1]。我还威胁她不许吃午饭、不许吃早饭，接下来两年、三年，甚至四年的圣诞节和光明节[2]都没有礼物，生日派对取消。我告诉她不许偷懒、怯懦，不许自我放纵，不许装可怜。"

蔡美儿给予了"直升机家长（helicopter parent）"新的含义。她不仅只在儿女的头顶盘旋，更无时无刻不盘旋在他们的头脑里。蔡美儿回想起女儿露露练习钢琴时的一次经历。

露露喊道："停，妈妈，别说了。"

"露露，我什么都没有说啊。"我回答道，"我一个字也没有说。"

"可是你在脑子里批评我。"露露说，"我知道你在想什么。"

"我什么都没有想。"我愤愤地说。但实际上，我心里一直在想，露露的右

---

[1] 译者注：救世军(the Salvation Army)是以基督教作为信仰的国际性宗教及慈善公益组织，以在街头布道、进行慈善活动、社会服务而著称。

[2] 译者注：光明节(Hanukkah)又称修殿节、哈努卡节等，是犹太教节日，为了纪念公元前165年犹太民族反抗异族的玛喀比起义胜利，收复耶路撒冷，洁净第二圣殿并把它重新献给上帝的日子。

肘太高了，力度变化完全不对。她应该在乐句的表达上再下些功夫。

"求你别再想了！"露露命令道，"你再想我就再也不弹了。"

蔡美儿达到了她的目标。她的女儿们在音乐和学术上都取得了极大的成功。同时，她们也和母亲十分亲密。更重要的是，她们都很感激母亲对自己的教育。很多美国母亲都买了《虎妈战歌》这本书，她们也希望自己的儿女们取得同样的成功，但对虎妈的教育方式却十分排斥。当介绍蔡美儿教育方式的文章出现在《华尔街日报》(Wall Street Journal) 时，近一万名读者评价蔡美儿为"母老虎"或者"危险分子"，甚至用更难听的词形容她。[27]

然而中国读者，无论是来自美国还是中国，对虎妈的评价都与蔡美儿自己对自己的评价一致：一个不知疲倦、充满爱心的母亲，将自己的一切都给予了女儿们。尽管人们也对她的严厉有着不同的态度，但没有人怀疑她的动机。中国人普遍理解，在传统中国文化中，父母对子女的专制是父母出于对子女的爱，热切地希望孩子们变得更好的表现。

"很多人问我，你对女儿们如此严厉究竟是为了谁？为了你的女儿们？还是你自己？"蔡美儿说，"他们说到'为你自己'几个字的时候还都挺着脖子扬着头，仿佛看透了我一样。"对于这个问题，蔡美儿的回答非常明确："我做的一切当然百分之百都是为了我女儿。"当然，任何一个美国的"直升机父母"也会给出类似的答案，但与美国母亲们急于改变家庭贫困现状的辩解不同，蔡美儿接下来给出了一个中国式教育模式下理由充分的解释："我觉得这是个非常美国式的问题。"蔡美儿说，"因为在中国人看来，子女是母亲的延伸，我们本就是不可分割的一体。"[28]

你是为了自己还是子女？当两者之间没有分界线的时候，这个问题就变得毫无意义。

在许多国家的语言中，你甚至很难找到一个唯一的词来形容独立的自我或者个体。比如，在日本语中"我"的说法根据说者、听者、环境的不同而变化。"当一个人在自己的大学同学或者老朋友的面前提到自己时，他会用'Boku'或

　　　　　　　　　　　　　　　　　　镜子里的陌生人

者'Ore'。"跨文化心理学家理查德·尼斯贝特（Richard Nisbett）说，"当父亲与自己的孩子对话时，他会用'Otasan（爸爸）'。小女孩在与家里人说话的时候会用小名来指自己。比如友美（Tomomi）会说：'小美（Tomo）要去上学了'。"[29] 日文中"自己"一词叫作"jibun"，直译是"一个人的份额"，指一个人在社会环境中所占的部分。离开了社会环境，自我也就无从谈起。

中文里没有一个专门的词形容"个人主义"，与之最类似的词可能是"自私"。中文中的"仁"字是指善良、仁义，而这个字可以拆解为"两个人"。不仅"我"的代称因语境不同而不同，其他的人的代称也是如此。"'你能来吃晚饭吗？'这句话中，根据语境不同，'你'可能有许多种说法——这一点并不奇怪，许多语言中都有类似的现象。但在韩语里，'晚饭'一词都可能会根据你邀请的是教授还是学生而变化。"尼斯贝特说。这就不仅仅是礼貌的问题了，它很好地反映了这样一种观念：一个人在不同的场合下与不同的人在一起，会变成不同的人。

民族优越感是一种普遍存在的短视观念。每种文化都认为自己的思维方式、价值观、信仰、习俗是最正统的常态。对于自我的概念无疑也是如此。如果你是在认为人与人都是完全独立的文化观念下长大，那你自然很难接受与之相反的其他观点。反之亦然。

假设你能够将成长过程中形成的价值观和信仰全都除去，那留下的你究竟是与彼此依赖的日本人更类似，还是与相互独立的美国人更类似呢？我在日本的时候经常思考这个问题，现在我觉得自己终于找到答案了。冒着同时得罪东方人和西方人的风险，我觉得人类就像一群蚂蚁。[30] 别急，让我来解释一下。

单个蚂蚁是一种简单的生物，仅能完成一些基本的简单行为，记忆力有限，更谈不上什么智力，毕竟他们大脑的大小只有人类的一百万分之一。但是，如果是一群蚂蚁，这些看起来平庸的小生物则会立刻变得完全不同。蚂蚁群落十分巨大。比如，阿塔切叶蚁（Atta sexdens）的一个群落就可能包含800万只蚂蚁，仅仅比法国巴黎的人口数量少一点。[31] 但是与巴黎人不同，与任何我们熟悉的人类群体都不同，群落中的蚂蚁相互合作，有序得多。

蚂蚁是已知的除人类之外唯一自己寻觅、处理食物的物种。同时，蚂蚁也会自己建设居住地。我年轻的时候曾在巴西待过一段时间。在那里我经常看到一些仿佛被雕刻过的巨大土堆。这些土堆直径十多英尺，表面分布着几十个突起的部分，好像一个制作精致的大沙雕。而事实上，这些土堆只是蚂蚁群落居住区的屋顶。在这片屋顶的下面，是一片更大的，带着多个套间（即蚁巢）的复杂结构，无数道路、隧道、桥梁相互连接构成网络。那些在地表突起的角楼一样的东西是整个蚁穴的空气循环系统。整个蚁穴是一个蚂蚁建造的城市。

这些智能低下、组织松散的小生物们聚集在一起怎么会变得如此聪明？如此复杂的结构怎么可能是一群愚蠢的蚂蚁在毫无指导下完成的？科学家们完全被不可思议的蚂蚁社会搞得晕头转向，他们惊讶于这种"群体智慧"。计算机工程师和脑科学家纷纷参考蚂蚁社会的结构构建各自的模型，可以说，蚂蚁社会是相互依赖型社会发展到极致的产物。

然而，你其实还可以以另外一种方式看待蚁群。蹲下身来，你会看到一只只吃苦耐劳的蚂蚁个体。比如那些负责采集食物的工蚁，它们要长途跋涉到森林深处，啃下树叶，扛在背上，再一步一步背回蚁穴中来。这个过程中的负重十分可观。每只切叶蚁能够背起十倍于自己体重的食物，这几乎相当于一个200磅（译者注：约90千克）的人同时背起五个400磅重（约900千克）的大电冰箱。

在这个距离上，你还可以看到这些小东西是如何将五个电冰箱扛在肩上，步履沉重，走走停停，还要不时调整负重位置。但无论前方道路上有多少看起来不可能越过的障碍，它们都一往无前。原谅我使用了拟人的修辞，但此时此刻，我真的无法不对这些勇敢的劳动者们肃然起敬。我知道它们只是整个蚂蚁集体中微不足道的一员，行使着各自程式化的职责，但那只是故事的大背景。当一只蚂蚁将负重扛在背上的那一刻，我只想为它们作为个体的努力而鼓掌。

人类又有多少不同呢？最近我在华盛顿特区参加了美国心理学会（American Psychological Association, APA）年会。那几天里，13000多名我的同行们从各地聚集到一起，参加会议、出席讲座，在一张张海报前浏览踱步，与老熟人握手寒暄，或者迫不及待地将自己的研究成果讲给自己想要结交、打动的人。有那么一瞬间，我从一个高层的阳台上向下望去，不由自主地将下面这群诡异移动着的人想象成一个巨大的蚂蚁群落，个体之间相互靠近再彼此远离，短暂地交流后再匆忙地告别，重新回到自己手头忙碌的事情上来。在这个过程中，他们甚至也许真的相互碰了碰"触角"。第二周的周一早晨，参会的所有人几乎都重新回到各自的办公室，全力以赴地为各自的课题而奋斗，一些人可能在想：如果工作得再努力一点，明年的APA奖也许就是我的了。归根到底，我们依旧是个人主义者。

然而从更宏观的角度来说，心理学就好像那个大蚁穴。对于整个学科而言，究竟是我还是我的某位同事做出了下一个重大的实验并不重要，只要这个实验被某个人做出来了，就足够了。科学是第一要务，科学家只是科学发展背后的推动者。我喜欢将我们想象成修建城堡的蚂蚁。每个人都从各自的位置开始搭建，并在半路遇到了彼此，最终一起完成了一个原本完全不可想象的伟大建筑。我们其实一直在为群体的意志而努力，只是个人主义者不会这样想。集体主义者才会。

如果你恰好在一个纯粹的个人主义者家庭成长起来，请允许我提醒你以下的事实：从比例上来讲，你其实才是那个怪胎。人与人之间相互独立的思维模式只在美国和欧洲的一部分国家中存在。而世界上的大部分地区，人们或多或少都认为人与人之间是相互依赖的。"如果我们将世界上所有人都调查一遍，你会很容易地发现，大多数人都在集体主义文化下长大，认为人与人之间是相互依赖的。"跨文化心理学家史蒂夫·海涅（Steven Heine）如是说。据他估计，全世界80％以上的文化都不认为自我是完全独立的。[32]换句话说，如果我们认为大多数人的状态是正常态，那么"独立自我"绝对是不正常的。集体主义是否是人类社会更好的运行方式还有待进一步探讨，但这确实是大部分人看待世界的方式。

真诚还是演戏？伪君子还是合作者？独立还是依赖？这些问题本身就有

问题。就如同量子物理学家们常说的：我们有时是粒子有时是波。现实就是这样复杂，充满变数。

我的建议是：承认并正视一个人文化信仰的局限性。演员兼作家彼得·乌斯蒂诺夫（Peter Ustinov）曾经将地狱描述为"意大利式的守时、德国式幽默、外加英国红酒"。当然，这些都是模式化的刻板印象，但也的确包含着一定的真实性。这也是为什么狭隘的民族优越感是危险的。为什么我们不能将其他文化中好的部分移为己用呢？这并非要让你彻底摒弃自己的民族文化，而是简单地敞开胸怀接受其他的思维方式。有些时候也许接受并忍受"人生而孤独"这一残酷"事实"是件好事儿。比如，明天一早你有个作业要交，而现在已经是凌晨两点，你从晚饭后就翘首以盼有人能来帮你，可直到现在这个人也没有出现。那么最明智的做法恐怕是：接受你得独立面对这一困境的事实，关掉手机，全力以赴。但也有些时候，"人与人紧密联系"的"事实"会为你提供力量。如果你发现，归根到底，我们所有人都在一起，那将是极大的安慰和收获。我想，如果对你来说，认为人与人之间相互独立能够帮助你应对困境、战胜挑战，那就利用它。而反过来，如果人与人相互依赖、密不可分的信仰能够带给你力量，也请接受它。

毋庸置疑，你的武器库里装备越多，选择权也就越大。

15. 寻找辛德勒按钮

"所有我未曾经历的人生，所有我素未谋面的人，他们就在这里，他们无处不在。这就是世界。"

——亚历山大·黑蒙（Aleksandar Hemon），《拉扎卢斯计划》（*The Lazarus Project*）

回忆曾经的自己真的是一件无比古怪的事情。我还记得自己第一天上幼儿园的日子，从语言学校毕业的日子，高中闯祸的日子，成为青年教授的日子，儿子出生的日子。（当然，这些记忆究竟是否准确则是另外一码事儿了。）我将所有这些人都称为"自己"，但怎么可能呢，所有这些叫作"自己"的人都如此不同。与幼儿园里5岁的那个自己相比，我与周围任何一个成年人的相似程度显然都高得多。真的，除了几条染色体之外，我和那个5岁小男孩到底有哪点一样呢？我们之间又能有什么共同话题呢？尽管我承认那个5岁小孩儿和我是一个人，而我的密友和我并不是一个人。

我并不否认每个人都有一个不变的内核。诚然，每个人都是某种生理特质和性格特质独一无二的组合，它伴随我们走过人生中种种经历，许多特质在我们的一生中都保持不变。但这种"不变"是相对的。

我的朋友米兰达就是个很好的例子。在某次非正式的调研中，我让一些朋友对自己的一系列性格特点用0~10打分，米兰达也在其中。对于大多数问题，他们的打分都相差不大，但对于"外向性"这个问题，米兰达对自己的打分极高，比其他人高得多。当我问她为什么的时候，米兰达说，这并没有什么好惊讶的，她大概从记事起就对自己有着这样的认识了。事实上，"外向"可能是她描述自己时第一个会想到的词。

于是我请米兰达记录一下自己一天的生活。我给了她一个便携的电子装置，这个小玩意儿会在一天里随机响起滴滴声，平均每小时3次。这被称为"经历取样法"。每次米兰达听到滴滴声后，需要记录（1）她正在做的事，以及（2）她在做这件事时的外向度。就这样，米兰达在一天里记录了45个经历取样点。这45个取样点中，米兰达有多少个取样时刻认为自己是外向的呢？答案是12个——27%。但如果你仔细看一眼米兰达在另外33个取样时刻究竟做了什么，你会发现，米兰达认为自己在这些时候"不外向"其实再正常不过了。在这些"不外向"的时刻，米兰达正在：

与朋友在一起，但很疲倦（2次）

劝说一个态度强硬的人（2次，与同一个人）

与一个在她看来"活跃到令人讨厌"的朋友在一起（1次）

试图结束与母亲的电话（1次）

自己待着（27次）

我在外向性上给自己打5分，不高不低，但比米兰达对自己的打分低多了。通过对自己一天的经历取样，我确认了我对自己的打分是合理的。我记录了43个取样点。（那天下午我睡了个午觉，所以少记录了两个取样点。）在这些取样点中，只有5次我认为自己是外向的——这个数字还不到米兰达的一半。这样看来，米兰达的确在外向性上比我的分数要高。她在一些社会活动上要比我外向，对于这些活动也很有可能比我参与得更多。但是从更宏观的角度来看，外向性只是众多性格特质中的一种。并且与其他性格特质相同，这一特质在大部分时间里都处于蛰伏状态，只在少数情况下活跃起来。换句话说，在大多数时间里，米兰达并不比我或者其他人更外向。"自己与自己之间的区别和自己与别人之间的区别一样大。"这一点，蒙田（Montaigne）早在多年前就已经发现了。

这些我们能够辨别的性格特质在何时、何地出现都是件没准的事儿。我们每个人都有可能会在人生中的一些时机和场合下比其他人更加外向。转过下一个路口，谁又知道你究竟是外向还是内向呢。在社会心理学中，我们的口头禅是：永远不要轻视环境的力量。一项又一项的研究表明，一个人的反应、行为更多地取决于当时的时机和场合，而不是自身的性格。[2] 时势造英雄。

这些研究并非只体现了人性的弱点。类似斯坦福监狱实验的研究已经清楚地告诉了我们，一个好人是多么容易变坏。其他研究也证明了微小的，甚至难以察觉的社会压力具有多大的力量，比如让独立思考的人变得从众，跟随其他人做一些明显荒谬的决定，或者让并无偏见的孩子公然地成为偏见主义者，甚至对自己曾经的朋友恶行相向。更有甚者，在所有社会心理学实验中最为著名的一个实验中，斯坦利·米尔格兰姆（Stanley Milgram）发现，大约三分之二的正常被试者甚至愿意对一个无冤无仇的陌生人施加足以致死的电流刺激——只要在合适的场合下，有权威人士要求他们这样做。[3] 这些例子只是冰山一角，诸如此类的实验不胜枚举。[4]

但是，正如中国谚语所言：祸兮福所倚，福兮祸所伏（where there is danger, there is oportunity）。[5] 值得庆幸的是，我们将坏转变为好的能力与将好转变为坏的能力一样强大。一些看起来微不足道的小事儿可能会引起一个人极大的共鸣，这种共鸣甚至会发生在一些你意想不到的人身上。

让我们先来讨论一下麦克·迈加文（Mike McGarvin）的故事吧。麦克是我的家乡加州弗雷斯诺市的慈善之星。1973 年，麦克和他的新婚妻子玛丽由于种种原因搬到了弗雷斯诺市，那时候他们不名一文，住在玛丽父母家后面那条街上一辆 84 英尺长、12 英尺宽的房车里。用麦克的话说，那是一条可以直接用来拍《烟草路》（Tobacco Road）的街。他们的家被便宜简陋的小酒吧和平价旅馆包围，无家可归的人四处可见。尽管自己已经生活得十分辛苦，麦克依旧希望以一己之力为那些更为不幸的人做些什么。在一个燥热的夏日清晨，他在一家面包店买了几条当日新烤的面包、一些花生酱和果酱。回到房车后，他和玛丽一起制作了一批三明治，最后，又找来了一大壶冰水和几个一次性杯子。麦克带着这些东西来到中国城附近的街上，将食物和水分发给需要的人。就这样，麦克开始在街上分发免费食物。几年后，他找到了一家店面，并开始在这家店面经营这件事。他将自己的店命名为"贫困者之家(Poverello House)"。[6]

后来，贫困者之家搬到了一个更大的地方。如今，贫困者之家的工作人员和志愿者每天要准备和分发超过1000份免费食物，服务的多样性也有了大幅提高。今天的贫困者之家实际上是个小型园区，园区里有一个为单身女性设置的过夜区，这是一个希望之村，更是一个为无家可归者设立的自治社区，无家可归的人们可以居住在园区内一片用栅栏围起来的棚子里。贫困者之家甚至还设立了成瘾康复项目，具有专业的医疗和牙医诊所，齐全的淋浴和干洗设施，以及一个免费的衣物分发点和一个小图书馆。麦克召集了许多合作伙伴、捐赠者，以及志愿者一起经营贫困者之家，也与政府办公机构和宗教团体进行联系。到今天为止，任何感兴趣的社区、团体都可以请他去作报告。每年的假期都会有大量的人想要来贫困者之家做义工。为了成为志愿者，人们甚至需要提前几个月就申请预约。

但更重要的是，麦克依旧出现在街上。这真正证明了麦克与弗雷斯诺流浪者之间的情谊。几乎每天清晨六点二十，麦克像秒针一样准时地从自家后门走出来，开始在附近四处巡视。他依旧与每个流浪者交谈，倾听他们的故事，好像听他们讲故事就是他最重要的工作。对于他们提出的每一点要求，麦克都洗耳恭听，即便同样的要求他已经听了不下几百遍。无论是需要钱买车票，还是需要一件参加工作面试的衬衫，还是需要搭车去法院或者交管局，人们都会第一个想到他。流浪者们将他称为"麦克老爹"。

麦克因为他的工作而声名鹊起，获得过多个宗教、社团、社会团体颁发的各类奖项，甚至还有来自加州议会和白宫的奖励。[7]在加州的这一隅小镇，麦克·迈加文就是无私与慈善的楷模。在许多弗雷斯诺人眼里，麦克是个圣人。

社会科学家想要搞清楚究竟是什么造就了麦克这种"毫不利己、专门利人"的人道主义精神。我们试图在他的经历中寻找线索，但对他的经历了解得越多，我们的疑问反而越多。麦克早年的家庭生活可以说是一团糟。他成长在阿尔塔迪纳（Altadena）一个中产阶级社区，就在南加州帕萨迪纳市的近郊。但是麦克说，这片看起来像是"奥兹和哈里特之家"[1]的地方对于他来说却更像是"奥兹和哈里特的宿醉派对"。他父母的婚姻极不稳定并充满暴力。他们结婚、离婚、复婚，分分合合多次。他的父亲更是酗酒成瘾。

麦克看不起他的父亲。他在自传《麦克老爹》（*Papa Mike*）中这样描述他的父亲："我有两只宠物鸡，我从它们刚出生就开始养了。可能是因为我在家里面完全没有存在感的缘故，我几乎整天都和我的两只鸡待在一起。我喂养它们，照料它们，宠爱它们，可能只有小孩子会这样做吧。一个星期天的晚上，全家人一起坐下来吃晚饭。那天的晚餐里有鸡肉，还有鸡腿、鸡头什么的。我爸爸一直用一种奇怪的眼光看着我，带着一丝不易察觉的诡异微笑，这让我有点紧张。我于是以最快的速度吃完饭，跑出去要喂我的鸡。可它们不见了。我的父亲杀了它们还把它们做成了晚饭。我刚刚吃了我的宠物鸡。而他竟然觉得这很有趣。"[8]

让麦克最难以忍受的是他父亲对他母亲的长期虐待。麦克坚信，这个男人的残忍促使他的母亲几次想要自杀。甚至有一次，麦克觉得他和母亲都受够了他父亲的折磨，决定要杀了自己的父亲。他偷了他父亲狩猎用的来复枪，瞄准他，开始扣扳机。唯一使得他最终停下来的原因——麦克写道——是因为"如果我就这么杀了他，那太快了，他不会感觉到任何痛苦，但我母亲会"。[9]

显然，麦克的生活一团糟。麦克回忆说，他的家庭生活将他变成"一个沾火就爆的火药桶"。[10] 麦克7岁时，一个玩伴不小心在警察抓小偷的游戏中弄伤了他，第二天，麦克将一条扫帚把儿削成一只长矛，幸灾乐祸地扎到这个玩伴的后背上。幸好，麦克说，并没有造成"太严重"的伤害。还有一次，麦克和一

---

[1] 译者注：《奥兹和哈里特的冒险》（*Ozzie and Harriet*）是美国20世纪50年代的一部热门电视剧，讲述美国典型中产阶级家庭的生活。

个朋友玩打仗的游戏，互相丢火柴棍。他的朋友在一次"进攻"中冲他一连串地扔了好几根火柴棍。麦克为了报复，将一个樱桃爆竹硬放在他的手里，点燃爆竹，然后强迫他攥住。

结果，这位朋友手部的皮肤"全裂开了"。[11]

渐渐地，麦克变成了一名早熟而大胆的混混儿。麦克的父亲是一名兼职摄影家，在他家的地下室有一个工作室。十二三岁的时候，麦克发现这个男人居然在这间工作室给女模特拍色情照片。麦克偷出了一些色情照片并在学校兜售。不久之后，他又搞了一个"窥探秀"，他的同学只要花钱就可以从工作室窗户的一角窥探裸体模特，收费标准是每五分钟25美分。而到高中三年级的时候，麦克就升级到为自己的女友做皮条生意了。

当麦克的妈妈将麦克送到童子军后，他又利用这个机会从长官的工作室里偷设备。当他妈妈在暴怒之下将他送到教堂进行道德教育时，他依旧死性不改。这一次他偷了展示在教堂外橱窗中的圣经学习优胜奖章。似乎麦克唯一愿意做的事就是打人。喝酒打架就是他的日常，对任何出现在他视野范围内的人，他都有可能忽然毫无原因的发难。当麦克长到17岁后，有一次恰巧看到一个曾经欺负过自己和自己朋友的男人。现在的麦克已经比对方强壮很多了，他不慌不忙，乐在其中地等待对方想起来自己曾经对麦克做过什么，然后看着这个男人意识到麦克将要对自己做什么。这之后，麦克就开始发动了。"我打得特别狠，他的脸都没有人样了，我还狠狠地踩了他的手，这样他就没法再欺负小孩子了。我让他倒在了血泊中。"[12]

从社会科学家的角度看来，麦克的故事告诉了我们什么呢？西格蒙德·弗洛伊德（Sigmund Freud）认为每个人成年后的性格特征都是在5岁左右形成的，这一论述是一个世纪以来心理学研究的信条。而我们现在知道，这一结论过于武断了。但是，依旧有可观的证据表明，一个人童年时期的性格特征能够在很大程度上预测成年后的行为。[13] 但麦克早年的经历没有一点看起来能够预测他将会成为一个富有同情心的、慷慨的人。事实上，直到20多岁时，麦克的人生依旧看不到一点希望。显然有一些事情改变了麦克。但如果你想要从中找到人道主义的原型，恐怕会失望了，这个故事只会让你更加迷惑。

麦克的转型源于他搬家到一个新的地方。但我必须得说，这并不是他自己想搬的。麦克之所以搬家，是因为南加州的警察再也不想处理麦克的事情，对他下了最后通牒："要么坐牢，要么滚蛋。"麦克于是决定搬到旧金山。麦克是在1965年夏天搬家的，正是臭名昭著的"爱之夏（Summer of Love）"[1]的酝酿期，也是名副其实的"毒品之夏"。起初，麦克觉得这简直是自己的糖果乐园和天堂。在那里他度过了两年放纵的生活，毫无节制地酗酒、嗑药。但随着时间推移，麦克开始尝到放纵的代价。兴奋越来越少，低迷越来越多，生活也变得越来越乏味。麦克渐渐感到"空虚、绝望、沮丧"。

一天早晨，麦克正在旧金山脏乱不堪的街头骑摩托车，这个街区是旧金山市最破败的区域之一，以贫困、卖淫、暴力，以及极高的犯罪率著称。他停在一间波西米亚风格的咖啡馆门口，这地方看起来正像是他这样的人常常光顾的。麦克想，也许在这儿能买到些新品种的"货"。咖啡馆的里面比外面更加脏乱，落魄的流浪者三三两两的四处坐着。麦克注意到卖咖啡的老头面带微笑，热情洋溢。这个人是西蒙（Simon），他曾是商人，后来成为一名牧师。麦克后来知道，西蒙牧师创立这个咖啡馆是为了让周围的流浪者有个安全的避难所。在这里，他们可以得到"热咖啡、歇脚之地，以及几个笑容"。西蒙牧师将这间咖啡馆叫作"流浪者的咖啡屋"。

西蒙牧师早就发现他的顾客们常常陷入困境，并且一直在思索怎样能够更好地帮助他们。就在那天麦克与西蒙牧师闲谈的时候，咖啡馆里的一位顾客与另一个人打了起来。麦克向来讨厌倚强凌弱，于是他立刻跑过去拉开了两个人。西蒙牧师并不知道麦克究竟是个怎样的人，但他发现麦克十分强壮，这一点在他看来太有用了。他告诉麦克自己非常需要他的帮助，如果他愿意的话欢

---

[1] 爱之夏（Summer of Love）是发生在1967年夏天的嬉皮士革命。1967年3月到10月，约有十万来自世界各地的嬉皮士年轻人聚集在旧金山，自认为是在寻找和平、追求平权、发现新的生活方式。

迎他在自己的咖啡馆做义工。麦克同意了，尽管他有些担心这可能影响他灯红酒绿、抽烟喝酒的潇洒生活，但他又想道："劝架时的那种感觉很好。很长时间以来，这是我第一次觉得自己有用。我还挺喜欢这种感觉的。"麦克后来说，这一决定"是我'神圣守卫者'事业的开端"。[14]

随着日子一天天过去，麦克在咖啡馆做义工的时间越来越长，他也开始真的关心起咖啡馆里顾客们的福利。他逐渐从单纯做保镖过渡到负责形形色色的许多工作。与此同时，他放纵和暴戾的习性也逐渐收敛。5年后，他与玛丽搬到了弗雷斯诺。这之后不久，麦克便开始在街上分发三明治，并渐渐建立了自己的流浪者之家。

人们很喜欢类似这样的故事。麦克曾应邀将自己的故事讲给许多父母、社区以及宗教组织。这些故事仿佛在暗示：真善美就在我们身边，一转身就会遇到。在某种程度上，这一说法是对的。在麦克的身上，美德的确战胜了邪恶。但问题在于：麦克的转变无论在方向上还是幅度上都是完全不可预测的。那天早上，麦克走到流浪者咖啡屋确实是想要有所改变，但迎接他的是上百种可能性。事实上，那天发生的场景是上百种可能性中最不可能的其中一种。让我们梳理一下。

首先，时机恰当。根据麦克的回忆，如果他早几个月造访咖啡馆，可能只会注意到有没有新"货"，而如果他晚几个月去的话，恐怕就已经被毒品折磨得无暇顾及自己以外的任何事情。其次，西蒙牧师在那个时刻不失时机地出现。如果开咖啡馆的人不那么接地气儿的话，麦克可能只会接受到一些有关爱与同情心的说教，而内心却不会被触动。但西蒙牧师一下就抓住了麦克的特质，知道要想改变他，需要一点一点按照他的方式引导他。最初，即便只是拉架也让麦克非常不安。这并非由于他害怕被误伤，而是因为这份工作使得他开始与别人的利益有关。"我那时候20多岁，从来没有做过任何义工。"麦克说。义务工作让他觉得"很好，很温暖"，但同时"也有点可怕。在那之前，我的生活中只有自己，从来没有过别人。"麦克回忆道。[15]

西蒙牧师非常明智地让麦克以自己的节奏一点点进步。"我一点都不着急。"麦克告诉我，"最初，我一周做一天义工，然后慢慢变成两天。我想要让自己一点点适应。慢慢地我逐渐一周做两三天，几年之后才开始每天都去。"[16]最初的几乎一整年，麦克的唯一责任就只是拉架。如果麦克当时被要求进步得更快一点——比如，如果指导他的人不够耐心、不够有远见，或者麦克干脆被政府强制进行某项繁重又严苛的社会服务的话——他可能早就被吓跑了。

在咖啡馆的第一个早晨，麦克成功地拉开了一场打斗，这是促成麦克转变的最有力的催化剂。也正是因此，西蒙牧师才对麦克另眼相待。如果没有这一事件，西蒙牧师可能会觉得麦克只是恰巧路过的又一个问题少年。这个在街头将摩托车开得轰轰作响的年轻人自然不太可能显示出什么人道主义的潜质。哪怕西蒙牧师只想要找个打短工的，麦克恐怕也不会是他的第一选择。

而更重要的是，拉架这件事儿使得麦克能够一次次出现在流浪者咖啡馆，这是很重要的一步，正是从这开始，麦克逐渐承担起越来越多的责任。但是这完完全全是一种偶然。西蒙牧师在那个时刻最迫切需要的正是能有一个人帮他在咖啡馆拉开打斗、维持秩序。"我变成了名副其实的'斗殴克星'。"麦克说，"我的体型，以及之前打架斗殴的经历都使我成为最适合在咖啡馆里维持秩序的人。"事实上，除了这样的工作，那个时候的麦克恐怕也不会接受其他类型的义工工作。我问过麦克，如果西蒙牧师希望他帮忙做其他的事儿，比如给生病的小孩读故事之类的，他会作何反应。麦克回答说："这种事情我恐怕不会答应。"[17]

再让我们回顾一下麦克在同一时期的另一场遭遇。当他开始成功地在咖啡馆做义工后，他也曾想过在其他什么地方也做些义务工作。于是他尝试在每周日早晨去旧金山城中的一所大疗养院陪老人们聊天。"那里有成百上千的老人，身体情况都不太好，只能整日躺在床上。"麦克回忆道，"不幸的是，他们中很多人都被家庭抛弃了，从来没有人来看望他们。可能有些人知道如何帮助他们吧，但我不行。"麦克在那里做了一年，但感受并不好。他越是努力地让老人们开心，自己就越低沉。更糟的是，他酗酒的量也因此增多了。麦克和他的朋友通常在探望过老人们后一起去吃午饭。"最初，我们饭后喝一杯酒。"麦克说，"但一段时间以后，我们几乎以酒代饭，一顿饭要喝八杯酒。我们都十分消沉并且酩酊大醉。这是我们唯一能够将在疗养院中看到的悲惨场景忘掉的方式。我知道这并不是好的解决办法，我知道我不能再做下去了，这份工作唤起了我内心黑暗的部分。"[18]

换句话说，在那个时期，传统的利他性的社会服务完全不适合麦克，但拉架这种工作却很好地激发了麦克的良知。麦克后来回忆道："我终于找到了一个需要我的地方，而且这份工作所需要的恰好正是我在这几年炼狱般生活中练就的能力。"[19]

当你告诉别人某件事情的结果后，人们总会高估他们预见到这一结果的能力。心理学家管这种现象叫作"后视偏差（hindsight bias）"，或者叫作"后见之明"。麦克·迈加文的案例正是个很好的例证。当你看到这位微笑着的、绅士而又友好的男士，会理所当然地想，他就像是那种会为不幸的人们奉献一生的人。带着这样先人为主的观念再回看麦克的经历，你会很容易地找到支持的证据并将它们联系起来，一切看起来都十分合理。但问题是，如果你只看到故事的开头，你几乎不可能猜到结局。

所有人都很容易陷入后视偏差。晚期进化生物学家史蒂芬·杰·高德（Stephen Jay Gould）给我们提供了一个生动的例子。高德认为，我们在解释人类历史的时候都犯了后视偏差的错误。以人类进化的经典图景为例，这一图景通常以一个最原始的祖先开始，比如一个类似猿人的多毛生物在地上四足行进，然后逐渐过渡到尼安德特人和克罗马农人，最终过渡到完全直立行走的光荣的现代人。这一转变中的每一步都是线性的、进步的。然而在真正的历史进程中，转变中的任意时刻都有无数条路径发散出去。非脊椎动物有可能进化成无限多种不同的生物，而这些生物又可能继续进化成无限多种其他生物。生命进化的历史并不是线性的、进步的或者可预测的。"人类的出现是一种偶然，取决于成千上万相互联系的事件的共同作用。"高德解释说，"其中任何一个事件的变化都会让历史向着完全不同的方向发展，而人类意识也就不会出现。"[20]进化并不是稳步前进的过程，而是由对一系列不断变化的微小事件的独特、快速反应所决定的。

每个人的一生也是如此。与进化过程相似，我们每个人都经历过无数错误、失误，以及未曾预料到的转折与起伏，而非一帆风顺地成功。如果麦克·迈加文所经历的事件中任何一个发生变化，他的生活会变成什么样子呢？恐怕不难想象，某个不幸的遭遇可能会让麦克变成另外一个人，一个酒棍或者瘾君子，频繁进出监狱的地痞无赖，或者意志消沉、一蹶不振，成为街头的流浪者。事实上，如果我们只去看麦克的过去，所有这些假想中的场景都比真实情况更可能发生。而一旦这些情况真的发生，我们再回过头去看，你会觉得，对呀，麦克就该成为这样一个人。

另一件我们这个年代的人耳熟能详的故事更进一步说明了英雄行为的偶然性。让我们接下来看一下奥斯卡·辛德勒（Oskar Schindler）的故事。我们都知道，辛德勒名单曾在第二次世界大战期间的犹太人大屠杀中挽救了1300名犹太犯人的生命。

辛德勒的故事先被托马斯·基尼利（Thomas Keneally）写进书里[21]，后又被史蒂夫·斯皮尔伯格（Steven Spielberg）拍成电影并获得奥斯卡金像奖而变得家喻户晓。在德国攻占波兰后不久，辛德勒在克拉科夫附近开办了一家军用餐具厂。起初辛德勒的唯一目的就是赚钱牟利。他很快发现一个赚大钱的好机会：他以很低的价钱雇佣了上百名犹太人，并在自己的工厂旁边建了一个营地供这些工人们居住。伊萨克·斯特恩（Itzhak Stern）［在电影中由班·金斯利（Ben Kingsley）扮演］是辛德勒工厂的会计师，也是辛德勒的至交。他的侄子梅纳赫姆·斯特恩（Menachem Stern）回忆道："辛德勒建立这家工厂是为了赚钱，而并非为了救犹太人。"[22]辛德勒很享受商业成功带来的安逸生活。他骑着纯种的赛马在工厂周围巡视，与纳粹党人狂饮，吃大餐，泡女人。与他喝酒最多的是附近普拉佐（Plaszow）集中营的负责人、纳粹党党卫军中卫、变态杀人狂阿蒙·哥特(Amon Goeth)。

不久之后，随着纳粹党暴行的升级，辛德勒对犹太人的压榨和雇佣逐渐转变为对他们的保护。对于辛德勒究竟是如何转变成一名救助者的，历史上依旧充满争议。有些人认为，某一天辛德勒骑着马在工厂外看到犹太人在集中营被残忍地虐待，大为感触。还有人猜测，纳粹党人在如何开公司、如何对待犹太人的问题上对辛德勒指手画脚，使得他对这些纳粹分子的愚蠢和傲慢大为光火。但无论导火索是什么，它造成了一系列历史性的事件。辛德勒在接下来的六年里致力于解救犹太人。当纳粹分子要求他关闭工厂、解散工人时，他设计了一个缜密的计划来帮助自己的犹太工人不被送进集中营。他建立了一个新工厂，根据他的描述，那是一个军需品工厂，位于他的故乡捷克斯洛伐克的德语区。接着他列出了一个犹太人的名单——辛德勒名单——他要求这些人必须要被转移到他的新工厂去，因为他们对于这个工厂的运转十分重要，对这些人的转移是使战争成功所必需的。

在这样一个高产军工厂的掩护下，辛德勒拯救了许多犹太家庭。辛德勒伪造了工厂记录，证明童工在工厂的工作是无法取代的。有一次，辛德勒对纳粹官员说，只有儿童的手才足够小，才能够仔细打磨弹壳的内部。而事实上，他的工厂从来没有生产过一发能用的子弹。当军方派人巡视时，辛德勒会从其他工厂购进小批军需品以掩人耳目。巡查员们多次怒气冲冲地抱怨辛德勒的工厂生产的军需品质量不合格。为了摆平这些巡查员，辛德勒用大量的酒和现金贿赂他们。辛德勒在最后两次巡查中被逮捕并且审讯，但他巧舌如簧，声称自己与纳粹军官高层关系密切，最终得以被释放。在战争结束时，辛德勒已经一文不名，但辛德勒名单上的1300多名犹太人却活了下来。据估计，如果没有辛德勒，至少6000犹太人——包括名单上的人以及他们的下一代、下下一代——都不可能活到今天。

辛德勒在我们这个时代被认为是典型的利他主义者。但是，与麦克老爹相同，你也很难从辛德勒的过往中预测到他会做出这样伟大的成就。在这两个例子中，我们看到了环境是如何塑造一个人的，环境对人的改变能力远比人对环境的影响力要强得多。辛德勒和麦克的转变都是由一系列特定、复杂，并且特殊的环境因素引起的。天时、地利、人和，缺一不可。那些被我们认为是人道主义楷模的人，如果被放在这些特殊的环境下，并不一定会取得类似的成功。你能想象甘地或者特蕾莎修女在西蒙牧师的咖啡馆里拉架吗？而他们如果在普拉佐集中营，又会怎么做？

辛德勒当时最大的阻碍是哥特，他是普拉佐集中营的指挥官，性情暴虐。梅特克·庞帕（Mietek Pemper）是普拉佐集中营的一名犹太犯人。他与辛德勒和哥特都有着紧密接触。庞帕在1943年3月17日到1944年9月13日担任哥特的个人书记员，在这540天里，他对哥特每日的工作、行程、生活，以及集中营的运行都有着非比寻常的了解。在这段时间里，他开始与辛德勒合作，偷偷为他搜集情报，这些情报后来成为挽救犹太人行动的关键。庞帕密切参与了多项集中营的工作，在战后对哥特和其他纳粹分子的战争罪行审判中，庞帕是重要证人之一。

庞帕在他的自传《通往拯救之路》（The Road to Rescue）一书中记录了他在集中营的经历，在其中他描述了哥特是多么可怕和不可捉摸。他在书中回忆道，哥特很喜欢坐在办公室盯着窗外一面镜子，从那里他能够看到整个营房的情况。有很多次，当庞帕在办公室给哥特记录口述命令时，哥特会"忽然站起来，从墙上的架子上取下来复枪，打开窗户。然后我就会听到几声枪响，再然后就是犯人们惊恐的尖叫声。而这对于哥特就好像在口述的过程中接个电话一样自然。他会回到办公桌然后问'我们刚才讲到哪儿了？'"[23]

而辛德勒正是那个能掌控哥特的人。"辛德勒又高又壮，酒量也大。"庞帕说。他一点点接近和讨好哥特。辛德勒"去集中营拜访哥特，送给他昂贵的白兰地，与党卫队军官们一起聚会，用烈酒和香烟讨好他们……我们很幸运，因为辛德勒正是那种人，他什么都不在乎，勇敢无畏，又很能喝酒。"庞帕这样写道。[24] 应付这样的场合恰恰需要一个市侩之人：善于社交、莽撞无畏、随心所欲，甚至有些变态。托马斯·基尼利在《辛德勒的名单》中写道："辛德勒认为，如果能够与魔鬼坐下来喝酒，就能用白兰地来平衡魔鬼的邪恶。"基尼利认为，辛德勒成功的一大原因正是："与其他人不同，辛德勒在酒后仍然能够保持谨慎，保持头脑清醒。"[25] 你觉得特蕾莎修女（Mother Theresa）能够这样做吗？

耶路撒冷的雅德华申（Yad Vashem）以色列犹太大屠杀纪念馆将辛德勒列为"国际义人（Righteous Gentile）"，这是他们授予那些甘冒危险拯救犹太人免遭屠杀的非犹太人的最高荣誉。在辛德勒于1974年去世后，雅德华申纪念馆馆长，负责国际义人认定工作的莫迪凯·帕奥迪尔（Mordecai Paldiel）博士总结认为，是社会环境和心理状态这两个偶然因素的共同作用促成了辛德勒的英雄行为。帕奥迪尔说，如果辛德勒是一位古板、诚实的商人，"他可能会帮助一些人，救助一两个犹太人，但他绝不可能取得这样的成就"。帕奥迪尔坚称，正是辛德勒性格中最坏的部分促成他"完成了伟大的壮举"。[26]

与辛德勒同时代的人都经历了他们各自的转变。梅特克·庞帕富有见地地说："我被迫为阿蒙·哥特工作了多年，之后又幸运地得以与奥斯卡·辛德勒工作。这些经历让我常常思忖，如果没有战争、没有纳粹、没有种族狂热，这些人会是什么样？哥特可能并不会成为这样一个残暴的杀人狂，而辛德勒也不会挽救这么多生命。正是战争的极端环境赋予了个人极大的力量，在这些因素的作用下，人的天性发展到如此可怕的程度。"[27]

奥斯卡·辛德勒和麦克·迈加文的故事都说明了环境的力量能够从根本上转变一个人。但是，正如史蒂芬·杰·高德对于进化的解释，这种转变是一个动态的过程，并且与进化类似，这种转变并不一定是向着好的方向的。

为了探讨这个问题，我们需要看一看辛德勒一生中最后的岁月，那段很少被人提及的日子。当战争结束后，辛德勒一下子完全失去了那个成就他英雄事迹的世界。他不得不再次转变。但这一次的转变却并不尽如人意。即便辛德勒最狂热的崇拜者也将战后的辛德勒描述成"小偷""强盗""酗酒者""骗子"，或者"拈花惹草的花花公子"。他在战争结束后将妻子艾米丽留在了阿根廷。当斯皮尔伯格的电影问世后，人们询问这位长期饱受痛苦的女人如何评价自己丈夫的晚年，她这样说："有人告诉我，如果对一个人你没有任何正面评价，就什么都不要说。所以我决定什么都不说。"而在另一次采访中，谈兴正浓的艾米丽则这样说："他愚蠢、没用、近乎疯狂，真他妈该死。"[28]

　　辛德勒战后的生活充斥着一系列个人生活和商业活动方面的失败。在由领导别人到被别人领导的艰难转变中，辛德勒依旧受到那些被他救助过的犹太人的大力支持。然而最终，他还是失去了工作，寄居在法兰克福火车站旁边一间简陋的屋子里，整日沉浸在烈酒与悲伤中怀念过去的日子。德国政府为他失去的工厂赔付了10万元赔偿金，但这笔钱早就被他在赌博和挥霍中赔了个底儿掉。为了度日，他甚至还卖掉了一枚金戒指，那枚戒指上蚀刻着一行《塔木德经》（Talmud）中的文字："挽救一个人的生命就是挽救全世界（Whoever saves one life saves the entire world)"。这是用集中营一名犯人的金牙做成的，在战争临近结束时，辛德勒即将逃离集中营以躲避抓捕，他救助的犹太人打造了这枚戒指并将它作为礼物送给了他。"战争的六年是他最光辉的六年。无论是1939年之前，还是1945年之后，辛德勒都籍籍无名。"庞帕回忆道。

　　将辛德勒一生的起起伏伏与迈加文相比是很有意思的。为什么辛德勒的战后生活逐渐恶化，而迈加文则能不改初心一直沿着当初的道路走下去呢？我认为，其中的原因在于环境力量的不同。对于迈加文来说，那些将他身上最优秀品质激发出来的环境因素始终存在——对抗贫穷的战争从未结束。而反过来，引发辛德勒英雄行为的环境因素——纳粹分子的残暴行径——却在战争之后消失了。在反抗纳粹过程中使得他取得巨大成功的人格特质并没能在这一场景之外发挥作用，至少没能帮助他继续保持住伟大的人道主义精神。战争之后的新环境激发了辛德勒其他方面的特质，而不幸的是，这些特质并非是有益的。

　　究竟哪一个辛德勒才是最真实的呢？机会主义者、好人、救世主、还是一个不合格的丈夫？而哪一个迈加文又是最真实的呢？逃避现实者、街霸、调停人、还是义工？他们的哪个角色是命中注定的呢？事实上，与我们所有人相同，辛德勒和迈加文包含以上所有这些自我，以及无限其他自我。

更准确地说，这个世界上存在一小部分毫无人道主义精神的心理变态者，也许也会有更小一部分人完全不做任何坏事。但是，这些人都是例外，是不正常的。而我们剩下的这些人，仅仅是在这一场合中表现得好一些，另一个场合中表现得坏一些。但所有这些仅仅只是可能性。一个会引发我人性中最好一面的场景可能会勾起你人性中最坏的一面，反之亦然。如果你想要发现未来的英雄，不要再浪费时间试图将人分成三六九等了。可能关注在环境上会更有用：什么样的场合会唤起一个人最好的一面？

我在讲述麦克·迈加文和奥斯卡·辛德勒的故事时描述了许多细节。这不仅是因为这些细节显示了我们是多么容易受到环境的影响，更重要的是，这些细节能够帮助我们更好地理解这一过程是多么多变和不可预料。易感性导致了可能性。但魔鬼（原谅我使用这个词）藏在细节中，藏在人生路上的每一步中。

16. 等待中的英雄

我一直想要成为一个名人，但现在我意识到，对于成为什么样的名人，我需要更明确一些。

——莉莉·汤姆林（Lily Tomlin）

物理学家史蒂芬·霍金（Stephen Hawking）曾经讲过一个著名学者［有传言说是伯特兰·罗素（Bertrand Russel）］做天文学公众讲座的故事。这位学者在讲座中讲到月亮是如何围着地球转，地球又围着太阳转，太阳围着一个被我们叫作银河系的星团中心旋转。当他讲完后，听众后排的一个小个子老妇人站起来说："你刚刚讲的都是垃圾。我们的世界是一个由巨龟驮着的大平盘。"学者听罢微微一笑，问老妇人："那么那只巨龟站在哪里呢？"老妇人高声辩解道："你很狡猾啊，年轻人，非常狡猾！但是我告诉你，驮着巨龟的还是巨龟，那里有一排巨龟一个叠一个直到最下面！"[1]

类似的图景也可以用来形容我们的内在自我。我们认为"自我"是一个物理存在的东西，想象有一个"我的自我"和一个"你的自我"，一个"我"和一个"你"，就好像能够把这些自我像物件儿一样码在桌上。但是如果仔细去找的话，你唯一能找到的东西只有一个个神经元。那些切实存在的"自我"呢？它们只是一些痕迹和感觉罢了。"每一次，当我苦苦追寻想要抓住那个叫作'自己'的东西时，我总会被这样或者那样的感觉所阻碍——热或者冷、光或者暗、喜爱或者憎恶、痛苦或者欣然。我从来不能不依赖感觉而抓住自我，也从未发现感觉之外的任何东西。"这是哲学家大卫·休谟（David Hume）的名言[2]。换句话说，我们的"自我"站在无数叫作"感觉"的巨龟之上。

为了研究自我这一难以捉摸的实体，我们从各个方面进行了探索。这些探索涵盖多个学科——从物理学到社会科学；横跨诸多水平——从微观到宏观、从身体到思想。由于研究手段纷繁多样，当我们独立地对自我的某一个截面进行观察和讨论时，不免会觉得充满偶然性和传奇性，或者缺乏系统性。这正应了著名心理学家亚伯拉罕·马斯洛（Abraham Maslow）的名言：当你只有一把锤子的时候，任何东西在你眼中都是钉子。但是，也正是由于心理学的研究手段广泛，我们得以后退一步，将那些小图像相互联系起来，得到更加清晰的全景图。在这一章里，我将从四个相互交叉的方面展开讨论，这四个方面交织在一起将使我们对于自我的认识更加全面。

第一，自我与非自我之间界限模糊、怪异，并且易变。向内看，我们的身体由自我和非我组成；向外看，划分自我与别人之间的界限随意并且毫无规律。同时，由于个性和教育背景不同，有的人认为自己只包含自己的身体，而有的人则将整个种群当成自己的一部分。

第二，自我具有多重性。无论是遗传基础，与自己交流的脑中之声，还是对外呈现的表象人格，都具有多重性和多样性。而这些多重自我之间并不认识，他们将彼此当作陌生人，甚至敌人。总的来说，与其说自我是一个人，不如说它更像一个共和国。

第三，这个所谓的自我还会在多个水平上不断变化。自我唯一不变的特质就是它在不断变化。这听起来像是陈词滥调，但却是事实，也是人类此刻的处境。在前面的章节中，我们已经看到了许多相关的例子。在身体层面，我们的每一个细胞时时刻刻都在改变。而我们对于自己身体的感知也同样易变：随便一个小小的差错就会让我们失去对身体某一个部分，甚至身体全部的感知，或者将自己的身体与别人的身体搞混。从心理学层面上讲，我们好像水银一样在

镜子里的陌生人

各个不同的，甚至相互矛盾的自我之间游走，连我们自己都无法控制和追踪。从社会学层面上讲，我们每个人都好像一个小小的剧团，剧团里的演员还在不断变化。

至于我们的真实自己呢？那不过是自欺欺人的故事而已。我们编造一个关于自己的能够自圆其说的故事，然后把它叫作自我。这真的是一件充满挑战的创造性工作，因为我们面对太多的数据——我们所有经历过的场景、说过的话、做过的事、遇到过的人，以及不断变化着的思想，曾经、此刻，以及未来的身体——这一团混沌中的相互联系无休无止、无穷无尽。一个设计精妙的故事赋予我们生命的意义，但我们不能因此将虚假的故事与客观的事实相混淆。我们编造的故事只是将这些数据点联系起来的其中一种方式，是我们自行选择的，连结其中一些数据点最方便的一种方式，仅此而已。编织这个故事的目的是建立一个我们能够认可的身份。为了达到这个目的，我们随心所欲地选择、筛选，再重新组织所有数据。这个关于自我的故事仿佛一件艺术品。与所有优秀的艺术品相同，它反映了创作者当下的创作冲动。

理查德·福特（Richard Ford）的小说《加拿大》（Canada）中的主人公对于自己的个人经历有着这样精辟的论述："当我回顾过往的时候……那些情景就好像跳动着的音符或者一块块拼图，我努力将它们修复整理好，让我的生活无论如何保持在一个相对完整和可以接受的状态下。我知道做这件事儿的时候不免进行了一些'再创作'，但如果不这么做，那无疑是将自己推向绝望的悬崖边。"[3] 我们以为的自我如同一部小说。而现实情况则是模糊、飘忽不定、难以琢磨的。这是否意味着我们的一切努力都是徒劳无功、毫无意义的？是否代表着我们都该停止挣扎、顺其自然？答案是否定的。事实上，自我的易变性包含着可能性。这也正引出了我想讨论的第四个方面：易变性带来了延展性，而延展性则蕴含着无限潜能。也正因为如此，我们渐渐成为自己创造的样子。正如东方的先哲老子所言："以其终不自为大，故能成其大（When I let go of what I am, I become what I might be）"[4]。

当然，这也并不意味着我们拥有无穷的能力。毫无疑问，我们对自己的控制能力比我们期待拥有的差太多了。我们有意识的自我——用一位美国前总统的话说 [1]——并不是那个"拍板定案的（decider）"。我们甚至在做出决定之后才知道自己究竟做了什么决定。但意识具有一件武器，让它能够战胜这些局限性。意识具有接受、拒绝、修饰，或者改写自我的机会。换句话说，我们拥有编辑权。但使用这项能力需要付出努力。老话说："头脑是一把双刃剑（The mind is an excellent servant but a terrible master）。"你可以选择完全听从内心的声音随心所欲，这样做简单而且舒服，但并不一定总能带来令人舒服的结果。你当然也可以不这样选择。作为自我的"执行编辑"，我们有能力改变这一局面。

我们在这本书中讨论过的相关知识对于改变自我大有裨益。首先，这些知识和信息告诉我们，如果我们想改变自我的"出厂设置"，就要用反知觉的方式来思考它。直觉上，自我治理的"正确"方式是通过意志力或者自律。我们下定决心——比如要更努力地工作，对周围人更友善一点，戒烟，或者戒赌。如果成功了，那固然好，祝贺你。但是，对于大多数人来说，这种自律的方式只能帮助他们取得非常有限的进步。正如已故政治活动家阿比·霍夫曼（Abbie Hoffman）所言，这就好像告诉一名抑郁症患者"高兴起来"。我们现在知道，造成这一问题的原因正是：自我意识只能编辑，而不能创造。

然而现实通常与"自我意识"式的思考方式恰恰相反。那么，我们又如何说服自己，离开舒适的"出厂设置"，做出改变呢？请允许我在这里给出一个"编辑"式的解决办法，这个办法至少对于我自己是有效的。这个方法的第一步是将你自己想象成另外一个人。想象为一个镜子里的陌生人，你得用一些巧妙的方法来说服这个顽劣的陌生人按照你的要求去做。直接的命令不起作用，只有间接的策略才能起效。而这策略中的关键之处则蕴藏在心理研究的另一个发现中：情境的力量能够决定一个人的思考和行动。作为自我的编辑者，我们的任务就是要找到那些能够激发最好的自我的情境，然后设计策略最大化地利用

---

[1] 译者注：指美国前总统乔治·布什（George Bush），他曾因误用"decider"一词而备受舆论质疑。

这些情境的作用力。

怎样才能找到激发最好自我的情境？这一过程需要自省。我们得后退一步，后退到自我之外，以客观的视角收集数据。"客观"这个词很重要。我们每时每刻都在自省，那是我们内心无休无止的自我独白（"这件事儿我做得不错""我吃得太多了""我说话声音好像有点大"）。但我们需要将这一过程系统化，从而将这些自省与背景噪声分开。做到这一点的办法有很多。有些人会利用冥想，有些人会记日记，还有些人会请心理治疗师来帮助自己。无论选择哪种方法，最重要的是，保持自省的客观性。你得思考"我在思考自我"这件事儿。我知道这听起来有点绕，但别忘了我们在讨论的"自我"本来就是个很绕的话题。

这之后你可以设计策略试图做出改变了。不要去找那些膝跳反射式的简单策略，你已经知道那些策略要么没用，要么是毫无前景的饮鸩止渴。试着找到这样的策略，能够让你待在激发最好自我的情境里最久，而待在引发最差自我的情境里的时间最短。寻找这些情境之间的细微差别。正如我们曾经在麦克·迈加文（Mike McGarvin）、奥斯卡·辛德勒（Oskar Scindler），以及本书中的其他案例中看到的那样，即便最戏剧性的重大转变也是那些在环境中看起来微不足道的小细节引发的。

并没有哪个策略是普遍的解决方式。一些策略可能十分简单。比如：确保每天拿出十分钟时间独处；或者应邀出席那个你拖了好久的午餐约会；或者仅仅是和某一个人问一句"你好"。另一些策略则需要一些心理学上的创意。比如，我第一本书的编辑（这里我说的可是有血有肉的真人编辑）在我毫无察觉的情况下引导我彻底修改了书的结尾[5]，每一次想到她所使用的策略，我仍然忍不住想站起来为她鼓掌叫好。"我的小伎俩其实很简单。"她后来坦白道，"那就是始终让我的客户觉得是他们在主导，而我只是在他们的大作上简单地改上几笔。而你不会告诉他们的是，这些简单的改动将造成多大的不同。"

而如果你所有尝试的策略都失败了，你还有一条路可以选，那就是"胡萝卜＋大棒"法。维克多·雨果（Victor Hugo）用陷入难堪来威胁自己，塞尔达·加姆森（Zelda Gamson）用类似勒索自己的方式达到同样的效果。MIT的学生们则把学业成绩当作筹码迫使自己不再拖延。你也可以试一下，与自己签订一个尤利西斯合约，建立一个自己无法拒绝的协议。

社会心理学家已经开始着手开发一些教育项目，用以培养自我提升能力。这些教育项目的目的在于帮助人们理解和掌握一些心理学知识，学会如何收起自己最不好的特性，而将自己最好的特性激发出来。

其中一个很有前景的项目是"英雄想象计划（Heroic Imagination Project, HIP)"，这个雄心勃勃的教育计划由菲利普·津巴多（Philip Zimbardo）发起。40年前，津巴多的斯坦福监狱实验展示了情景的力量是多么的巨大，能够将一个普通的大学生轻而易举地转变为卑鄙的监狱看守。英雄想象计划正是希望将这一转变翻转180度，用同样的社会心理学原理将人向积极的方向进行改造。[6]

这一项目（我参与合作的部分）对当下时代的英雄主义进行了广泛释义。英雄想象计划认为，当今时代的英雄是那些投身于解决不公正行为的人，以及那些对世界创造积极价值的人，尤其是在面对压力或危机，或者要为此付出重大代价的时候仍能坚持这样做的人，那些在周围人沉默的时候站起来坚持正义的人，这既包括在危机出现时做出的立时反应，也包括谨慎地开始某个长期的利他行为。[7]英雄想象计划的上一任教育部负责人克林特·威尔金斯（Clint Wilkins）与他的同事布莱恩·迪克森（Bryan Dickson）开发了一系列讲座和研讨班来探讨人的哪些本能反应会阻碍我们成为英雄的潜在可能性。

比如，其中一课探讨了旁观者漠然。讨论从这样一个问题开始：纵观历史，由好人的沉默导致的邪恶事件与由坏人作恶导致的一样多。然而，当面对其他人遭受痛苦的时候，即便是最善良的好人也很难不陷入沉默。为了自保而不参与到事件中来实乃人之常情，即便实际上有时这只是个借口。

举个例子，想象你坐在一间安静的等候室，屋里除了你之外还有几十人。等候室中没有人监督。大概几分钟后，你闻到了一股烟味，很快浓烟就从门缝中滚滚涌入。其他人瞥了一眼浓烟，却都是一副毫不关心的样子。不久之后浓烟就充满了屋子，然而仍然没有人警觉。这时候你会怎么做？如果你和大多数人一样，你可能会认为自己一定会有所行动。但如果你真的这样做了，就会变成人群中的少数派。一个由约翰·达利（John Darley）和比伯·拉丹（Bibb Latane）进行的经典研究发现，当被试者与哪怕一两个漠然旁观者共处于同一个情境中时，只有三分之一的人会对浓烟做出反应。而随着漠然旁观者数量增多，反应的人数逐渐减少。[8]我们倾向于高估在类似情境下我们采取行动的意愿，这是非常重要的一课。这种特性可能会在短期内为你带来舒适性，但当问题最终爆发的时候，你将毫无准备。这是我们为自己创造的心理盲点。

这一问题——大多数人在这样的场合下毫无准备的原因——起源于这种作用力的无形性。在可见的敌人来袭时，我清楚地知道我在与谁对抗。而旁观者冷漠，归根到底是一种从众性，从众性是一种隐形的敌人，行动隐蔽。没有人告诉我们从众性在起作用。为了战胜这种力量，我们需要首先撕开它的面纱。我们需要知道它在现实生活中如何起作用，才能知道采取怎样的策略可以战胜它。

我自己正是一个很好的案例。我不太敢公开地提出异议，即便知道自己是对的。显然，如果在那个"着火的等候室"实验中，我肯定不是那个第一个在危机中采取行动的人。但是即便像我这样懦弱，不敢在群体中站出来的人，在单单面对一个坐在身边的陌生人时却能够毫无压力地有所行动。对于我来说，探过身子小声地问一句："我觉得可能需要检查一下这些烟是怎么回事儿，你觉得呢？"并不是什么难事儿。而如果对方也恰巧有同样的想法，我们就成了同盟。我们两个人就都可以再与周围的人重复上面的交流。周围的人再与他们周围的人交流，如此反复。从众性的力量依旧，但这一力量的方向发生了转变。就是这样：问邻座一个简单的问题，我就成了英雄。利用一点点社会心理学的手段，这一转变就如此轻易。

"英雄能够敏锐地感觉到人们陷入困境。"津巴多曾经在采访中讲，"他们能够感觉到一些细微的不和谐之处。"[10]这些人能够很快意识到情景的变化，比如当玩笑逐渐演变成种族歧视，或者当一位风趣的教授说出了一些不恰当的低俗言论。这一英雄主义的概念与你现在是什么人并没有太大的关系，它更看重的是你在关键情景下会成为什么人。一个人根深蒂固的习惯和性格将决定他是否在关键情境和抉择中具有智慧、勇气与同理心。英雄想象计划的目的就是要创造"等待中的英雄"——并将这一有益的角色加入每个人的"自我"剧团中。

同时，这个项目还有一个额外的好处。最近，一个关于幸福感的研究结果引起了很大反响：当一个人做有益于他人的事情时，相比做有利于自己的事情会有更强烈、更持久的幸福感。[11]培养内心的英雄不仅是一件有利于他人的事情，它同样提高了你自己的生活质量。这是个典型的双赢局面。

人们能够在社会行为以及心理经历层面上转换自我，这并不令人吃惊。但我在整本书中都一直在强调，自我的多重性和转换真切地发生在每个层面，甚至存在于纯粹的生理层面上。与此同时，有关自我的最新研究中还有另一个惊人的发现：越来越多的证据表明，我们有能力在生理学最核心的层面——基因组水平——对自我的"出厂设置"进行更改。与自我的其他特征相同，代代遗传的基因信息也包含我们未曾想到的延展性和可能性。为了说清这一点，我们要对最新的表观遗传学进行一下讨论。

人类身体中的每一个细胞都含有大致相同的两万两千个基因，这也是我们生下来就具有的两万两千个基因。如果不考虑突变的话，我们基本上也会带着这些基因过一辈子。但是这些基因的表达动态则绝不是这样一成不变。每时每刻，这两万多个基因中只有很少的一部分在细胞中活跃表达。而决定我们是谁、我们将会成为什么人的，并非基因组成，而是这些不断变化的"基因表达"。

表观基因组（epigenome），顾名思义是指"基因组的表面"，它决定了哪些基因会在什么时候开启，表达量高低如何。你可以将它想象成基因的开关或强度调节器，或者直接将它当成一个软件，用于调节细胞的硬件——基因组。它告诉每一个基因何时工作、怎样工作、强度如何。可以说，它决定了一个细胞的种类、形态以及状态。[12]这就是为什么尽管皮肤和毛发具有完全相同的DNA，

　　　　　　　　　　　　　　　　　　　　镜子里的陌生人

看起来却完全不同。表观基因组同时也是生物适应性的核心。比如，当我们进入青春期旺盛生长时，表观基因组会激活一组特定基因的表达，而当青春期结束后，同样是表观基因组将这一组特定基因的表达关闭。与之相似，当我们遭遇病原体感染时或者修复伤口时，表观基因组也发挥类似的作用。

对于基因表达在生物学水平上的动态变化我们已经有了相当的积累。但在最近20年里，我们开始对基因表达的动态变化与社会经历的关系有所了解。尽管大多数研究仍然停留在模式动物层面，然而对于人体的研究依旧取得了不少轰动性的发现。在一项重大的研究项目中，来自UCLA的遗传学家史蒂夫·科尔（Steve Cole）带领他的小组出乎意料地发现，社会压力与某一特定的基因表达模式之间具有极强的关联性。他们对一系列陷于多种社会压力下的个体的基因表达进行了调查，这些个体既包括那些自认为自己长期以来比较孤独的普通人，也包括因罹患癌症而陷入抑郁的心理疾病患者。研究人员发现，某一组特定基因在这些个体中都呈现出几乎相同的异常表达——这一异常的基因表达模式会使这些人具有更高的风险患上免疫相关疾病，比如高血压、2型糖尿病、动脉粥样硬化、心脏衰竭，以及中风等。[13]在另一项研究中，研究人员通过对基因表达的实时动态监测发现，在年轻女性与亲近的人之间产生社交问题时，这组基因也会出现异常表达。[14]

类似的研究都表明，我们的DNA并非一成不变的建筑蓝图，而是一系列可能性的组合。那些在我们生命中出现的人和事不仅会改变我们的所思所想，同样也会改变我们的遗传基础。[15]我们的头脑、环境、基因以及表观遗传之间是一个互为因果的循环。"你可以认为这一信息流就是一条生物法则。"辛迪塔·穆克吉（Siddhartha Mukherjee）在他的著作《基因传：众生之源》（*The Gene: An Intimate History*）一书中这样写。他还提道："如果我们的科技发展能够达到更改这一生物法则的地步，那将会引发人类历史上最重大的转折。我们将能够阅读和改写自身、自我。"[16]

史蒂夫·科尔曾经在采访中说，他经常用这样的建议来结束自己的讲座："你今天的所作所为将影响到接下来两三个月甚至后半辈子中身体的分子构成。所以，好好把握当下吧。"[17] 这样颇有些耸人听闻的评价绝非夸张。动物实验中的诸多新证据发现，表观遗传的改变不仅会跟随个体一生，甚至还会遗传给后代。如果这一结论在人类中也成立的话，那将意味着我们的经历，我们的父辈、祖父辈的经历都将改变后代的基因活性。[18]

当我上高中时，一个富人家的孩子总是趾高气扬地吹嘘炫耀，我们喜欢奚落他说："这人出生在三垒上，就以为前三垒都是自己打下来的。"但难道我们不都是带着这样的幻觉生活的吗？有一天意识之光忽然亮起，我们发现自己站在了三垒上：我有着我的意识，而你也有你的。对于自己是怎样一个人，我们究竟有多少贡献？我觉得可以有两个答案：几乎没有贡献，或者拥有全部贡献。我们的物理结构——我们在三垒上出生时就被赋予的身体、思维——基本上是上天赋予的。这也是我们"几乎没有贡献"的部分。但我们仍拥有一丝光明——编辑和修正的力量——而这则可能是"全部"。

我的一位朋友是个多产的故事作家，我曾问他是如何能够那么快地创作出那么多好作品的。他说，他其实工作得很慢。大多数故事他都要用好几个月才能做完，有的甚至要一年以至几年。但他的"伎俩"，他解释说，是播下许许多多种子，然后让这些种子按照各自的速度慢慢生长、成熟。比如，当想到一个有意思的人物时，他会在脑子里潦草地记下来，想象将这一笔记存在潜意识中。"我想象一幅这个人物的图画，将这幅画挂在一个像鱼竿一样的竿子尖上。然后我将竿子伸到意识下面的虚幻世界里。我将它种在另一幅我之前记下来的画旁边，让它生根、发芽。"时不时地，他会用这根长竿子伸到潜意识的虚幻世界中，将其中某个人物钓起来查看一下进度。"如果它看起来还没有长好，我可能会再在头脑里简单地改几笔，然后再放回去。或者我也有可能直接把它扔掉。但是如果我看到了我喜欢的，而它又恰好适合我正在写的故事，我会将它仔细地修剪好，然后放到故事中。"

这样的策略值得我们每个人运用到自己的生活中。幻觉也好，事实也罢，回忆中的过去是一个个过去的我们，展望着的未来是一个个未来的我们，而这些过去和未来的我们都交汇于一处，那便是此时此刻的我们。这样的图景可以帮助我们开发、设计或者改善自我。我们可以培育最好的、剪除最坏的、再播下几个新的自我。每一次，当你问自己"我该如何表现"的时候，你其实也是在问"我想成为什么样的人"。你刻画自己的每一笔都会重塑一个未来的你。

最后，作为一个做了40年心理学家的人，我还有如下小小的建议：在后台用心培养你的演员们，学会为不同的情节选择正确的演员，不断改写他们的剧本。而当你在台上的时候，不要太苛责自己的表现。直面它。那一刻，你与你的所有自我同在。

注 释

1. **引言 : 忒休斯悖论**

1 此为化名。

2 事实上，我们的恋人关系只持续了不到一个月，如果你非想知道的话。

3 有少数类型的细胞寿命很长，尤其是组成大脑皮层的一些细胞，会一直存活到个体去世。

4 参见 : Nicholas Wade, "Your Body Is Younger Than You Think", New York Times, August 2, 2005, http://www.nytimes.com/2005/08/02/science/your-body-is-younger-than-you-think.html.

5 Roderick Chisholm, Person and Object: A Metaphysical Study (New York: Taylor and Francis, 2004), 89.

6 这一思想实验参考了德里克·帕菲特（Derek Parfit）在他的重要伦理学著作《理由与人格》(Reasons and Persons)（New York: Oxford University Press, 1986）一书中一个类似的思想实验。

7 引自 : Andrews, Robert (1993). The Columbia Dictionary of Quotations. New York: Columbia University Press, p.439.

8 华特·怀特曼，自我之歌（Song of Myself）BrainyQuote.com, http://www.brainyquote.com /quotes/quotes/w/waltwhitma132584.html, 2015年11月10日访问。整节为 :

我自相矛盾吗？

很好，我的确自相矛盾。

（我辽阔伟大，我包容万象）

9 Rebecca Goldstein, 36 Arguments for the Existence of God (New York: Pantheon, 2010), 17

2. **大脑**

1 个人访谈，2009年4月8日。

2 Francis Crick, The Astonishing Hypothesis: The Scientific Search for the Soul (New York: Scribner, 1994).

3 Milan Kundera, Immortality (New York: Harper Perennial, 1999), 12.

4 Paul Broks, Into the Silent Land (New York: Grove Press, 2003), 63.

5 Gilbert Ryle, The Concept of Mind (Chicago: University of Chicago Press, 1949), 22.

6 Associated Press, "Two-Fifths in Poll Would Take a New Brain", Fresno Bee, March 4, 1990, B5.

7 "Frankenstein Fears after Head Transplant", BBC News, April 6, 2001, http://news.bbc.co.uk/2/hi/health/1263758.stm.

8 Derek Parfit, Reasons and Persons (New York: Oxford University Press, 1986), 204. 并参见 Larissa MacFarquhar, "How to Be Good", New Yorker, September 5, 2011, 47–53.

9 Benedict Carey, "Brain Researchers Open Door to Editing Memory", New York Times, April 6, 2009, A1, A10.

10 Michael Frayn, Copenhagen (New York: Anchor Books, 1998), 74.

11 这段有关大脑与高等人类的功能之间关系的讨论着重参考了卡尔·齐默尔《血肉灵魂 : 大脑改变世界》(Soul Made Flesh: The Discovery of the Brain and How it changed the world)（New York: Free Press, 2004）。引文出自第9页。

12 同上，引文出自第13页。

13 Henry More, An Antidote against Atheisme, or, An Appeal to the Natural Faculties of the Mind of Man, Whether There Be Not a God (London, 1653)；引自齐默尔《血肉灵魂》, 5.

14 Todd Feinberg, From Axons to Identity (New York: W.W. Norton, 2009), 132–158 (chap. 5); and Benedict Carey, "After Injury, Fighting to Regain a Sense of Self", New York Times, August 9, 2009, A1, A15.

15 Broks, Into the Silent Land, 48.

16 本段主要参考：David Eagleman, Incognito: The Secret Lives of the Brain (New York: Pantheon, 2011)。引文出自第1页。

17 V. S. Ramachandran, "Secrets of the Mind", NOVA (PBS), October 23, 2001.

18 Katrina Firlik, Another Day in the Frontal Lobe (New York: Random House, 2006), 194.

19 Daniel Drubach, The Brain Explained (Englewood Cliffs, NJ: Prentice Hall, 2000).

20 Norman Doidge, The Brain That Changes Itself (New York: Penguin, 2007).

21 同上。

22 Steven Johnson, Mind Wide Open: Your Brain and the Neuroscience of Everyday Life (New York: Simon and Schuster, 2004), 10.

23 个人访谈，同上。

3. 二脑一体

1 我要感谢麦克辛·奥尔森，她告诉了我什么叫创造性艺术以及如何进行艺术创造。

2 Kimon Nicolaides, The Natural Way to Draw (Boston: Houghton-Mifflin, 1941), 159.

3 L. Wechsler, Seeing Is Forgetting the Name of the Thing One Sees: A Life of Contemporary Artist Robert Irwin (Berkeley: University of California Press, 1982). 本书题目源于保罗·瓦勒里（Paul Valery）的论述："To see is to forget the name of the thing one sees."

4 Betty Edwards, Drawing on the Right Side of the Brain: A Course in Enhancing Creativ- ity and Artistic Confidence (Los Angeles: J. P. Tarcher, 1979).

5 Michael S. Gazzaniga, "The Split Brain in Man", Scientific American 217 (August 1, 1967): 24–29, p.29.

6 同上。

7 如果你想了解更多斯佩里实验室的相关实验，可以参见 Michael S. Gazzaniga, The Bisected Brain (New York: Appleton-Century-Crofts, 1970)。另一个极好的参考文献是 Robert E. Ornstein, The Psychology of Conscious- ness, 2nd ed. (New York: Harcourt, Brace Jovanovich, 1977)。这一段落主要参考了这些参考文献。

8 K. Goldstein, "Zur Lehre vonder motorisschen Apraxie", Journal fur Psychologie und Neurologie 9 (1908): 169–87; cited by Todd Feinberg, From Axons to Identity (New York: W.W. Norton, 2009), 191.

9 R. Leiguarda, S. Starkstein, and M. Berthier, "Anterior Callosal Haemorrhage: A Partial Interhemispheric Disconnection Syndrome", Brain 112 (1989): 1019– 1037.

10 D. Geschwind, M. Iacobini, M. Mega, D. Zaidel, T. Cloughesy, and E. Zaidel, "Alien Hand Syndrome: Interhemispheric Motor Disconnection Due to a Lesion in the Mid- body of the Corpus Callosum", Neurology 45 (4) (1995): 802–808.

11 同上。

12 Feinberg, From Axons to Identity, 193.

13 Melissa Dahl, "When One Hand Develops a Mind of Its Own", MSNBC, October 29, 2010, http://bodyodd. msnbc.msn.com/_news/2010/10/29/5354143-when-one -hand-develops-a-mind-of-its-own, accessed January 14, 2011.

14 Leiguarda et al., "Anterior Callosal Haemorrhage".

15 Dahl, "When One Hand Develops a Mind of Its Own".

16 Feinberg, From Axons to Identity, 194.

17 Geschwind et al., "Alien Hand Syndrome".

18 R. Leiguarda, S. Starkstein, M. Nogues, M. Berthier, and R. Arbelaiz, (1993). "Parox- ysmal Alien Hand Syndrome", Journal of Neurology, Neurosurgery, and Psychiatry 56 (1993): 788–792.

19 S. J. Dimond, Neuropsychology (Boston: Buttersworths, 1980), 434.

20 Leiguarda et al., "Paroxysmal Alien Hand Syndrome".

21 Michael S. Gazzaniga, "One Brain—Two Minds?", American Scientist 60 (1972): 311–317; 引自 Michael S. Gazzaniga, Who's in Charge? Free Will and the Science of the Brain (New York: Harper's, 2011), 59.

22 Bogen, J. E. (1969). The other side of the brain: An appositional mind. Bulletin of the Los Angeles Neurological Societies, 34, 135-162.

4.　　　身体无边界(不好意思, 这是我的胳膊还是你的?)

1 最初被 M. Botvinick and J. Cohen 描述, 记载于 : "Rubber Hands 'Feel' Touch That Eyes See", Nature 391 (1998): 756.

2 这一幻觉的其他变体的症状描述可参见 : G. Lawton, "Whose Body Is It Anyway?", New Scientist, March 21, 2009, 36–37

3 T. Metzinger, The Ego Tunnel (New York: Basic Books, 2009), 75–114 (chap. 3).

4 Petkova, V. I., & Ehrsson, H. H. (2009). When right feels left: referral of touch and ownership between the hands. PLoS One, 4, e6933; 以及 M. Slater, D. Perez-Marcos, H. Ehrsson, and M. Sanchez-Vives, "Introducing Illusory Ownership of a Virtual Body", Frontiers in Neuroscience 3 (2009): 214–220.

5 S. Milgram, "The Experience of Living in Cities", Science 167 (1970): 1461–1468.

6 Natalie Angier, "Primal, Acute and Easily Duped: Our Sense of Touch", New York Times, December 9, 2008, Science Times sec., D2.

7 有关大脑的数据和图景来自于多本教科书, 直接引自华盛顿大学网站 : http://faculty.washington.edu/ chudler/facts.html.

8 V. I. Petkova and H. H. Ehrsson, "If I Were You: Perceptual Illusion of Body Swapping", PLOS ONE 3 (12) (2008): doi:10.1371/journal.pone.0003832.

9 同上。

10 这些研究的综述文章可参见 L. Maister, M. Slater, M. Sanchez-Vias, and M. Tsakiris, "Changing Bodies Changes Minds: Owning Another Body Affects Social Cognition", Trends in Cognitive Sciences 19 (1) (2015): 6–12.

11 Harry Farmer, Ana Tajadura-Jiménez, and Manos Tsakiris, "Beyond the Colour of My Skin: How Skin Colour Affects the Sense of Body-Ownership", Consciousness and Cognition 21 (3) (2012): 1242–1256.

12 Maister et al., "Changing Bodies Changes Minds".

13 V. S. Ramachandran and W. Hirstein, "The Perception of Phantom Limbs: The D. O. Hebb Lecture", Brain 121 (1998): 1603–1630.

14 S. W. Mitchell, "Phantom Limbs", Lippincott's Magazine of Popular Literature & Science 8 (1871): 563–569.

15 R. Sherman, C. Sherman, and L. Parker, "Chronic Phantom and Stump Pain among American Veterans: Results of a Survey", Pain 18 (1984): 83–95.

16 有关拉马钱德兰对幻肢研究的讨论和引用出自以下文献 : J. Colapinto, "Brain Games: The Marco Polo of Neuroscience", New Yorker, May 11, 2009, 76–87; Metzinger, The Ego Tunnel; Ramachandran and Hirstein, "The Perception of Phantom Limbs"; V. S. Ramachandran (2007, March). "On your Mind", video podcast, March 2007, TED.com, http://www.ted.com/talks/vi- layanur_ramachandran_on_your_mind. html; and V. S. Ramachandran, "Secrets of the Mind", NOVA (PBS), October 23, 2001; Ramachandran, V. S.

(2011). The Tell-Tale Brain: A Neuroscientist's Quest for What Makes Us Human. New York: Norton; and, Ramachandran, V. S. & Blakeslee, S. (1998). Phantoms in the Brain. New York: Wm. Morrow.

17 Ramachandran, V. S. (2011). The Tell-Tale Brain: A Neuroscientist's Quest for What Makes Us Human. New York: Norton, p.31 .

18 拉马钱德兰在最初的报告中称这位作者为"菲利普"，但现在已经使用病人的真实名称德拉克（Derek）。

19 本段以及本小结中有关幻肢手术的信息如无特别说明均引自：Ramachandran & Blakelee, 同上。

20 引自 Colapinto, "Brain Games".

21 D. Harvie, M. Broecker, R. Smith, A. Meulders, V. Madden, and G. Moseley, "Bogus Visual Feedback Alters Onset of Movement-Evoked Pain in People with Neck Pain", Psychological Science 26 (4) (2015): 385–392.

22 L. Schmalzl, C. Ragnö, and H. H. Ehrsson, "An Alternative Version of Mirror Therapy: Illusory Touch Can Reduce Phantom Pain When Illusory Movement Does Not", Clinical Journal of Pain 29 (2013): E10–E18.

23 Composite Tissue Allotransplantation, http://www.handtransplant.com. 统计数据引自 March 2011.

24 Composite Tissue Allotransplantation, News release January 23, 2013, http://www.handtransplant.com/ForNewsMedia/tabid/59/Default.aspx?GetStory=1498.

25 Errico, M., Metcalfe, N. H., & Platt, A. (2012). History and ethics of hand transplants. JRSM Short Reports, 3(10), 74. http://doi.org/10.1258/shorts.2012.011178 .

26 这一异肢感出现在所有可见的肢体移植手术中。也许最令人印象深刻的案例是中国的第一例阴茎移植手术。一名男性在"一场不幸的事故"中丧失了自己的阴茎并接受了阴茎移植手术。手术后两周，这位男性和他的妻子都改变了主意，称他们都对新阴茎有反感，并将移植的阴茎手术去除。参见：Ian (2006, September 17th) Man rejects first penis transplant. The Guardian, online edition, https://www.theguardian.com/science/2006/sep/18/medicineandhealth.china.

27 引自 Claudia Dreifus, "A Blank Canvas to Create Smart Limbs: A Conversation with Hugh Herr", New York Times, April 30, 2013, D3.

28 同上。

29 本段引自：Hugh Herr, interview by Terry Gross, "The Double Amputee Who Designs Better Limbs", Fresh Air (NPR), August 10, 2011, http://www.npr.org/templates/transcript/transcript.php?storyId=137552538.

30 B. Rosén, H. Ehrsson, C. Antfolk, C. Cipriani, F. Sebelius, and G. Lundborg, "Referral of Sensation to an Advanced Humanoid Robotic Hand Prosthesis", Scandinavian Journal of Plastic Reconstructive Hand Surgery 43 (5) (2009): 260–266.

31 Herr quoted in Neal Everson, "Biomechatronics", http://ffden-2.phys.uaf.edu/212_spring2007.web.dir/neal_everson/neal_everson_004.htm.

32 引自 Anil Ananthaswamy, Do No Harm: The People Who Amputate Their Per- fectly Healthy Limbs, and the Doctors Who Help Them (2012), Kindle edition, location 182.

33 同上。location 52.

34 同上。location 136.

35 帕特里克现在是 BIID 共同体一名受人尊敬的手术审查员。他负责评价申请人，如果申请人符合标准，手术将会被安排在亚洲进行，帕特里克负责监督这一手术的执行。

36 引自 Sabine Mueller, "Amputee Envy", Scientific American Mind 18 (2007–8): 60–65.

37 引自 BIID 外科医生 Michael First, 记录于 Robin Henig, "At War with Their Bodies, They Seek to Sever Limbs", New York Times, March 22, 2005, http://www.nytimes.com/2005/03/22/health/psychology/22ampu.html?_r=0& pagewanted=print&position=。

38 Ananthaswamy, Do No Harm.

39 引自 Henig, "At War with Their Bodies"。

40 Paul Rozin and April Fallon, "A Perspective on Disgust", Psychological Review 94 (1987): 23–41. See also Paul Broks, Into the Silent Land (New York: Grove Press, 2003), 108.

41 引自 Michael Pollan, "Some of My Best Friends Are Bacteria", New York Times Magazine, May 19, 2013.

42 Michael Pollan, "Some of My Best Friends Are Germs", New York Times, May 15, 2013, http://www.nytimes.com/2013/05/19/magazine/say-hello-to-the-100-trillion -bacteria-that-make-up-yourmicrobiome.html?pagewanted=all&_r=0.

43 Pam Belluck, "A Promising Pill, Not So Hard to Swallow", New York Times, October 11, 2014, http://www.nytimes.com/2014/10/12/us/a-promising-pill-not-so -hard-to-swallow.html?_r=0.

44 David Kohn, "When Gut Bacteria Changes [sic] Brain Function", Atlantic, June 24, 2015, http://www.theatlantic.com/health/archive/2015/06/gut -bacteria-on-the-brain/395918.

45 这些研究的综述文献参见 Charles Schimdt, "Mental Health May Depend on Creatures in the Gut", Scientific American 312 (3) (February 17, 2015): http://www.scientificamerican.com/article/mental-health-may -depend-on-creatures-in-the-gut; 以及 J. F. Cryan and T. G. Dinan, "Mind-Altering Microorganisms: The Impact of the Gut Microbiota on Brain and Behavior", Nature Reviews: Neuroscience 13 (2012): 701–712.

46 引自 David Kohn, ibid. 47 From: Ananthaswamy, Anil (2015). The Man who Wasn't There: Investigations into the Strange New Science of the Self. New York: Dutton (Kindle edition, location 1092 of 4836.).

5.　你的寄生虫属于你吗？

1 N. R. Hanson, "From Patterns of Discovery", in Perception, ed. Robert Schwartz (Malden, MA: Blackwell, 2004), 294.

2 人肤蝇的例子是受到以下三篇文章启发并在此基础上改编。这三篇文章中杰里•科恩（Jerry Coyne）详细讲述了人肤蝇的生活习性和周期。(a) The story of Jerry's botfly in: Adrian Forsyth and Kenneth Miyata, Tropical Nature (New York: Charles Scribner's, 1984); (b). An interview with Jerry Coyne by Robert Krulwich and Jad Abumrad, producers and co-hosts, Radiolab (WNYC/NPR), December 12, 2008; (c) Jerry Coyne, personal communication, February 16, 2010.

3 Paul Crosbie, 个人交流，2010年2月26日。

4 语出达尔文，引自卡尔•齐默尔 Parasite Rex (New York: Free Press, 2001), 14

5 有关疟原虫的描述着重参考了卡尔•齐默尔的著作(同上)。本段引自第40-41页。

6 同上，第43页。

7 同上，第43页。

8 本段引自卡尔•齐默尔的著作(同上)。

9 R. Brusca and M. Gilligan, M. (1983). "Tongue Replacement in a Marine Fish (Lutjanus guttatus) by a Parasitic Isopod (Crustacea: Isopoda)", Copeia 3 (1983): 813–816.

10 这一丑陋生物的图片可参阅 http://weirdimals.wordpress.com/2009/11.

11 Nick Lane, Power, Sex, Suicide: Mitochondria and the Meaning of Life (New York: Oxford University Press, 2005). 并参见 T. Saey, "Repairing a Cell's Faulty Batteries", Science News 177 (May 8, 2010): 16.

12 托马斯的话引自："Organelles as Organisms" (1974), reprinted in Thomas, The Lives of a Cell (New York: Viking, 1974), 81–87.

13 单倍群是一组类似的单倍型，具有一个共同的祖先，能够用来追溯事前人类进化过程中的重要事件。更多细节可参考 23andMe 网站：https://www.23andme.com/you/haplogroup/paternal.

14 如果万一有人感兴趣的话，我起源于母系单倍群V，R0子群。

15 线粒体DNA也会重组，但只有同一个线粒体内的DNA才能相互重组。因此，如果不考虑突变的话，DNA会稳定地从母代传递给子代。参见：W. Brown, M. George, and A. Wilson, "Rapid evolution of mitochondrial DNA", Proceedings of the National Academy of Sciences USA 76 (4) (1979): 1967–1971.

16 更精确地说，这是晚期智人(Homo sapiens sapiens) 的演化分叉点。晚期智人是智人的一种。

17 David Schardt, "Manipulating Mitochondria: Playing in the Fountain of Youth", Nutri- tion Action Healthletter, December 2008, at FindArticles.com., http://findarticles.com/p/articles/mi_m0813/is_10_35/ai_n31043591, accessed April 28, 2010.

18 10% 的人体体重为线粒体这一估计来源于：Lane, Power, Sex, Suicide, 1–18。而 Lewis Thomas 在 "Organelles as Organisms" 中则估计50% 的人体体重都是线粒体。

19 Lane, Power, Sex, Suicide, 111–114.

20 Thomas, "Organelles as Organisms."

21 Adam Liptak, "Justices, 9–0, Bar Patenting Human Genes", New York Times, June 13, 2013, http://www.nytimes.com/2013/06/14/us/supreme-court-rules-human-genes-may-not-be-patented.html?_r=0.

22 Dawkins, Richard (1976). The Selfish Gene. London: Oxford University Press.

23 Lynn Margulis and Dorian Sagan, "Rethinking Life on Earth: The Parts; Power to the Protoctists", Earthwatch 11 (1992): 25–29.

24 事实证明，人类不仅拥有细胞DNA和线粒体DNA，一些人甚至具有两套线粒体DNA，嵌合体中的嵌合体。另一套线粒体是父源的。这一过程大致如下：生物学家曾经认为父源线粒体不会进入子代体内。我们早就知道，父源线粒体对于受精过程十分重要。简单来说，一些线粒体聚集在精子尾端，并在合适的时候提供动力推动精子进入卵子。而这通常也是父源线粒体的谢幕之作。精子头部进入卵子的同时，这些线粒体与精子的尾巴一起脱落。他们就好像NASA火箭的第一节助推器，唯一的工作就是将主飞船推到地球大气层的边缘。一旦完成，这些助推器就会从飞船上脱离并永远消失。人们一直以为所有的父源线粒体的命运皆为如此。但在2002年，《新英格兰医学杂志》发表了一篇文章。丹麦科学家Marianne Schwartz 和John Vissing报告了一名病人具有两套完全不同的mDNA，分别与他的父亲和母亲的mDNA吻合。这是人们第一次发现父源线粒体DNA会遗传给子代的确切证据。这两套mDNA组成嵌合体——或者说是一系列嵌合体：比如，这位病人的肌肉细胞包含10% 父源mDNA和90% 母源mDNA，但血液中的细胞则含有100% 母源mDNA。这位病人是线粒体嵌合体。参见：M. Schwartz and J. Vissing, "Paternal Inheritance of Mitochondrial DNA", New England Journal of Medicine 347 (2002): 576–580.

6. **多重人格，多个人**

1 除特殊说明外，此章节的引言均来自记者兼资深编辑 Soren Wheeler 对 Karen Keegan 与她的医生的采访："(So-Called) Life", Radiolab (WNYC/NPR), March 14, 2008, http://www.radi- olab.org/story/91596-so-called-life.

2 同上。

3 同上。

4 引自 Claire Ainsworth, "The Stranger Within", New Scientist 180 (2421) (No- vember 15, 2003).

5 引自 Wheeler, 同上。

6 引自 Wheeler, 同上。

7 参见 L. Strain, J. Dean, M. Hamilton, and D. Bonthron, "A True Hermaphrodite Chi- mera Resulting from Embryo Amalgamation after In Vitro Fertilization", New England Journal of Medicine 338 (1998): 166–169.

8 参见 Ainsworth, "The Stranger Within".

9 Catherine Arcabascio, "Chimeras: Double the DNA—Double the Fun for Crime Scene Investigators, Prosecutors, and Defense Attorneys?", Akron Law Review 40 (3) (2007): 435–463.

10 Carl Zimmer, "DNA Double Take", New York Times, September 17, 2013, D1.

11 J. L. Nelson "Your Cells Are My Cells", Scientific American 298 (2) (February 2008): 72–79.

12 同上。

13 引自 Zimmer, "DNA Double Take"。关于嵌合体的综述文章为：K. Chen, R. H. Chmait, D. Vanderbilt, S. Wu, and L. Randolph, "Chimerism in Mono- chorionic Dizygotic Twins: Case Study and Review". American Journal of Medical Genetics Part A 161 (7) (2013): 1817–1824.

14 Ainsworth, "The Stranger Within", 34.

15 越来越多的证据表明这些转移的细胞也有可能损伤宿主的健康，尤其可能造成宿主成年后患上自身免疫系统疾病。参见：Nelson, "Your Cells Are My Cells"; and Ainsworth, "The Stranger Within".

16 Nelson, "Your Cells Are My Cells."

17 Ainsworth, "The Stranger Within."

18 W.F.N. Chan, C. Gurnot, T. J. Montine, J. A. Sonnen, K. A. Guthrie, et al., "Male Microchimerism in the Human Female Brain", PLOS ONE 7 (9) (2012): doi:10.1371/journal.pone.0045592.

19 Nelson, "Your Cells Are My Cells."

20 N. G. Waller, F. W. Putnam, and E. B. Carlson, "Types of Dissociation and Dissociative Types: A Taxometric Analysis of Dissociative Experiences", Psychological Methods 1 (3) (1996): 300–321.

21 引自演讲家兼出版家 Natasha Mitchell 对 Zoe Farris 的采访："Many Selves, One Body: Dissociation and Early Trauma", All in the Mind, August 22, 2009, ABC Radio National (Australian Broadcasting Corporation). 以下对 Farris 的引用均来源于此。

22 American Psychiatric Association, Diagnostic and Statistical Manual of Mental Disor- ders, 4th ed. (Washington, DC: American Psychiatric Association, 1994).

23 引自 Natasha Mitchell 对 Zoe Farris 的采访，同上。

24 同上。

25 同上。

26 C. H. Thigpen and H. Cleckley, "A Case of Multiple Personality", Journal of Abnormal and Social Psychology 49 (1954): 135–151.

27 Spanos, Nicholas (1994). Multiple identity enactments and multiple personality disorder: A sociocognitive perspective. Psychological Bulletin, 116, 143-165.

28 Erving Goffman, The Presentation of Self in Everyday Life (New York: Anchor Books, 1959).

29 引自 Robert Todd Carroll, The Skeptic's Dictionary, s.v. Multiple personal- ity disorder [dissociative identity disorder], http://skepdic.com/mpd.html.

7.　镜子里的陌生人

1 G. G. Gallup, "Self-Awareness in Primates", American Scientist 67 (1979): 417–421.

2 M. Lewis, M. W. Sullivan, C. Stanger, and M. Weiss, "Self-Development and Self-Conscious Emotions", Child Development 60 (1989): 146–156.

3 有关 Yolanda 和 Ruth 的讨论和引用来源于：Shari Cookson and Nick Doob, directors and producers, The Alzheimer's Project, Part 1: The Memory Loss Tapes (HBO Documentaries, 2009).

4 N. Breen, D. Caine, and M. Coltheart, "Mirrored-Self Misidentification: Two Cases of Focal Onset Dementia",

Neurocase 7 (3) (2001): 239–254.

5 M. Mendez, R. Martin, K. Smyth, and P. Whitehouse, "Disturbances of Person Identification in Alzheimer's Disease", Journal of Nervous and Mental Disease 180 (1992): 94–96.

6 Oliver Sacks, "Face-Blind", New Yorker, August 30, 2010, 36–40.

7 L. K. Gluckman, "A Case of Capgras Syndrome", Australian and New Zealand Journal of Psychiatry 2 (1968): 39–43. 本章中所有有关这位病人的引用均来源于此。

8 Todd Feinberg, From Axons to Identity (New York: W. W. Norton, 2009), 46.

9 A. Barnier, R. Cox, A. O'Connor, M. Coltheart, R. Langdon, N. Breen, and M. Turner, "Developing Hypnotic Analogues of Clinical Delusions: Mirrored-Self Misidentification", Cognitive Neuropsychiatry 13 (5) (2008): 406–430.

10 实验还有另一组设置："以镜为窗"组。这一组中的被试者被告知"当你向左看时，你会看到一扇窗户，窗外是另一间屋子"。

11 M. Nash, "The Truth and the Hype of Hypnosis", Scientific American, 285 (1) (July 2001): 48–54.

12 Søren Kierkegaard, The Sickness unto Death, ed. and trans. Howard V. Hong and Edna H. Hong (Princeton, NJ: Princeton University Press, 1985), 32–33.

8.　　　**两个身体一个人——如果你有一个双胞胎兄弟／姐妹会如何？**

本章题词引自 On the Black Hill by Bruce Chatwin, copyright ©1982 by Bruce Chatwin. Used by permission of Viking Books, an imprint of Penguin Publishing Group, a division of Penguin Random House LLC.

1 本章中有关Barbara、Daphne以及其他双胞胎的描述着重参考了：Elyse Schein and Paula Bernstein, Identical Strangers (New York: Random House, 2007); William Wright, Born That Way: Genes, Behavior, Personality (New York: Knopf, 1998); Lawrence Wright, Twins: And What They Tell Us about Who We Are (Hoboken, NJ: Wiley, 1997); and Peter Watson, Twins: An Uncanny Relationship (Chicago: Contemporary Books, 1981).

2 Lawrence Wright, Twins: And What They Tell Us about Who We Are, 同上。

3 有关明尼苏达双胞胎实验参见：Iacono, W.G., & McGue, M. (2002). Minnesota Twin Family Study. Twin Research 5 (5), 482–487.

4 引自1979发表于Minnesota Tribune的文章，来源同上，44.

5 有关孪生吉姆的描述着重参考了：Watson, Twins: An Uncanny Relationship. 引自第10

6 同上。

7 引自Schein and Bernstein, Identical Strangers, 112.

8 Watson, Twins: An Uncanny Relationship, 10–11.

9 引自Wright, Twins: And What They Tell Us about Who We Are, 53.

10 Watson, Twins: An Uncanny Relationship, 9–13.

11 Abigail Pogrebin, One and the Same (New York: Doubleday, 2009), 239.

12 同上，52.

13 同上，239.

14 引自：Nancy Segal, Entwined Lives: Twins and What They Tell Us about Human Behavior (New York: Penguin, 1999), 52.

15 引自：Pogrebin, One and the Same. 44.

16 引自：Tiki Barber, Sam Zarante, and Sandy Miller are from Pogrebin, One and the Same, pps. 26 and 44.

17 Paul quoted in Pogrebin, One and the Same, 95.

18 Caroline Paul, Fighting Fire (New York: St. Martin's Press, 1998).

19 Schein and Bernstein, Identical Strangers, vii.

20 Pogrebin, One and the Same, 237-238.

21 Wright, Twins: And What They Tell Us about Who We Are, 157–158.

9.　　　分身的艺术

1 Alexandra 案例的资料均引自 G. N. Christodoulou, "Syndrome of Sub- jective Doubles", American Journal of Psychiatry 135 (1978): 249–251.

2 J. Kamanitz, R. El-Mallakh, and A. Tasman, "Delusional Misidentification Involving the Self", Journal of Nervous and Mental Disease 177 (1989): 695–698.

3 Edgar Allan Poe, "William Wilson", Burton's Gentleman's Magazine, October 1839.

4 Fyodor Dostoevsky, The Double: Two Versions, trans. Evelyn Harden (Ann Arbor, MI: Ardis, 1985), 177.

5 同上，71.

6 Levine, Robert (2009)，未发表的研究，细节请直接与作者联系。

7 被试者的接受程度被评价为轻微、中等、强烈喜爱，或轻微、中等、强烈反感等几个等级。这些百分比由这些等级的被试者人数计算得出。评价为"中立"的被试者并未计算在内(第一种情形：N=23；第二种情形：N=15)。全部数据可与作者联系索取。

8 第一种情形中：13人表示痛恨，5人表示极度喜爱。第二种情形中：12人表示痛恨，5人表示极度喜爱。

9 Jim Blascovich and Jeremy Bailenson, Infinite Reality (New York: William Morrow, 2011), 83–94 (chap. 5).

10 同上。

11 Byron Reeves and Clifford Nass, The Media Equation: How People Treat Computers, Televisions and New Media like Real People and Places (Cambridge: Cambridge University Press, 1996).

12 N. Yee, J. N. Bailenson, and N. Ducheneaut, "The Proteus Effect: Implications of Transformed Digital Self-Representation on Online and Offline Behavior", Communication Research 36 (2009): 285–312. 并 参 见 N. Yee and J. Bailenson, "The Proteus Effect: The Effect of Transformed Self-Representation on Behavior", Human Communication Research, in press.

13 Yee, Bailenson, and Ducheneaut, 同上。

14 这一结论以及这一部分提及的其他结论参见：Blascovich and Bailenson, Infinite Reality, 109–121.

15 很快你就能够通过阿凡达经历性快感了。来自一个叫作"teledildonics"的新兴产业的工程师们正在开发一种系统，能够将阿凡达性器官的感受通过仪器传递到你的性器官。这一系统的男性模型与模拟手相连，而女性模型则与振动棒相连。参见 IGN.com, http://gear.ign.com/articles /112/1123976p1.html.

16 Blascovich and Bailenson, Infinite Reality, 144.

17 参见 MIT 参与开发的"Eternime"网站：eterni.me.com. 网站现在仍在测试期。

18 Blascovich and Bailenson, Infinite Reality, 145.

10.　　　思想从哪里来?

1 Eric Klinger, "Daydreaming and Fantasizing: Thought Flow and Emotion", in K. Mark- man, W. Klein, and J. Sahr, eds., Handbook of Imagination and Mental Stimulation (New York: Psychology Press, 2009), 225–240.

2 B. Libet, C. A. Gleason, E. W. Wright, and D. K. Pearl, "Time of Conscious Intention to Act in Relation to Onset of Cerebral Activity (Readiness-Potential): The Unconscious Initiation of a Freely Voluntary Act", Brain: A Journal of Neurology 106 (3) (1983): 623–642.

3 C. Soon, M. Brass, H. Heinze, and J. Haynes, "Unconscious Determinants of Free Deci- sions in the Human

Brain", Nature Neuroscience 11 (2008): 544–545.

4 引自 "Brain Scans Can Reveal Your Decisions 7 Seconds before You 'Decide,'" Exploring the Mind!, http://exploringthemind.com/the-mind/brain -scans-can-reveal-your-decisions-7-seconds-before-you-decide, accessed August 25, 2015.

5 Barnes, Julian (1987) Staring at the Sun. New York: Knopf.

6 引自 Jonah Lehrer, "The Eureka Hunt", New Yorker, July 28, 2008, 40–45.

7 J. Kounios and M. Beeman, "The Aha! Moment: The Cognitive Neuroscience of Insight", Current Directions in Psychological Science 18 (2009): 210–216.

8 例如 Thomas Huxley, "On the Hypothesis That Animals Are Automata, and Its History", Nature 10 (1874): 362–366.

9 J. A. Bargh, "Reply to the Commentaries", in R. S. Wyer, ed., The Automaticity of Everyday Life: Advances in Social Cognition (Mahwah, NJ: Erlbaum, 1997), 231–246.

10 引自 Lehrer, "The Eureka Hunt"。

11 Henri Poincaré, "Mathematical Creation", in James R. Newman, ed., The World of Mathematics (New York: Simon and Schuster, 1958), 2041–2050.

12 引自 Celine Mansanti, "William Blake in transition Magazine (Paris, 1927–1938): The Modalities of a Blake Revival in France during the 1920s and 1930s", Blake: An Illustrated Quarterly, 43 (2) (Fall 2009): 52.

13 John Forster, The Life of Charles Dickens (London: Cecil Palmer, 1872–1874), 3:61.

14 Van der Beek quoted in B. Stoney, Enid Blyton: A Biography (London: Hodder and Stoughton, 1974), 197.

15 引自 Larry Bensky 对 Harold Pinter 的访谈 "Harold Pinter: The Art of Theater No. 3", Paris Review 39 (Fall 1966): http://www.theparisreview.org/interviews/4351/the-art-of-theater-no-3-harold-pinter.

16 John Lahr, "Demolition Man: Harold Pinter and 'The Homecoming,'" New Yorker, December 24, 2007, 54–69.

17 Elizabeth Gilbert, Your Elusive Creative Genius. TED talk, uploaded February 9, 2009: https://www.youtube.com/watch?v=86x-u-tz0MA.

18 Robertson Davies, interview by Elisabeth Sifton, "The Art of Fiction", Paris Review 110 (Spring 1989): http://www.theparisreview.org/interviews/2441/the-art-of -fiction-no-107-robertson-davies.

19 Emma Letley's 对 the Oxford World Classic's edition of The Strange Case of Dr. Jekyll and Mr. Hyde 的介绍。引自 Paul Broks, Into the Silent Land (New York: Grove Press, 2003), 171–180. 我着重参考了 Broks 书中的一章 "The Dreams of Robert Louis Stevenson",以及 Radio Lab 对 Broks 的访谈 (Jad Abumrad and Robert Krulwich, narrators, "Who Am I?", Radiolab (WNYC/NPR), February 4, 2005).

20 Robert Louis Stevenson, "A Chapter on Dreams (Annotated)", Musings of Historically Significant Authors, Kindle edition, location 62.

21 引自我与一个同事的对话，我不想在这里公布他的名字 (不过你自己知道是你)。2012 年 19 月 15 日。

22 Stevenson, "A Chapter on Dreams", ibid., location 81.

23 同上，location 79.

24 同上，location 121.

25 参见 Jad Abumrad and Robert Krulwich, narrators, "Who Am I?", Radiolab, 同上。

26 引自：Balfour, Graham (1912). The Life of Robert Louis Stevenson Ⅱ. New York: Charles Scribner's Sons. pp. 15–16.

27 引自：Claire Harman, Myself and the Other Fellow: A Life of Robert Louis Stevenson (New York: HarperCollins, 2005).

注释

28 Graham Balfour, The Life of Robert Louis Stevenson, 同上。

29 Nash and Newman quotes and much of the Newman story are from: Deidre Barrett, "Answers in Your Dreams", Scientific American Mind (November/December 2011): 27–35.

30 "A Brilliant Madness", PBS American Experience, 2002; transcript at PBS.org, http://www.pbs.org/wgbh/amex/nash/filmmore/pt.html, accessed October 20, 2014.

31 引自对 Robert Louis Stevenson 的访谈, New York Herald, September 8, 1887, in Christopher Silvester, ed., The Penguin Book of Interviews (New York: Penguin Books, 1993).

32 对"天才"这一概念的演变，请参考这篇综述文献：Darrin McMahon, Divine Fury: A History of Genius (New York: Basic Books, 2013).

33 苹果手机 Siri 软件的名字起源于 Dag Kittalaus, 他是挪威裔 iPhone 4S 的设计者。Siri 在挪威语的意思是"指引你成功的美丽女人"。

34 Stevenson, "A Chapter on Dreams", location 193.

35 Jorge Luis Borges, "Borges and I", in Labyrinths, trans. James E. Irby (New York: New Directions, 1962), 246.

11. 声音

1 Robert K. Ressler and Tom Schachiman, Whoever Fights Monsters: My Twenty Years Hunting Serial Killers for the FBI (New York: St. Martin's Press, 1992). 145–151. Mullin 的案例以及有关信息均来源于此。

2 T. N. Nayani and A. S. David, "The Auditory Hallucination: A Phenomenological Survey", Psychological Medicine 26 (1996): 177–189.

3 M. K. Looi, producer, "Voices in the Dark: The People Who Hear Voices", Mosaic: The Science of Life, December 9, 2014, audio podcast, http://mosaicscience.com /story/hearing-voices.

4 同上。

5 Gromov quoted in Sylvia Nasar, A Beautiful Mind: The Life of Mathematical Genius and Nobel Laureate John Nash (New York: Touchstone, 1998), p. 12 .

6 Nasar, A Beautiful Mind, 同上，第17页。

7 同上，第18页。

8 D. L. Rosenhan, "Being Sane in Insane Places", Science 179 (1973): 250–258. 有关这一研究的另一个有趣的描述和结论参见 Malcolm Gladwell, "Connecting the Dots", New Yorker, March 10, 2003, 83–88.

9 Julian Jaynes, The Origin of Consciousness in the Breakdown of the Bicameral Mind Boston: Houghton Mifflin, 1976), 1–64.

10 Ivan Leudar and Philip Thomas, Voices of Reason, Voices of Insanity: Studies of Verbal Hallucinations (London: Routledge, 2000), 7–27.

11 "幻觉"一词的现代定义可追溯到法国人 Jean-Etienne Esquirol 在 1835 年的文章。

12 Oliver Sacks, Hallucinations (New York: Knopf, 2012), 60.

13 L. C. Johns, J. Y. Nazroo, P. Bebbington, and E. Kuipers, "Occurrence of Hallucinatory Experiences in a Community Sample and Ethnic Variations", British Journal of Psy- chiatry 180 (2002): 174–178.

14 Eugene Raikhel, "The Culture, Mind and Brain Conference and Tanya Luhrmann on 'Hearing Voices in Accra and Chennai,'" Somatosphere, http://somatosphere .net/?p=4232, accessed October 22, 2012.

15 Kim T. Mueser and Susan Gingerich, The Complete Family Guide to Schizophrenia (New York: Guilford Press, 2006), 22.

16 T. B. Posey and M. R. Losch, "Auditory Hallucinations of Hearing Voices in 375 Nor- mal Subjects",

Imagination, Cognition and Personality 2 (1983): 99–113.

17 引自 C. Green and C. McCreery, Apparitions (London: Hamish Hamilton, 1975), 85.

18 T. R. Barrett and J. B. Etheridge, "Verbal Hallucinations in Normals, I: People Who Hear 'Voices,' " Applied Cognitive Psychology 6 (1992): S379–S387.

19 Nayani & David, "The Auditory Hallucination", 同上。

20 T. X. Barber and D. S. Calverey, "An Experimental Study of Hypnotic (Auditory and Visual) Hallucinations", Journal of Abnormal and Social Psychology 68 (1964): 13– 20.

21 D. M. Wegner and S. Zanakos, "Chronic Thought Suppression", Journal of Personality 62 (1994): 615–640.

22 网站为：http://www.intervoiceonline.org.

23 引自 the Hearing the Voice 网站, https://www.dur.ac.uk/re- search/news/item/?itemno=26632.

24 J. Glicksohn and T. R. Barrett, "Absorption and Hallucinatory Experience", Applied Cognitive Psychology 17 (2003): 833–849.

25 A. Woods, N. Jones, B. Alderson-Day, and C. Fernyhough, "Experiences of Hearing Voices: Analysis of a Novel Phenomenological Survey", Lancet Psychiatry 2 (2015): 323–331. (153 名受访者中，26 人无心理疾病史。)

26 B. Gordon, "Why Is It Impossible to Stop Thinking, to Render the Mind a Complete Blank?", Scientific American Mind (November/December 2012): 78.

27 Mark Leary, The Curse of the Self: Self-Awareness, Egotism, and the Quality of Human Life (Oxford: Oxford University Press, 2004), 45.

28 Sacks, Hallucinations, 58.

29 Joe Simpson, Touching the Void (New York: HarperCollins, 1988), 116.

30 Eleanor Longden, "Listening to Voices", Scientific American Mind (September/October 2013): 34–39.

31 Leudar and Thomas, Voices of Insanity, Voices of Madness.

32 Sacks, Hallucinations, 68.

33 Charles Fernyhough, A Thousand Days of Wonder: A Scientist's Chronicle of His Daughter's Developing Mind (New York: Avery, 2008), 93.

34 L. Magrassi, G. Aromataris, A. Cabrini, V. Annovazzi-Lodi, and A. Moro, "Sound Representation in Higher Language Areas during Language Generation", PNAS 112 (6) (2015): 1868–1873.

35 L. S. Vygotsky, Mind and Society: The Development of Higher Mental Processes (Cambridge, MA: Harvard University Press, 1978), 57.

36 这段讨论的一部分引自 Jad Abumrad and Robert Krulwich, narrators, "Voices in Your Head", Radiolab (WNYC/NPR), September 7, 2010.

37 Fernyhough, A Thousand Days of Wonder, 97.

38 Mikhail Bakhtin, Speech Genres and Other Late Essays, trans. Vern W. Mc Gee (Austin: University of Texas Press, 1986), 88.

12.　　牧猫

1 E.g., Kurzweil, Ray (2012). How to Create a Mind: The Secret of Human Thought Revealed. New York: Viking.

2 参见 L. Cosmides and J. Tooby, "Evolutionary Psychology and the Generation of Culture, Part Ⅱ : Case Study; A Computational Theory of Social Exchange", Ethology and Sociobiology 10 (1989): 1–97.

3 这些儿童的平均等待时间是 6 分钟。

4 W. Mischel, Y. Shoda, and M. L. Rodriguez, "Delay of Gratification in Children", Science 244 (1989): 933– 938.

5 M. K. Rothbart, S. A. Ahadi, and D. E. Evans, "Temperament and Personality: Origins and Outcomes", Journal of Personality and Social Psychology 78 (2000): 122–135.

6 S. Frederick, G. Loewenstein, and T. O'Donoghue, "Time Discounting and Time Preference: A Critical Review", Journal of Economic Literature 40 (2) (2000): 351–401.

7 有关拖延症的更多信息可参见 Procrastination Research Group at Carleton University（Timothy-Pychyl, director）的网站 http://http-server.carleton.ca/~tpychyl.

8 Christine Tappolet, "Procrastination and Personal Identity", in Chrisoula Andreou and Mark White, eds., The Thief of Time: Philosophical Essays on Procrastination (New York: Oxford University Press, 2010), 115–129.

9 引自 James Surowiecki, "What Does Procrastination Tell Us about Ourselves?", New Yorker, October 11, 2010, 110–113.

10 D. Ariely and K. Wertenbroch, "Procrastination, Deadlines, and Performance: Self-Control and Precommitment", Psychological Science 13 (2002): 219–224.

11 Surowiecki, "What Does Procrastination Tell Us about Ourselves?"

12 John Perry, "How to Procrastinate and Still Get Things Done", Chronicle of Higher Education (February 23, 1996): http://chronicle.com/article/How-to-Procrastinate-Still/93959.

13 引自 Surowiecki, "What Does Procrastination Tell Us about Ourselves?".

14 引自 Ian Ayres, Carrots and Sticks: Unlock the Power of Incentives to Get Things Done (New York: Bantam, 2010), 87.

15 引自 Jad Abumrad and Robert Krulwich（制作人兼主持人）对 Zelda Gamson 的访谈 "Help!? Narrators", Radiolab (WNYC/NPR), March 8, 2011.

16 Ayres, Carrots and Sticks. Ayres 与同事还建立了一个叫作 StickK 的网站（http://www.stickk.com）指导人们建立个人契约，你可以能够在网站上查看进度并不断改进。

17 Ayres, Carrots and Sticks, 90.

18 参见 http://www.chabad.org/holidays/jewishnewyear/resolutions_cdo/aid/1943153/jewish/New-Years-Resolution-Solution.htm.

19 引自 Rachel Hirshfeld, "E-Mail 'Nagger' Helps You Keep Rosh Hashannah Vows", September 19, 2012, Israelnationalnews.com, http://www.israelnationalnews.com/News/News.aspx/160078, accessed November 1, 2014.

20 引自 Ayres, Carrots and Sticks, 90–96.

21 Joseph Heath and Joel Anderson, "Procrastination and the Extended Will", in Andreou and White, The Thief of Time, 233–252.

22 McEwan, Ian (2010), Solar. New York: Nan Talese, p.135.

23 Jay McInerney, "It's Six A.M.: Do You Know Where You Are?", in How It Ended: New and Collected Stories (New York: Knopf, 2009), 3–11.

13.   **一群演员**

1 Erikson, Erik, (1950), Childhood and Society. New York: W.W. Norton.

2 Pisher 在意第绪语里是 "未涉世事的小孩子"、"小雏儿"、"不重要的人" 的意思。参见 Michael Wex, Born to Kvetch: Yiddish Language and Culture in All of Its Moods (New York: Harper, 2005).

3 Robert Sapolsky, The Trouble with Testosterone (New York: Scribner, 1998), 204.

4 个人交流, May 29, 2009.

5 斯坦福监狱实验的描述主要参考了：Philip Zimbardo, "The Mind Is a Formidable Jailer: A Pirandellian

Prison", New York Times Magazine, April 8, 1973, 38–57;Zimbardo, The Lucifer Effect (New York: Random House, 2007); many personal discussions with Zimbardo; 以及 SPE 官方网站 http://www.prisonexp.org, from which this quote is taken (retrieved May 17, 2016).

6 SPE 网站, 同上。

7 同上。

8 同上。

9 引自 Quiet Rage 的访谈: The Stanford Prison Experiment, videotape produced by Philip Zimbardo (Stanford, CA: Stanford Instructional Television Network, 1992).

10 引自 Zimbardo, "The Mind Is a Formidable Jailer"。

11 SPE 网站, 同上。

12 本段引言来自 Philip Zimbardo, "The Psychology of Evil: A Situationist Perspective on Recruiting Good People to Engage in Antisocial Acts", unpublished manuscript, Stanford, CA.

13 Erving Goffman, The Presentation of Self in Everyday Life, 同上。

14 Philip Roth, The Counterlife (New York: Vintage, 1996), 300–301.

15 David Myers, Social Psychology, 5th ed. (New York: McGraw-Hill, 1996), 131. 大量研究对人们的信仰、态度以及行为之间的一致性以及环境对这种一致性的影响进行了探讨。对这些研究的总结可参见：Myers, Social Psychology, 11th ed. (New York: McGraw-Hill, 2013), 118–149.

16 F. A. Blanchard and S. W. Cook, "Effects of Helping a Less Competent Member of a Cooperating Interracial Group on the Development of Interpersonal Attraction", Journal of Personality and Social Psychology 34 (1976): 1245–55; 以及 D. Glass, "Changes in Liking as a Means of Reducing Cognitive Discrepancies between Self-Esteem and Aggression", Journal of Personality 32 (1964): 491–549.

17 引自 Terry Blackhawk, To Light a Fire: 20 Years with the InsideOut Literary Arts Project (Detroit: Wayne State University Press, 2015), 10.

18 Jim Dale 的引言来源于 David Black, The Magic of Theater (New York: Mac- millan, 1993).

19 引自 Zimbardo, The Lucifer Effect, 191.

20 Kurt Vonnegut, Mother Night (New York: Random House, 2009), v.

21 William James, Psychology: The Briefer Course, ed. G. Allport (1892; Notre Dame, IN: University of Notre Dame Press, 1985), 46.

22 Malcolm Gladwell, "Most Likely to Succeed", New Yorker, December 15, 2008, 36–42.

23 这一测试改编于 A. Pines and C. Maslach, Experiencing Social Psychology: Readings and Projects, 2nd ed. (New York: McGraw-Hill, 1984), 73–88 (chap. 4).

14. **自我意识的地域性**

1 当然, 个体差异是存在的。一些人在不同情境下表现相对一致, 但还有一些人就好像齐利格(Zelig)那样的艺术家一样善变。一种病态的极限情况是反社会型人格, 这种人格的人会强迫性地不择手段地操纵别人。

有一种叫作自我监控量表的心理学测试能够评价一个人调整自己的行为来适应环境的程度。一些典型的问题包括："我倾向于对不同的人展示自己不同的侧面", 或者"不同的人对我的印象会不同"。参见 M. Snyder, "Self- Monitoring of Expressive Behavior", Journal of Personality and Social Psychology 30 (1974): 526–537.

2 我在日本 Sapporo Medical University 做访问学者。我很感激那里的同事对我的关照以及在日本文化研究方面对我的帮助。

3 Ian Baruma, Behind the Mask: On Sexual Demons, Sacred Mothers, Transvestites, Gangsters and Other Japanese Cultural Heroes (New York: New American Library, 1984), 69.

4 近些年，一些著名的歌舞伎演员在演出中加入了一些只有内行才能看出的个性表达。

5 Oscar Wilde, "The Critic as an Artist", in Josephine M. Guy, ed., The Complete Works of Oscar Wilde (1891; New York: Oxford University Press, 2007), 6:183.

6 S. Cousins, "Culture and Self-Perception in Japan and the United States", Journal of Personality and Social Psychology 56 (1989): 124–131.

7 引自 H. Markus and S. Kitayama, "Culture and the Self: Implications for Cognition, Emotion, and Motivation", Psychological Review 98 (1991): 224–251.

8 这里使用的国籍分类（如：美国人、日本人、中国人等）是广义的，我在这里使用了他们的"学术"方面的意义——用来简单地将文化特征进行分类，以便于读者理解，并无明确的分类标准或者任何生物学上的必然性。

9 引自 I. Choi, R. Nisbett, and A. Norenzayan, "Causal Attribution East and West: Asian Contextualism and Universal Dispositionism", unpublished manuscript, University of Michigan.

10 R. K. Chao, "East and West: Concepts of the Self Expressed in Mothers' Reports of Their Child Rearing", unpublished manuscript, 1993; 引自 H. Markus and S. Kitayama, "A Collective Fear of the Collective: Implications for Selves and Theories of Selves", Personality and Social Psychology Bulletin 20 (1994): 568–579.

11 参见 J. Gonzalez-Mena, Multicultural Issues in Child Care (Mountain View, CA: May- field Publishing, 1993).

12 J. G. Miller, "Culture and the Development of Everyday Social Explanation", Journal of Personality and Social Psychology 46 (1984): 961–978. 并参见 P. Smith and M. Bond, Social Psychology across Cultures, 2nd ed. (Needham Heights, MA: Allyn and Bacon, 1999).

13 我们的国际合作者包括 Jyoti Verma（印度）, Virginia O'Leary（尼泊尔）, Suguru Sato（日本）, Fabio Iglesias and Valdiney Gouveia（巴西）, and Zhongquan Li（中国）。

14 我们也将调查送到了日本，但后来发现了重要词汇方面的翻译问题。

15 这个词语的现代意义于 1533 年首次被使用。信教改革者 John Frith 描述一位前宗教流浪者过着"十分真诚的生活"。不幸的是，这位流浪者被宗教当局认为是一个危险的异教徒。当他们发现 Frith 认为真诚与道德等价时，残忍地将他烧死在火刑柱上。R. Jay Magill, Sincerity: How a Moral Ideal Born Five Hundred Years Ago Inspired Religious Wars, Modern Art, Hipster Chic, and the Curious Notion That We All Have Something to Say (No Matter How Dull) (New York: W. W. Norton, 2012).

16 引自 Richard Sennett, The Fall of Public Man (New York: W. W. Norton, 1992), 119.

17 J. D. Salinger, The Catcher in the Rye (1951; New York: Little, Brown, 1991), 12.

18 Eunook Suh, "Culture, Identity Consistency, and Subjective Well-Being", Journal of Personality and Social Psychology 83 (2000): 1378–1391.

19 R. Lichtenstein and R. Levine, "Differences in Evaluations of Self-Concept Consistency across Five Cultures", poster presented at the annual meeting of the Western Psycho- logical Association, San Francisco, April 2012; 以及 G. Hagy, M. Fabros, R. Levine, S. Sato, J. Verma, and F. Iglesias, "Consistency of Self from Kin versus Non-kin Perspec- tives", poster presented at the annual meeting of the Western Psychological Associa- tion, San Francisco, April 2012.

20 H. Markus and S. Kitayama, "Culture and the Self: Implications for Cognition, Emotion, and Motivation", 同上。

21 Roger V. Burton and John M. Whiting, "The Absent Father and Cross-Sex Identity", Merrill-Palmer Quarterly 7 (1961): 85–95; 以及 M. J. Suzuki, "Child-Rearing and Educational Practices in the United States

镜子里的陌生人

and Japan: Comparative Perspectives", Hyogo Kyoiku Daigaku Kenkyu Kiyo [Hyogo University of Teacher Education Journal] 20 (2000): 177–186.

22 R. A. Shweder, L. A. Jensen, and W. Goldstein, "Who Sleeps by Whom Revisited: A Method for Extracting the Moral Goods Implicit in Practice", in J. J. Goodnow, P. J. Miller, and F. Kessel, eds., Cultural Practices as Contexts for Development, New Di- rections for Child Development, no. 67 (San Francisco: Jossey Bass, 1995), 21–39. 404.

23 Burton and Whiting, "The Absent Father and Cross-Sex Identity"; and Suzuki, "Child-Rearing and Educational Practices in the United States and Japan."

24 Richard Nisbett, The Geography of Thought (New York: Free Press, 2003), 57–58.

25 Y. Zhu, L. Zhang, J. Fan, and S. Han, "Neural Basis of Cultural Influence on Self-Representation", NeuroImage 34 (2007): 1310–1316.

26 Amy Chua, Battle Hymn of the Tiger Mother (New York: Penguin, 2011).

27 Amy Chua, "Tiger Mom's Long-Distance Cub", Wall Street Journal, December 24, 2011, http://www.wsj. com/arti- cles/SB10001424052970204791104577110870328419222.

28 本节内容引自：Amy Chua, Battle Hymn of the Tiger Mother, 同上。

29 Nisbett, The Geography of Thought, 52–53.

30 参见"The Lurker's Guide to Leafcutter Ants", Blueboard.com, http://www.blueboard.com/leafcutters/what.htm. 以及 practically anything written by Edward O.Wilson.

31 根据 Times Atlas of the World，2012 年巴黎人口估计为 9,638,000.

32 Steven J. Heine, Cultural Psychology, 2nd ed. (New York: W. W. Norton, 2011), 206.

15.　　**寻找辛德勒按钮**

本章题词引自 The Lazarus Project by Aleksander Hemon, copyright © 2008 Aleksander Hemon. Used by permission of Riverhead, an imprint of Penguin Publishing Group, a division of Penguin Random House; and ARAGI, Inc.

1 Michel de Montaigne, "On the Inconstancy of Our Actions", in The Complete Essays, trans. M. A. Screech (New York: Penguin, 1991), 380.

2 个性在不同时间、场合下究竟是否稳定是心理学上的一个很大的争论。关于这一论题的两篇综述文章参见：D. Y. Kenrick and D. C. Funder, "Profiting from Controversy: Lessons from the Person-Situation Debate", American Psychologist 43 (1988): 23–24; 以及 W. Mischel, "Personality Dispositions Revisited and Revised: A View after Three Dec- ades", in A. Pervin, ed., Handbook of Personality: Theory and Research (New York: Guilford Press, 1990), 111–134.

3 Milgram 在从众性范式实验中对不同参数（比如实验者与被试者之间的距离、被试者与被电击者之间的距离、女性被试者、一群被试者等）对从众性的影响进行了一系列研究。虽然在不同的情形下，从众性的强弱不同，但总体来说所有场景下的从众性都相当高。这一研究细节参见：Stanley Milgram, Obedience to Authority: An Experimental View (New York: Harper and Row, 1974).

4 参见 Carl Horowitz, "Jane Elliott and Her Blue-Eyed Devil Children", FrontPageMagazine.com, January 1, 2007, http://www.frontpagemag.com/Articles/Read.aspx?GUID={0448677C-CFCC-45FB-B50C-A1B8881BAE69}. 对于微小的环境变化使人变坏的研究综述参见：D. G. Myers, "How Nice People Get Corrupted (Module 14)", in Myers, Exploring Social Psychology, 6th ed. (New York: McGraw- Hill, 2011).

5 这一英文翻译的准确性有待探讨。

6 有关 Mike McGarvin 案例的信息主要有三个来源：我对 McGarvin 在 Poverello House, Fresno, CA 进行

的深入采访，2007年12月8日；多年以来与McGarvin的多次非正式交谈；以及McGarvin的自传Mike McGarvin, Papa Mike (Fresno, CA: Poverello House, 2003).

7 比如在1989年，Temple Beth Israel 授予 Mike 首届社会行为奖（Social Action Award）。1990年，Helene Curtis and People 杂志授予 Mike "影响社会奖"（"People Who Make a Difference Award."）。1991年，美国总统 Bush 授予 Mike 的慈善机构国家级 "每日之光奖"（"Daily Point of Light Award"）。2005年，Italian Catholic Federation 为表彰在人道主义方面的贡献，授予 Mike "教皇奖"（"Pope John XXIII award"）.

8 Mike McGarvin, Papa Mike (Fresno, CA: Poverello House, 2003), 10.

9 同上，28.

10 同上，13.

11 同上，15.

12 同上，18.

13 参 见 C. Nave, R. Sherman, D. Funder, S. Hampson, and L. Goldberg, "On the Contextual Independence of Personality: Teachers' Assessments Predict Directly Observed Behavior after Four Decades", Social Psychological and Personality Science, published online before print (July 8, 2010): doi:10.1177/1948550610370717.

14 McGarvin, Papa Mike, 47.

15 Mike McGarvin, interview by author, 同上。

16 同上。

17 同上。

18 同上。

19 McGarvin, Papa Mike, 47.

20 S. J. Gould, "The Evolution of Life on the Earth", Scientific American 271 (44) (1994): 85–91.

21 Thomas Keneally, Schindler's List (New York: Touchstone, 1982).

22 引自 C. Schrag, "His Jews Recall Liar-Rescuer", St. Louis Post-Dispatch, March 23, 1994, 5b.

23 Mietek Pemper, The Road to Rescue: The Untold Story of Schindler's List (New York: Other Press, 2005), 45.

24 Pemper, The Road to Rescue, 131.

25 Thomas Keneally, Schindler's List (New York: Touchstone, 1982), 14.

26 Paldiel quoted in Schrag, "His Jews Recall Liar-Rescuer."

27 Pemper, The Road to Rescue, xii.

28 Emilie Schindler quoted in David Crowe, Oskar Schindler: The Untold Account of His Life, Wartime Activities, and the True Story Behind the List (New York: Basic Books, 2007), 605.

第 16 章　等待中的英雄

1 Stephen Hawking, A Brief History of Time: From the Big Bang to Black Holes (New York: Bantam, 1990), 1.

2 David Hume, A Treatise of Human Nature, ed. L. A. Selby Bigge (1739; reprint, Oxford: Clarendon Press, 1896), 254.

3 Richard Ford, Canada (New York: HarperCollins, 2012), 384.

4 Lao Tzu, BrainyQuote.com, http://www.brainyquote.com/quotes/quotes/l/laotzu379182.html, accessed November 11, 2015.

5 The wonderful Gail Winston.

6 Heroic Imagination Project: Transforming Compassion into Heroic Action, November 2012, http://www. heroicimagination.org, accessed October 9, 2015.

7 Philip Zimbardo, 个人交流，2013 年 5 月 12 日。

8 J. M. Darley and B. Latané, "Bystander 'Apathy,'" American Scientist 57 (1969): 244–268. 旁观者实际上是实验人员。

9 其他 HIP 培训项目着重关注社会心理学压力下人们的脆弱性。这些压力包括"自发归因""刻板印象威胁""标签及偏见""固定思维模式""无视变化"等。这些研讨会的参与者包括小学生、本科生、企业或组织领导者。这些研讨会起到了诸多良好效果，包括减少学校中的欺凌行为，帮助前黑帮成员对过去的行为进行反思并开展新生活，帮助个人理解自身行为能够对于自己以及周围人的生活造成持久的良好改变等。

10 来源于 Robert Donati 对 Zimbardo 进行的采访，引自网站"My Hero Project", March 15, 2013, http:// myhero.com/hero.asp?hero=Philip_Zimbardo.

11 E.g., L. Aknin, E. Dunn, and M. Norton, "Happiness Runs in a Circular Motion: Evi- dence for a Positive Feedback Loop between Prosocial Spending and Happiness", Journal of Happiness Studies 13 (2012): 347– 355.

12 这一段关于表观遗传学的讨论主要来自于：T. Powledge, "Behavioral Epigenetics: How Nurture Shapes Nature", BioScience 61 (8) (2011): 588–592; G. Miller, "Epigenetics: The Seductive Allure of Behavioral Epigenetics", Science 329 (5987) (July 2010): 24–27, doi:10.1126/science.329.5987.24; 以及 "Epigenetics", PBS/NOVA scienceNOW, July 24, 2007, http://www.pbs.org /wgbh/nova/body/epigenetics.html. 同时，我还要感谢生物系同事 Jason Bush，他帮我突击恶补了不少表观遗传学知识。

13 Cole et al.'s research reported in David Dobbs, "The Social Life of Genes", Pacific Standard Magazine, September 3, 2013, http://www.psmag.com/navigation/health-and-behavior/the-social-life-of-genes-64616. 这篇文章同时也对人类社会行为是如何对基因活性产生影响进行了综述。

14 G. Miller, N. Rohleder, and S. W. Cole, "Chronic Interpersonal Stress Predicts Activation of Pro- and Anti- Inflammatory Signaling Pathways Six Months Later", Psychosomatic Medicine 71 (1) (2009): 57–62, doi:10.1097/PSY.0b013e318190d7de.

15 更准确地说，是基因组改变了了自己。

16 Mukherjee, Siddhartha (2016). The Gene: An Intimate History. New York: Scribner, p. 410.

17 引自 Dobbs, "The Social Life of Genes".

18 对于社会行为与表观遗传关系的研究才刚刚起步。因此请批判地接受这些结论。对于这一主题的前沿研究请参见：Miller, "Epigenetics: The Seductive Allure of Behavioral Epigenetics."; 以及：Mukherjee, Siddhartha (2016). The Gene: An Intimate History, 同上。

注释

图书在版编目（CIP）数据

镜子里的陌生人：对自我的科学探索 ／(美) 罗伯特·莱文著；李芄芄译. —长沙：湖南科学技术出版社,2021.11
ISBN 978-7-5710-1227-4

Ⅰ.①镜⋯　Ⅱ.①罗⋯②李⋯　Ⅲ.①人生哲学－通俗读物
Ⅳ.①B821-49

中国版本图书馆 CIP 数据核字(2021)第 200569 号

湖南科学技术出版社获得本书中文简体版出版发行权
著作权合同登记号　18-2016-253

JINGZILI DE MOSHENGREN:DUI ZIWO DE KEXUE TANSUO
镜子里的陌生人：对自我的科学探索

著　　者：[美] 罗伯特·莱文
译　　者：李芄芄
出 版 人：潘晓山
策划编辑：吴 炜
责任编辑：李 蓓
营销编辑：吴 诗
出版发行：湖南科学技术出版社
社　　址：长沙市湘雅路 276 号
网　　址：http://www.hnstp.com
湖南科学技术出版社天猫旗舰店网址：
　　　　　http://hnkjcbs.tmall.com
邮购联系：0731-84375808
印　　刷：长沙超峰印刷有限公司
厂　　址：宁乡市金洲新区泉洲北路100号
邮　　编：410600
版　　次：2021 年 11 月第 1 版
印　　次：2021 年 11 月第 1 次印刷
开　　本：880mm×1230mm　1/16
印　　张：16.00
字　　数：228 千字
书　　号：ISBN 978-7-5710-1227-4
定　　价：68.00 元